Python 机器学习经典实例

第2版

[意] 朱塞佩·查博罗（Giuseppe Ciaburro）
[美] 普拉蒂克·乔希（Prateek Joshi） 著
王海玲 李昉 译

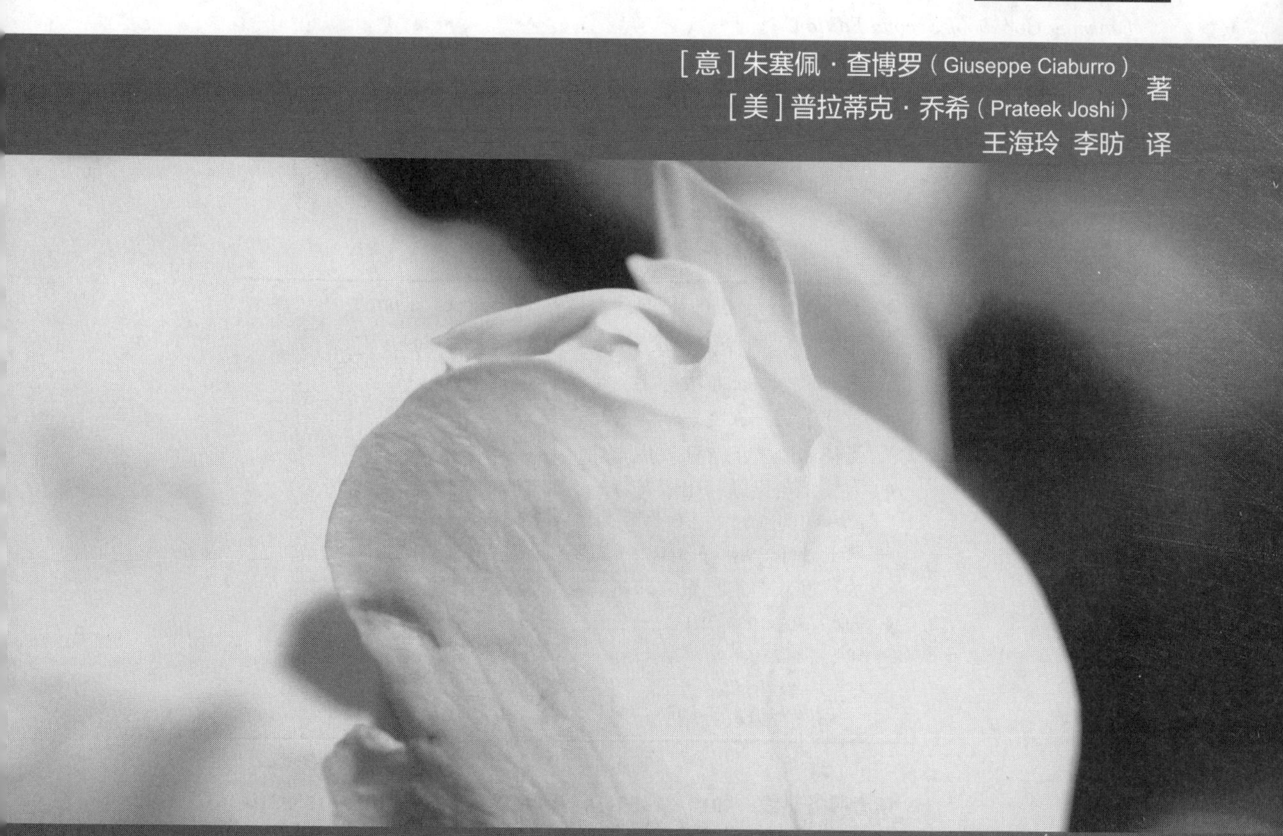

人民邮电出版社
北京

图书在版编目（CIP）数据

Python机器学习经典实例 ： 第2版 / （意）朱塞佩．查博罗，（美）普拉蒂克．乔希著 ； 王海玲，李昉译. -- 北京 ： 人民邮电出版社，2021.12
ISBN 978-7-115-55692-9

Ⅰ. ①P… Ⅱ. ①朱… ②普… ③王… ④李… Ⅲ. ①软件工具－程序设计②机器学习 Ⅳ. ①TP311.561 ②TP181

中国版本图书馆CIP数据核字(2020)第257820号

版权声明

◆ 著　　[意] 朱塞佩・查博罗（Giuseppe Ciaburro）
　　　　[美] 普拉蒂克・乔希（Prateek Joshi）
译　　王海玲　李　昉
责任编辑　武晓燕
责任印制　王　郁　焦志炜
◆ 人民邮电出版社出版发行　　北京市丰台区成寿寺路 11 号
邮编　100164　　电子邮件　315@ptpress.com.cn
网址　https://www.ptpress.com.cn
大厂回族自治县聚鑫印刷有限责任公司印刷
◆ 开本：800×1000　1/16
印张：29.25　　2021 年 12 月第 1 版
字数：488 千字　　2021 年 12 月河北第 1 次印刷
著作权合同登记号　图字：01-2019-8007 号

定价：139.80 元

读者服务热线：(010)81055410　印装质量热线：(010)81055316
反盗版热线：(010)81055315
广告经营许可证：京东市监广登字 20170147 号

内容提要

本书介绍了如何使用 scikit-learn、TensorFlow 等关键库来有效解决现实世界的机器学习问题。本书着重于实用的解决方案，提供多个案例，详细地讲解了如何使用 Python 生态系统中的现代库来构建功能强大的机器学习应用程序；还介绍了分类、聚类和推荐引擎等多种机器学习算法，以及如何将监督学习和无监督学习技术应用于实际问题；最后，介绍了强化学习、深度神经网络和自动机器学习等应用示例。

本书适合数据科学家、机器学习开发人员、深度学习爱好者以及希望使用机器学习技术和算法解决实际问题的 Python 程序员阅读。

作者简介

朱塞佩·查博罗（Giuseppe Ciaburro） 拥有环境技术物理学博士学位和两个学科的硕士学位，他的重点研究方向是机器学习在城市声环境研究中的应用，现在在意大利那不勒斯第二大学的建筑环境控制实验室工作。朱塞佩·查博罗有超过 15 年的编程专业经验（Python、R、MATLAB），最初从事燃烧学领域的研究，后又致力于声学和噪音控制方向，并出版过几本著作，销量均不错。

普拉蒂克·乔希（Prateek Joshi） 是一位人工智能专家，写过几本书，也是一位 TEDx 演讲者，曾位列福布斯 30 岁以下的 30 位精英榜单，并在美国消费者新闻与商业频道（CNBC）、TechCrunch、硅谷商业期刊（Silicon Valley Business Journal）及更多的刊物上发表过文章。普拉蒂克·乔希是 Pluto AI 公司（一家由风投资助的致力于搭建水资源智能管理平台的硅谷初创企业）的创始人。普拉蒂克·乔希毕业于南加州大学，拥有人工智能硕士学位，曾在 NVIDIA 和微软研究院工作过。

审稿者简介

格雷格·沃尔特斯（Greg Walters）从1972年起就从事计算机编程工作，他精通Visual Basic、Visual Basic.NET、Python和SQL语言，使用过的技术有MySQL、SQLite、Microsoft SQL Server、Oracle、C++、Delphi、Modula-2、Pascal、C、80x86汇编、COBOL和Fortran等。

格雷格·沃尔特斯现在是一位培训讲师，培训出很多计算机软件方面的人才，他培训过的课程有MySQL、Open Database Connectivity、Quattro Pro、Corel Draw、Paradox、Microsoft Word、Excel、DOS、Windows 3.11、Windows工作组、Windows 95、Windows NT、Windows 2000、Windows XP以及Linux等。

格雷格·沃尔特斯现在已经退休了。他酷爱音乐，热爱烹饪，并乐于以自由职业者的身份参加各种项目。

译者简介

王海玲，毕业于吉林大学计算机系，从小喜爱数学，曾获得华罗庚数学竞赛全国二等奖；拥有世界 500 强企业多年研发经验；作为项目骨干成员，参与过美国惠普实验室机器学习项目。

李昉，毕业于东北大学自动化系，大学期间曾获得“挑战杯”全国一等奖；拥有惠普、文思海辉等世界 500 强企业多年研发经验，随后加入互联网创业公司；2013 年开始带领研发团队将大数据分析运用于“预订电商”价格分析预测（《IT 经理世界》2013 年第 6 期）；现在中体彩彩票运营管理有限公司负责大数据和机器学习方面的研发；同时是集智俱乐部成员，参与翻译人工智能图书 *Deep Thinking*。

前言

本书是读者热切期盼的《Python 机器学习经典实例》一书的第 2 版。这本书让我们可以采用最新的方法来处理现实世界的机器学习和深度学习任务。

读者将在多个实例的帮助下，学习使用 Python 生态圈内的各种工具库来构建强大的深度学习应用。本书还将基于实例演示方法，指导读者如何实现分类、聚类和推荐引擎等多种机器学习算法。本书注重实际解决方案，书中的各章将指导读者把监督学习和无监督学习技术应用到真实问题中。本书最后几章，还会讲解几个用于演示最新技术的实例，最新技术包括强化学习、深度神经网络和自动机器学习等。

阅读完本书，读者已通过真实的例子了解了应用机器学习技术所需的各种技巧，并可以利用 Python 生态圈内各工具的强大功能来解决实际问题。

目标读者

本书是为数据科学家、机器学习开发人员、深度学习爱好者以及希望使用机器学习技术和算法解决实际问题的 Python 程序员准备的。如果你正面对工作上的一些挑战，并希望采用已经写好的代码方案来实现机器学习和深度学习领域的关键任务，那么本书非常适合你。

本书内容

第 1 章“监督学习”，介绍了各种机器学习范式，这将有助于你理解机器学习领域内各子域的划分。这一章简要介绍了监督学习和无监督学习的不同，以及回归、分类、聚类等相关概念，同时也介绍了预处理机器学习时所需的数据，并详细探讨了回归分析技术，讲解了如何将其应用于几个现实问题，包括房屋价格估算和共享单车需求分布评估等。

第 2 章“构建分类器”，展示了如何使用不同的模型对数据进行分类。在这一章，读者将学习包括逻辑回归和朴素贝叶斯模型在内的多项技术，并了解如何评估分类算法的准确度。本章还将介绍交叉验证的概念，如何使用交叉验证方法来验证机器学习模型，以及什么是验证曲线和如何进行绘制，最后介绍如何把这些监督学习技术应用到真实问题上，如收入阶层评估和热门话题分类等。

第 3 章“预测建模”，讲述了预测建模的前提和这么做的必要性。这一章将会介绍支持向量机及其工作原理，以及如何使用支持向量机对数据分类，也会介绍超参数的概念以及它们对支持向量机性能的影响，并讲解如何使用网格搜索来找出最优的超参数设置。本章还会讨论如何估计结果的置信度。

第 4 章“无监督学习——聚类”，涵盖了无监督学习的概念和应用。这一章将介绍如何执行数据聚类，如何将 k-means 算法应用于数据聚类，还将讲解样本数据可视化聚类的过程，并讨论高斯模型。最后介绍如何应用这些技术，以利用客户信息做市场细分。

第 5 章“可视化数据”，讲解如何可视化数据，以及可视化数据对机器学习的重要性。这一章将学习如何使用 Matplotlib 和数据进行交互，并使用不同的技术可视化数据。本章还将探讨直方图及其用处，并探索不同的可视化数据的方法，包括线形图、散点图和气泡图，以及热力图和 3D 图等。

第 6 章“构建推荐引擎”，介绍了推荐引擎，并展示了如何用推荐引擎进行电影推荐。本章将构建一个 *k* 近邻分类器来找出数据集中的相似用户，然后用 TensorFlow 的过滤器模型生成电影推荐。

第 7 章“文本数据分析”，学习如何分析文本数据。这一章将介绍很多概念，如词袋模型、标记（tokenization）解析和词干提取等，以及可以从文本数据中提取的特征。本章还将探讨如何构建文本分类器，然后使用这些技术来推断句子的情感。

第 8 章“语音识别”，演示了如何分析音频数据。这一章将介绍如何从音频数据中提取特征，什么是隐马尔可夫模型，以及如何用它们自动识别出语音中的单词。

第 9 章“时序列化和时序数据分析”，介绍了时序数据的不同特征，什么是条件随机场，以及如何将其用于预测，以及如何将这种技术用于分析股市数据。

第 10 章“图像内容分析”，将讲解如何分析图像，如何从图像中检测关键点和提取特征。本章还将介绍如何构建视觉码本并从图像分类中提取特征变量，以及如何使用极端随机森林进行对象识别。

第 11 章“生物特征人脸识别”，演示了如何进行人脸识别。这一章将学习面部检测和面部识别的不同，以及如何利用降维和主成分分析（PCA）技术达成目标，还介绍如何对网络摄像头拍摄的图像进行人脸检测，然后应用这些技术来识别镜头中的人。

第 12 章“强化学习”，介绍了强化学习技术及相关应用，包括强化学习设置的要素、强化学习方法、存在的挑战，以及相关的主题，如马尔可夫决策过程、Q 学习等。

第 13 章“深度神经网络”，介绍感知机及其在构建神经网络方面的应用，并讨论深度神经网络各层之间的连接，以及神经网络如何通过训练数据进行学习并构建模型，还会介绍损失函数和反向传播的概念，之后会使用这些技术进行光学字符识别。

第 14 章“无监督表示学习”，探讨以无监督学习的方式对图像、视频、自然语言语料等数据进行表示学习的问题。这一章会介绍自动编码器及其相关应用，以及词嵌入和 t-SNE 算法等，也会介绍如何使用降噪编码器检测使用词嵌入的欺诈交易，最后，将利用所学过的知识实现 LDA。

第 15 章“自动机器学习与迁移学习”，讨论了基于自动机器学习和迁移学习的技术。这一章将讲解如何使用 Auto-WEKA 和 AutoML 生成机器学习管道，并介绍 Auto-Keras，以及如何使用 MLBox 进行泄漏检测。另外，本章还会介绍如何利用所学的知识实现迁移学习。

第 16 章“生产中的应用”，讨论了生产环境相关的问题。这一章会为读者介绍如何处理非结构化数据，以及如何在机器学习模型中跟踪变化，还会介绍如何优化模型，以及如何部署机器学习模型。

阅读背景

熟悉 Python 编程和机器学习概念，将有助于阅读本书。

下载示例代码

可以用你的账号从 Packt 官网上下载本书的示例代码。如果你是从其他途径购买的本书，可以访问 Packt 官网并注册，我们将通过电子邮件把代码发送给你。

通过以下步骤下载示例代码文件：

1．在 Packt 官网上登录或注册账号；

2．选择“SUPPORT”标签；

3．单击“Code Downloads & Errata”；

4．在“Search”文本框中输入书的名字，然后按照屏幕指示下载代码。

文件下载完成后，请确保使用下列软件的最新版本来解压文件：

- WinRAR/7-Zip for Windows；
- Zipeg/iZip/UnRarX for macOS；
- 7-Zip/PeaZip for Linux。

下载本书的彩色图片

本书还提供了一个包含书中图片和表格等彩色图片的 PDF 文件，可以在异步社区上进行下载。

排版约定

本书使用了几种不同的文本样式。

`CodeInText`：表示文中的代码、数据库表名、文件夹名称、文件名、文件扩展名、路径名、虚拟 URL、用户输入和推特句柄等，例如"我们将使用本书给出的 `simple_classifier.py` 文件。"

代码块使用以下格式：

```
import numpy as np
import matplotlib.pyplot as plt

X = np.array([[3,1], [2,5], [1,8], [6,4], [5,2], [3,5], [4,7],
[4,-1]])
```

当希望读者特别注意代码块中的某一部分时，会把相关代码行粗体显示：

```
[default]
exten => s,1,Dial(Zap/1|30)
exten => s,2,Voicemail(u100)
exten => s,102,Voicemail(b100)
exten => i,1,Voicemail(s0)
```

命令行的输入或输出格式如下：

```
data = np.array([[3, -1.5, 2, -5.4], [0, 4, -0.3, 2.1], [1, 3.3, -1.9,
-4.3]])
```

表示警告或重要笔记。

表示提示或诀窍。

内容组织

在本书中，读者将会频繁地看到这些标题：准备工作、详细步骤、工作原理和更多内容。

为了指导读者更好地完成各章节的学习，请先阅读下面的说明。

准备工作

这部分介绍了当前小节涵盖的内容，如何设置软件、必需的准备工作。

详细步骤

这部分介绍具体的操作步骤。

工作原理

这部分通常包含了对前一部分的深入解释。

更多内容

这部分会补充一些信息，帮助读者更好地理解前面所学的内容。

资源与支持

本书由异步社区出品，社区（https://www.epubit.com/）为您提供相关资源和后续服务。

配套资源

本书提供如下资源：

- 本书源代码；
- 书中彩图文件。

要获得以上配套资源，请在异步社区本书页面中单击 配套资源 ，跳转到下载界面，按提示进行操作即可。注意：为保证购书读者的权益，该操作会给出相关提示，要求输入提取码进行验证。

如果您是教师，希望获得教学配套资源，请在社区本书页面中直接联系本书的责任编辑。

提交勘误

作者和编辑尽最大努力来确保书中内容的准确性，但难免会存在疏漏。欢迎您将发现的问题反馈给我们，帮助我们提升图书的质量。

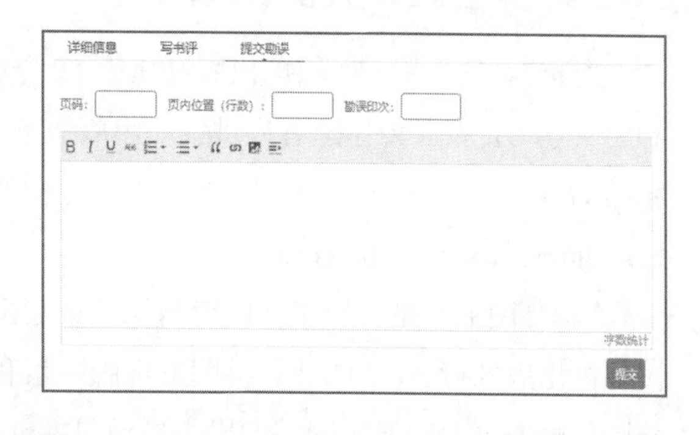

当您发现错误时，请登录异步社区，按书名搜索，进入本书页面，单击“提交勘误”，输入勘误信息，单击“提交”按钮即可。本书的作者和编辑会对您提交的勘误进行审核，确认并接受后，您将获赠异步社区的 100 积分。积分可用于在异步社区兑换优惠券、样书或奖品。

扫码关注本书

扫描下方二维码，您将会在异步社区微信服务号中看到本书信息及相关的服务提示。

与我们联系

我们的联系邮箱是 contact@epubit.com.cn。

如果您对本书有任何疑问或建议，请您发邮件给我们，并请在邮件标题中注明本书书名，以便我们更高效地做出反馈。

如果您有兴趣出版图书、录制教学视频，或者参与图书翻译、技术审校等工作，可以发邮件给我们；有意出版图书的作者也可以到异步社区在线提交投稿（直接访问 www.epubit.com/selfpublish/submission 即可）。

如果您是学校、培训机构或企业，想批量购买本书或异步社区出版的其他图书，也可以发邮件给我们。

如果您在网上发现有针对异步社区出品图书的各种形式的盗版行为，包括对图书全部或部分内容的非授权传播，请您将怀疑有侵权行为的链接发邮件给我们。您的这一举动是对作者权益的保护，也是我们持续为您提供有价值的内容的动力之源。

关于异步社区和异步图书

“异步社区”是人民邮电出版社旗下 IT 专业图书社区，致力于出版精品 IT 技术图书和相关学习产品，为作译者提供优质出版服务。异步社区创办于 2015 年 8 月，提供大量精品 IT 技术图书和电子书，以及高品质技术文章和视频课程。更多详情请访问异步社区官网 https://www.epubit.com。

“异步图书”是由异步社区编辑团队策划出版的精品 IT 专业图书的品牌，依托于人民邮电出版社近 30 年的计算机图书出版积累和专业编辑团队，相关图书在封面上印有异步图书的 LOGO。异步图书的出版领域包括软件开发、大数据、AI、测试、前端、网络技术等。

异步社区

微信服务号

目录

第 1 章
监督学习

本章将涵盖以下内容：

- 用 Python 创建数组；
- 用均值移除法进行数据预处理；
- 数据缩放；
- 归一化；
- 二值化；
- one-hot 编码；
- 标签编码；
- 构建线性回归器；
- 计算回归准确度；
- 模型持久化；
- 构建岭回归器；
- 构建多项式回归器；
- 估算房屋价格；
- 计算特征的相对重要性；
- 评估共享单车的需求分布。

1.1 技术要求

在本书的学习过程中，你将会用到许多 Python 程序包，如 NumPy、SciPy、scikit-learn

和 Matplotlib 等，来处理多种任务。如果你使用的是 Windows 系统，推荐安装兼容 SciPy 及其关联程序包的 Python 发行版本。这些发行版已经集成了所有必需的程序包。如果你使用的是 macOS 或 Ubuntu 系统，安装这些程序包就相当简单了，详情参见相应官网。

在继续学习之前，请确保你已经在机器上安装好上述程序包。为了简单快捷，我们将分别在各小节对用到的函数进行详细解释。

1.2　简介

机器学习这一研究领域交叉协同了包括计算机科学、统计学、神经生物学和控制理论等在内的多个学科，它在很多领域发挥了重要作用，并从根本上改变了软件编程的思路。对于人类，或更普遍的，对于每种生物，学习是通过经验对某种环境系统进行适应的过程，而这种适应过程必须使得在没有人类介入的情况下系统可以获得改善。为了达成目标，系统必须具备学习能力，即，对于给定的问题，可以通过一系列与之关联的样例抽取出有用信息。

如果你熟悉机器学习的基础知识，那么肯定知道什么是监督学习。不妨快速地复习下，监督学习（supervised learning）就是指基于有标签的样本数据来构建机器学习模型。监督学习算法将生成一个函数，该函数通过一组有标签的样本将输入值连接到期望的输出，其中每个输入数据都有其相对应的输出数据。监督学习算法用于构建预测模型，例如，如果要构建一个可以基于多个参数如面积、位置等来估算房屋价格的系统，首先要创建一个数据库并进行标记，算法需要了解不同参数和价格的对应关系，而基于已标记的数据，算法就可以学习利用输入参数计算出房屋价格。

无监督学习（unsupervised learning）则完全相反，它使用的是没有标签的数据。无监督学习算法在没有用于构建描述性模型的预分类样本数据集的帮助下，尝试通过普通输入获取知识。假设有一组数据点，我们只想将它们划分到多个组中，而并不了解划分的确切规则，这时，无监督学习算法就会尝试以最可能的方式将给定数据集划分到固定数量的组中。我们将在后续章节探讨无监督学习。

接下来的各节将介绍多种数据处理技术。

1.3 用 Python 创建数组

数组是很多编程语言的基本元素。作为有序的数据对象，它和列表非常相似，只是所包含元素的类型受到了约束。创建数组对象时，会使用名为类型代码的字符声明元素类型。

1.3.1 准备工作

本节将介绍数组的创建过程。首先用 NumPy 包创建一个数组，然后再来看下它的结构。

1.3.2 详细步骤

在 Python 中创建数组的方法如下：

1．开始前，先导入 NumPy 包：

```
>> import numpy as np
```

这里刚刚导入的是一个必需的包，它是使用 Python 进行科学计算的基础程序库，包含了很多模块，其中几项如下：

- 一个强大的 *N* 维数组对象；
- 复杂的广播函数；
- 集成 C、C++和 FORTRAN 代码的工具；
- 有用的线性代数、傅里叶变换和随机数处理功能。

除了这些常见功能，NumPy 也作为通用数据的多维容器使用，其中可以包含任意类型的数据。这使得 NumPy 可以与不同类型的数据库集成。

需要注意的是，导入 Python 初始发布中不包含的库时，需要使用 pip install 命令，后面跟上软件包的名字。这个命令只使用一次即可，不需要每次运行代码时都执行它。

2．现在创建一些样本数据，把以下代码输入到 Python 终端：

```
>> data = np.array([[3, -1.5, 2, -5.4], [0, 4, -0.3, 2.1], [1, 3.3,
```

```
-1.9, -4.3]])
```

上面的 np.array()函数创建了一个 NumPy 数组。NumPy 数组是类型相同的数据网格，由非负整数元组索引。秩（rank）和形状（shape）是 NumPy 数组的基本特征。rank 变量表示数组的维度，称为数组的秩；shape 变量是一个整型元组，它返回的是数组每个维度上的大小。

3. 下面把新创建的数组显示出来：

```
>> print(data)
```

返回的结果如下：

```
[[ 3.  -1.5  2.   -5.4]
 [ 0.   4.   -0.3  2.1]
 [ 1.   3.3 -1.9 -4.3]]
```

现在可以对数据进行操作了。

1.3.3 工作原理

NumPy 是 Python 环境中的一个扩展包，是科学计算的基础。这是因为它为已经可用的工具增加了 *N* 维数组的典型特征，逐元运算，大量的线性代数数学运算，以及集成和调用 C、C++和 FORTRAN 源代码的能力。本节介绍如何使用 NumPy 库创建数组。

1.3.4 更多内容

NumPy 提供了创建数组的多个工具，例如，可以使用 arange()函数创建一个 0～10 的一维等差数组，代码如下：

```
>> NpArray1 = np.arange(10)
>> print(NpArray1)
```

返回的结果如下：

```
[0 1 2 3 4 5 6 7 8 9]
```

如果要创建一个 10 到 100，步长为 5（相邻值以预设步长递进）的数值数组，可以使用下面的代码：

```
>> NpArray2 = np.arange(10, 100, 5)
>> print(NpArray2)
```

数组打印的结果如下：

```
[10 15 20 25 30 35 40 45 50 55 60 65 70 75 80 85 90 95]
```

同样，若要创建一个在限定的数值范围内，包含 50 个元素的等差数组，可以使用

linspace()函数：

```
>> NpArray3 = np.linspace(0, 10, 50)
>> print(NpArray3)
```

打印出的结果如下：

```
[ 0. 0.20408163 0.40816327 0.6122449 0.81632653 1.02040816
 1.2244898 1.42857143 1.63265306 1.83673469 2.04081633 2.24489796
 2.44897959 2.65306122 2.85714286 3.06122449 3.26530612 3.46938776
 3.67346939 3.87755102 4.08163265 4.28571429 4.48979592 4.69387755
 4.89795918 5.10204082 5.30612245 5.51020408 5.71428571 5.91836735
 6.12244898 6.32653061 6.53061224 6.73469388 6.93877551 7.14285714
 7.34693878 7.55102041 7.75510204 7.95918367 8.16326531 8.36734694
 8.57142857 8.7755102 8.97959184 9.18367347 9.3877551 9.59183673
 9.79591837 10. ]
```

这只是使用 NumPy 的一些简单例子，接下来的章节将会更深入地探讨这个主题。

1.4 用均值移除法进行数据预处理

在现实世界中，我们要处理很多原始数据，但机器学习算法并不能很好地对这些原始数据进行处理，因而在为不同算法提供用于机器学习的数据之前，需要先进行预处理。这是一个非常耗时的过程，在某些场景中，甚至会耗费掉整个数据分析流程 80%的时间。然而，由于它对后面的数据分析流程至关重要，所以了解数据预处理技术的最佳实践就很有必要。在把数据发送给任何机器学习算法前，需要交叉验证数据质量和精确度。如果不能正确地访问 Python 中存储的数据，或者不能将原始数据转换成可以分析的数据，我们就无法继续。数据预处理方式有很多种，比如标准化、数据缩放、归一化、二值化和 one-hot 编码等，接下来将通过简单的实例对这些数据预处理技术进行讲解。

1.4.1 准备工作

标准化（standardization）或均值移除（mean removal）是一种中心化数据的技术，它先简单减去特征的平均值，再除以一个非常数（non-constant）的标准差以进行数据缩放。通常，从特征中减去均值可以使得数据集以 0 为中心，从而消除特征间的偏差。使用的公式如下：

$$x_{\text{scaled}} = \frac{x - \text{mean}}{\text{sd}}$$

经过标准化处理的数据对特征值进行了数据缩放，标准化后的数据服从正态分布：

- mean = 0
- sd = 1

公式中的 mean 表示均值，sd 表示通过均值计算出的标准差。

1.4.2　详细步骤

Python 中预处理数据的方法如下。

1．首先导入库：

```
>> from sklearn import preprocessing
```

sklearn 是 Python 编程语言中免费的机器学习库，它支持很多分类、回归和聚类算法，包括支持向量机、随机森林、梯度提升算法、*k* 均值以及 DBSCAN 等，并支持 Python 的数值处理工具包 NumPy 和科学处理工具包 SciPy 之间的互操作。

2．为了理解均值移除后的数据，先来看看之前创建的向量的均值和标准差：

```
>> print("Mean: ",data.mean(axis=0))
>> print("Standard Deviation: ",data.std(axis=0))
```

`mean()`函数返回样本数据的算术平均数，返回值类型可能是序列或迭代器。`std()`函数返回数据的标准差，标准差用于统计数组元素的分布情况。`axis` 参数声明了这些函数计算所作用的数据轴（`0` 表示列，`1` 表示行）。返回的结果如下：

```
Mean: [ 1.33333333 1.93333333 -0.06666667 -2.53333333]
Standard Deviation: [1.24721913 2.44449495 1.60069429 3.30689515]
```

3．下面继续标准化操作：

```
>> data_standardized = preprocessing.scale(data)
```

`preprocessing.scale()`函数对数据集上的所有数据轴进行标准化操作，标准化后的数据集以均值为中心点，并调整大小得到单位方差。

4．现在重新计算标准化处理后的数据均值和标准差：

```
>> print("Mean standardized data: ",data_standardized.mean(axis=0))
>> print("Standard Deviation standardized data:
",data_standardized.std(axis=0))
```

返回的结果如下：

```
Mean standardized data: [ 5.55111512e-17 -1.11022302e-16
```

```
-7.40148683e-17 -7.40148683e-17]
Standard Deviation standardized data: [1. 1. 1. 1.]
```

可以看到均值几乎等于 0，标准差为 1。

1.4.3 工作原理

sklearn 的 preprocessing 包包含了几个常见的工具函数，以及可以修改我们需要的表示中的可用特征以使其适用于需求的转换类。本节用到的是 `scale()` 函数（*z*-score 标准化）。简要来说，*z*-score（*z* 分数，也叫标准分数）表示观测点的值或数据高于被观测值或测量值的平均值的标准偏差数。高于均值的值其 *z* 分数为正，低于均值的值其 *z* 分数为负。*z* 分数是没有量纲的数值，它通过将各分值减去样本均值得到离差，再将离差除以样本的标准差计算得出。

1.4.4 更多内容

有时我们并不了解数据分布中的最小值和最大值，这种情况无法使用其他类型的数据转换，这时标准化方法就非常有用了。数据转换后，归一化的数据中没有最小值和固定的最大值，并且，标准化技术不会被极值影响，或至少不像其他方法那样被影响。

1.5 数据缩放

数据集中每个特征的数据值变化范围可能很大，因此，有时将特征的数据范围缩放到合理的大小是非常重要的。经过统计处理后，就可以对来自不同分布和不同变量的数据进行比较。

训练机器学习算法前对数据范围进行缩放是一个最佳实践。数据缩放消除了单位差异，就可以对不同来源的数据进行对比了。

1.5.1 准备工作

这里将使用 min-max 方法［通常称为特征缩放（feature scaling）］来获取[0,1]区间范围内的缩放数据，使用的公式如下：

$$x_{\text{scaled}} = \frac{x - x_{\min}}{x_{\max} - x_{\min}}$$

在给定的最大最小值范围内对特征进行缩放（本例是 0 和 1 之间）时，每个特征的最大值都被缩放成单位值，这里用到的函数是 `preprocessing.MinMaxScaler()`。

1.5.2 详细步骤

在 Python 中缩放数据的方法如下。

1．首先定义变量 `data_scaler`：

```
>> data_scaler = preprocessing.MinMaxScaler(feature_range=(0, 1))
```

2．接下来调用方法 `fit_transform()`，拟合数据并进行转换（此处使用和 1.4 节相同的数据）：

```
>> data_scaled = data_scaler.fit_transform(data)
```

这里将返回一个特定形状的 NumPy 数组。为了了解函数是如何转换数据的，我们显示出数组中每列的最大值和最小值。

3．先打印出原始数据，然后再打印处理后的数据：

```
>> print("Min: ",data.min(axis=0))
>> print("Max: ",data.max(axis=0))
```

返回的结果如下：

```
Min: [ 0. -1.5 -1.9 -5.4]
Max: [3. 4. 2. 2.1]
```

4．现在用下面的代码对缩放后的数据进行相同的操作：

```
>> print("Min: ",data_scaled.min(axis=0))
>> print("Max: ",data_scaled.max(axis=0))
```

返回的结果为：

```
Min: [0. 0. 0. 0.]
Max: [1. 1. 1. 1.]
```

进行缩放后，所有的特征值都位于指定范围内。

5．下面的代码显示出缩放后的数组：

```
>> print(data_scaled)
```

输出如下：

```
[[ 1.          0.          1.          0.        ]
 [ 0.          1.          0.41025641  1.        ]
 [ 0.33333333  0.87272727  0.          0.14666667]]
```

现在，所有数据都处于相同的区间。

1.5.3 工作原理

数据具有不同的值域时，相对于较小的数值区间，较大的数值区间施加给因变量的影响可能更大，从而影响模型预测的准确率。我们的目标是提高预测的准确率并避免上述情况的发生，因而，可能需要对不同特征的数据值进行缩放，以使其具有相近的区间范围。通过这一统计过程，可以对来自不同分布、不同变量或单位不同的变量的数据进行比较。

1.5.4 更多内容

特征缩放把数据值集合限定在了指定区间，这确保了所有的特征都具有相同尺度，但是它并不能很好地处理异常值，因为异常值缩放后，变成了具有新的变化范围的异常值。在这种情况下，保留了异常值的实际值就受到了压缩。

1.6 归一化

当需要调整特征向量的值，以使其可以在一个更常用的尺度上测量时，就可以使用数据归一化技术。机器学习中最常用的归一化形式是通过调整特征向量的值，让其数值之和为 1。

1.6.1 准备工作

可调用函数 `preprocessing.normalize()`进行归一化操作，该函数将各输入变量缩放成单位范数（向量长度）。它支持 3 种类型的范数：L1 范数、L2 范数和 max 范数，这点我们稍后解释。如果向量 $\boldsymbol{x}$ 是长度为 n 的协变量，那么归一化后的向量是 $\boldsymbol{y}=\boldsymbol{x}/z$，其中 z 的定义如下：

$$\mathrm{L1}: z=\sum_{i}^{n}\left|x_{i}\right|$$

$$\mathrm{L2}: z=\sqrt{\sum_{i}^{n} x_{i}^{2}}$$

$$\max : z=\max \left(x_{i}\right)$$

范数是一个函数，它为属于一个向量空间的每个非 0 向量分配一个正长度，0 除外。

1.6.2 详细步骤

Python 中归一化数据的方法如下。

1．如前所述，归一化操作可调用函数 `preprocessing.normalize()`（此处使用和前一节相同的数据）：

```
>> data_normalized = preprocessing.normalize(data, norm='l1',
axis=0)
```

2．下面的代码用于显示归一化后的数组：

```
>> print(data_normalized)
```

返回的结果如下：

```
[[ 0.75 -0.17045455  0.47619048  -0.45762712]
 [ 0.     0.45454545 -0.07142857   0.1779661 ]
 [ 0.25  0.375       -0.45238095  -0.36440678]]
```

这个方法经常用于确保数据集不会因为特征的基本性质而被人为地增强。

3．如前所述，归一化的数组各列（特征）总和必须为 1，我们对每列做个校验：

```
>> data_norm_abs = np.abs(data_normalized)
>> print(data_norm_abs.sum(axis=0))
```

第一行代码使用函数 `np.abs()` 计算数组各元素的绝对值，第二行代码使用 `sum()` 函数对每列（`axis=0`）求和，返回的结果如下：

```
[1. 1. 1. 1.]
```

可以看出，各列元素的绝对值之和为 1，数据成功归一化。

1.6.3 工作原理

在本节中，我们把数据归一化为单位范数。每个带有至少一个非零元素的样本，都独立于其他样本被重新缩放，因而其范数为 1。

1.6.4 更多内容

在文本分类和聚类问题中，把输入数据缩放成单位范数是一个非常常见的任务。

1.7 二值化

二值化用于将数值型特征向量转换为布尔型向量。在数字图像处理领域，图像二值化是把彩色或灰度图像转换成二值图像的处理过程，即，转换成只有两种颜色的图像，比如最典型的，黑色和白色。

1.7.1 准备工作

二值化技术用于识别对象、形状，特别是字符，它可以把感兴趣的对象从其背景中区分出来。而骨架化是对对象的基本要素和轮廓的表示，这通常是进行后续识别过程的开始。

1.7.2 详细步骤

Python 中二值化数据的方法如下。

1. 调用函数 `preprocessing.Binarizer()`，对数据进行二值化处理（这里使用和前一节相同的数据）：

```
>> data_binarized =
preprocessing.Binarizer(threshold=1.4).transform(data)
```

函数 `preprocessing.Binarizer()` 根据阈值参数 `threshold` 对数据进行二值化处理，大于这个参数的值映射为 1，小于等于这个参数的值映射为 0。当 `threshold` 采用默认值 0 时，只有正值映射为 1。本例中，`threshold` 参数的值为 `1.4`，因而大于 `1.4` 的值映射为 1，小于等于 `1.4` 的值则映射为 0。

2. 使用下面的代码显示出二值化处理后的数组：

```
>> print(data_binarized)
```

返回的结果如下：

```
[[ 1.  0.  1.  0.]
 [ 0.  1.  0.  1.]
 [ 0.  1.  0.  0.]]
```

这是一种非常有用的技术，通常在我们对数据有一定的先验知识时使用。

1.7.3 工作原理

本节对数据进行了二值化处理，这一技术的基本思想是设定一条固定的分界线，因而问题就变成了通过选取合适的阈值来判定图像中光强低于该值的像素点都属于背景，高于该值的像素点都属于特定对象。

1.7.4　更多内容

二值化方法在计数数据上广泛使用，分析员可以决定是否只考虑字符的出现与否，而不必关心字符出现的频次。另外，二值化方法可以在只考虑随机布尔变量的估计器中用于数据的预处理。

1.8　one-hot 编码

我们经常处理遍布整个向量空间的稀疏型数值数据，但并不需要真正存储这些数据的值，这时 one-hot 编码就有用武之地了。我们可以把 one-hot 编码想象成收紧特征向量的工具，在遍历每个特征的不同值并记录其不同值的个数后，使用 one-of-k 的方案来编码，特征向量中的每个值都基于这一方案进行编码，这使得向量空间的处理更加高效。

1.8.1　准备工作

假设我们正在处理一个具有 4 个特征维度的向量，为了给向量中的某个特征 nth 进行编码，我们先遍历并记录 nth 特征的不同取值的个数。如果共有 k 个不同取值，那么特征会被转换成一个 k 维向量，其中只有一个元素的值为 1，而其他值全部为 0。下面看个简单的例子来帮助理解。

1.8.2　详细步骤

Python 对数据进行 one-hot 编码的方法如下。

1. 来看一个 4 行（向量）3 列（特征）的数组：

```
>> data = np.array([[1, 1, 2], [0, 2, 3], [1, 0, 1], [0, 1, 0]])
>> print(data)
```

数组打印出来的结果如下：

```
[[1 1 2]
 [0 2 3]
 [1 0 1]
 [0 1 0]]
```

下面来分析每列（特征）的值，具体如下。

- 第一个特征有 2 个可能的取值：0，1。

- 第二个特征有 3 个可能的取值：0，1，2。
- 第三个特征有 4 个可能的取值：0，1，2，3。

因而每个特征的不同取值加总后的总计可能取值为：2+3+4=9 种，即，想唯一表示每个向量，总共需要 9 个索引位置，这 3 个特征可以如下表示。

- 特征 1 从索引 0 开始，可能取值的 one-hot 编码为：01，10。
- 特征 2 从索引 2 开始，可能取值的 one-hot 编码为：100，010，001。
- 特征 3 从索引 5 开始，可能取值的 one-hot 编码为：1000，0100，0010，0001。

2. 为了把表示类别的整型值特征表示成 one-hot 数值数组，可以调用函数 `preprocessing.OneHotEncoder()`：

```
>> encoder = preprocessing.OneHotEncoder()
>> encoder.fit(data)
```

第一行代码设置要使用的编码器，然后调用 `fit()`函数对 `OneHotEncoder` 对象和数据数组进行拟合。

3. 接下来可以使用 one-hot 编码来转换数组数据了，这里使用 `transform()`函数：

```
>> encoded_vector = encoder.transform([[1, 2, 3]]).toarray()
```

如果打印出 `encoded_vector`，预期的输出如下：

```
[[0. 1. 0. 0. 1. 0. 0. 0. 1.]]
```

结果很清楚，第一个特征的值为 1，one-hot 编码为 01，输出数组中的索引为 1；第二个特征的值为 2，one-hot 编码为 001，输出数组中的索引为 4；第三个特征的值为 3，ont-hot 编码为 0001, 输出数组中的索引为 8。可以验证，只有这些索引位置的值为 1，而其他索引位置的值均为 0。需要注意的是，Python 中的索引是从 0 开始的，所以 9 个索引位置的索引为 0 到 8。

1.8.3 工作原理

`preprocessing.OneHotEncoder()`函数把表示类别的整型特征编码成 one-hot 数值数组，它从表示了分类或离散特征假定的值的数字或字符串数组开始，使用 one-hot 编码方案对特征编码，并返回哑变量（dummy variable，又称虚拟变量）。编码后，函数为每个类别创建了一个二值列，并返回一个稀疏或稠密数组。

1.8.4 更多内容

有时我们必须对类别数据进行转换，因为实际上很多机器学习算法并不能直接对类别数据进行处理。在算法使用这些类别数据前必须首先将其转换成数值型数据，输入和输出变量皆是如此。

1.9 标签编码

在监督学习中，我们经常会处理各种各样的标签，这些标签可能是数字，也可能是文字。如果是数字，算法可以直接使用这些数据。但标签往往需要以人类可理解的形式存在，因而通常我们会用文字给训练数据打标签。

1.9.1 准备工作

标签编码指的是将文字标签转换成数值形式，这样算法才能理解标签并进行操作。下面来看一下详细的步骤。

1.9.2 详细步骤

Python 中对数据进行标编码的方法如下。

1. 创建一个新的 Python 文件，并导入 preprocessing 包：

```
>> from sklearn import preprocessing
```

2. 这个程序库包含了数据预处理所需的多个函数。对一个具有 0 到 n_classes-1 个取值的标签进行编码，可以调用函数 `preprocessing.LabelEncoder()`。下面的代码定义了标签编码器：

```
>> label_encoder = preprocessing.LabelEncoder()
```

3. `label_encoder` 对象知道如何理解文字标签。先来创建一些标签：

```
>> input_classes = ['audi', 'ford', 'audi', 'toyota', 'ford',
'bmw']
```

4. 现在对这些标签进行编码。首先，调用 `fit()` 函数来拟合标签编码器，然后打印出拟合结果：

```
>> label_encoder.fit(input_classes)
```

```
>> print("Class mapping: ")
>> for i, item in enumerate(label_encoder.classes_):
...     print(item, "-->", i)
```

5. 运行上面的代码，终端显示如下:

```
Class mapping:
audi --> 0
bmw --> 1
ford --> 2
toyota --> 3
```

6. 由上面的输出可以看出，文字标签被转换成了从0开始的索引。现在，可以对标签数据集进行转换了，请看下面的示例代码:

```
>> labels = ['toyota', 'ford', 'audi']
>> encoded_labels = label_encoder.transform(labels)
>> print("Labels =", labels)
>> print("Encoded labels =", list(encoded_labels))
```

终端显示的输出如下:

```
Labels = ['toyota', 'ford', 'audi']
Encoded labels = [3, 2, 0]
```

7. 这种方式比手动维护文字和数字间的映射关系更加简单方便。下面可以通过把数字转换回文字标签来验证转换的正确性:

```
>> encoded_labels = [2, 1, 0, 3, 1]
>> decoded_labels = label_encoder.inverse_transform(encoded_labels)
>> print("Encoded labels =", encoded_labels)
>> print("Decoded labels =", list(decoded_labels))
```

这里调用了函数 `inverse_transform()`来把数字标签转换回原始编码，输出结果如下:

```
Encoded labels = [2, 1, 0, 3, 1]
Decoded labels = ['ford', 'bmw', 'audi', 'toyota', 'bmw']
```

可以看出，映射关系完全正确。

1.9.3 工作原理

在本节中，我们使用了`preprocessing.LabelEncoder()`函数把文字标签转换成了其数值形式，为此，我们首先尽量多地设置了一系列表示汽车品牌的标签，之后，把这些标签转换成数值序列，最后，通过打印出文字标签及其转换后的数值标签，验证了转换过程的正确性。

1.9.4 更多内容

在这两节关于 one-hot 编码和标签编码的内容中，我们了解了如何转换数据。这两种方法都可以用于处理分类数据，那么它们的优缺点有哪些不同呢？

- 标签编码把分类数据转换成数值数据，但转换后的数值是有序的。缺点是对这些数值进行数学运算时，会引发其他问题。
- one-hot 编码的优点是，它是二值型数据而非有序数据，并且所有取值都处于一个正交的向量空间中。缺点是当基数很大时，会导致特征空间的爆炸性增长。

1.10 构建线性回归器

线性回归指的是利用输入变量间的线性组合来发现潜在的函数关系。前面的例子中包含一个输入变量和一个输出变量，这种简单的线性回归很容易理解，但却能表示出回归技术的本质。了解了这些概念后，解决其他类型的回归问题就变得容易些了。

示例参见图 1-1。

线性回归方法可以精确识别出二维平面中一条表示点分布的直线。就是说，如果与观测值对应的点靠近直线，那么所选择的模型就可以有效地描述出变量间的关联关系。

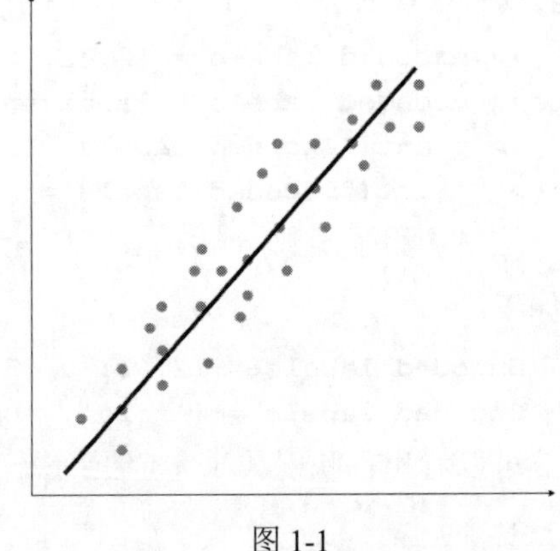

图 1-1

理论上讲，靠近观测值的直线可以有无数条，但实际上，最优化表示数据的数学模型只有一个。在一个线性的数学关系中，变量 y 的观测值可以经由线性函数中变量 x 的观测值计算得出。对于每次观测，可以使用下面的公式：

$$y = \alpha \times x + \beta$$

上面的公式中，x 是解释型变量（又称自变量），y 是被解释变量（又称因变量），α 和 β 是参数，分别表示斜率和 y 轴的截距，这两个参数必须基于模型中收集到的变量的观测值进行估计。

斜率 α 非常重要，它表示了自变量每增加一个单位量因变量随之发生的平均变化程度。斜率是如何作用的呢？如果斜率为正，回归线由左向右递增；如果斜率为负，则回归线由左向右递减。当斜率为 0 时，自变量的变化不会引起因变量的变化。但并非只有参数 α 确定了变量间的权重关系，更准确地说，是参数 α 的值较为重要。斜率为正时，自变量的值越高，则因变量的值也越高；而斜率为负时，自变量的值越高，因变量的值就越低。

线性回归的主要目标是提取出输入变量和输出变量间潜在的线性关系模型，这就要求实际输出与线性方程预测输出的误差的平方和最小化，这种方法称为普通最小二乘法（Ordinary Least Square，OLS）。在普通最小二乘法中，系数通过最小化被解释变量的观测值和拟合值的误差平方和来估计，使用的方程式如下：

$$RSS = \sum_{i=1}^{n}(\alpha \times x_i + \beta - y_i)^2$$

RSS 表示了实验数据（x_i, y_i）和直线上对应点（即预测值）之间距离的平方和。

也许你会说，或许用曲线可以更好地拟合这些点，但线性模型是不能使用曲线进行拟合的。线性模型的主要优点是方程简单。如果用非线性回归，模型的准确度可能更高，但拟合速度却会慢很多。就像在图 1-1 中看到的，模型尝试使用直线来近似拟合输入的数据点。下面看看在 Python 中如何构建线性回归模型。

1.10.1　准备工作

回归用于找出输入数据和连续值输出数据的关系。连续值数据通常表示成实数，回归的目标是估计可以计算出输入到输出的映射的核心函数。让我们从一个非常简单的例子开始，考虑下面输入和输出的映射关系：

```
1 --> 2
3 --> 6
4.3 --> 8.6
7.1 --> 14.2
```

如果问你输入和输出的关系，你可以很容易地分析出内在模式，可以看出每组数据中输出都是输入数据的两倍，所以转换方程式可以表示成：

$$f(x) = 2x$$

这是个很简单的函数，把输入值和输出值关联起来。然而现实世界并非如此，实际问题的函数并不会这么显而易见。

假设你有一个各行用逗号分隔的数据文件 VehiclesItaly.txt，其中第一个元素是输入值，第二个元素是对应这个输入的输出值，我们的目标是找出各个地区的车辆注册数和人口数量之间的线性回归关系。你可以将这个文件作为输入参数。如你所料，变量 Registrations 包含了在意大利各地区注册的车辆数，变量 Population 则包含了不同地区的人口数。

1.10.2 详细步骤

Python 中构建线性回归器的方法如下。

1. 创建文件 regressor.py，并加入下面这几行代码：

```
filename = "VehiclesItaly.txt"
X = []
y = []
with open(filename, 'r') as f:
    for line in f.readlines():
        xt, yt = [float(i) for i in line.split(',')]
        x.append(xt)
        y.append(yt)
```

上面的代码把输入数据加载到变量 X 和 y，其中 X 是独立变量（解释型变量），y 是依赖变量（被解释变量）。循环代码部分对数据进行逐行解析，并根据逗号分隔符提取数据，然后将其转换成浮点值存入变量 X 和 y。

2. 构建机器学习模型时，需要一种方法来检查模型是否达到一定的满意度。为此，需要把数据划分成两组：训练数据集和测试数据集。训练数据集用于构建模型，测试数据集用于检验模型在未知数据上的表现。现在，先把数据集划分成训练数据集和测试数据集：

```
num_training = int(0.8 * len(X))
num_test = len(X) - num_training

import numpy as np

# 训练数据
X_train = np.array(X[:num_training]).reshape((num_training,1))
y_train = np.array(y[:num_training])

# 测试数据
X_test = np.array(X[num_training:]).reshape((num_test,1))
```

```
y_test = np.array(y[num_training:])
```

留出 80%的数据作为训练数据集，剩余的 20%用作测试数据集，然后，创建 4 个数组：X_train、X_test、y_train 和 y_test。

3．可以训练模型了。下面创建一个回归器对象：

```
from sklearn import linear_model

# 创建线性回归对象
linear_regressor = linear_model.LinearRegression()

# 使用训练集训练模型
linear_regressor.fit(X_train, y_train)
```

首先从 sklearn 库中导入用于回归的方法 linear_model，其中预期的目标值是输入变量的线性组合；然后调用函数 LinearRegression()，执行普通最小二乘法线性回归；最后，调用 fit()函数拟合线性模型，这里传入了两个参数——训练数据 X_train 和目标值 y_train。

4．现在已经基于训练数据训练了线性回归器，其中 fit()函数获取输入数据并对模型进行了训练。想了解数据如何拟合的，需要使用拟合出的模型在训练数据上进行预测：

```
y_train_pred = linear_regressor.predict(X_train)
```

5．现在使用库 matplotlib 绘制输出结果：

```
import matplotlib.pyplot as plt
plt.figure()
plt.scatter(X_train, y_train, color='green')
plt.plot(X_train, y_train_pred, color='black', linewidth=4)
plt.title('Training data')
plt.show()
```

在终端运行代码，结果如图 1-2 所示。

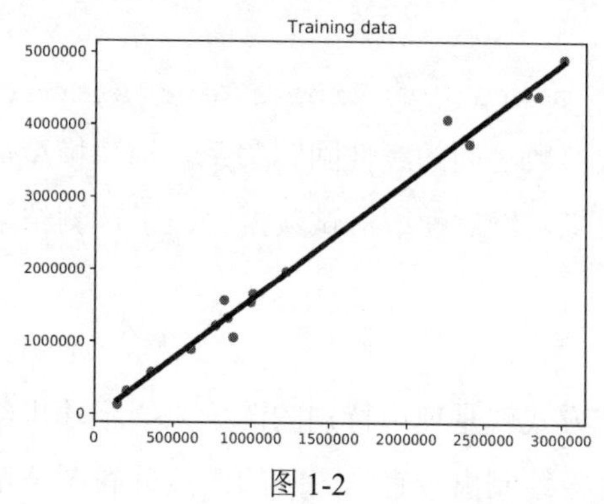

图 1-2

6．前面的代码使用训练好的模型对训练数据进行了输出预测，但这不能说明模型在未知数据上的表现。由于我们是在训练数据上运行模型的，所以只能了解模型对训练数据的拟合效果。从图 1-2 来看，效果还不错。

7．现在在测试数据上运行模型并绘制出预测结果图，代码如下：

```
y_test_pred = linear_regressor.predict(X_test)
plt.figure()
plt.scatter(X_test, y_test, color='green')
plt.plot(X_test, y_test_pred, color='black', linewidth=4)
plt.title('Test data')
plt.show()
```

8．在终端运行上面的代码，返回的输出如图 1-3 所示。

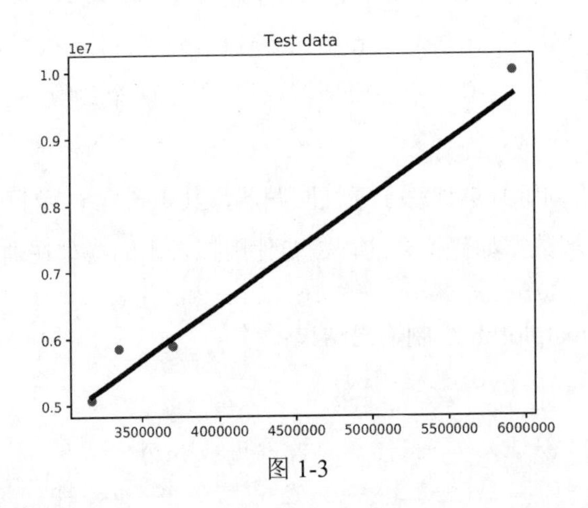

图 1-3

如你所料，各地区的人口数和车辆注册数之间成正关联关系。

1.10.3　工作原理

本节调用了 linear_model 中的 LinearRegression()函数，揭示了每个州的车辆注册数和这个州的人口数之间的线性回归关系。构建模型后，首先使用训练数据验证了模型对数据的拟合效果，然后使用测试数据验证了预测结果。

1.10.4　更多内容

检验模拟效果的最佳方式就是使用特别的图形来展示输出结果。实际上在本节中已经使用了这项技术，前面曾绘制出带有回归线的散点分布图。第 5 章将介绍用于检验模型表现的其他种类的图形。

1.11 计算回归准确度

了解了如何构建一个回归器之后，下面最重要的就是如何评估回归器的泛化能力。在模型评价标准中，我们用误差（error）表示真实值和回归器预测值之间的差异。

1.11.1 准备工作

先快速了解几个可用于衡量回归器泛化能力的指标。回归器可以用很多不同的指标来评估，而 scikit-learn 库支持指标的计算。`sklearn.metrics` 模块包含的指标有得分函数、性能指标、成对（pairwise）指标以及距离计算等。

1.11.2 详细步骤

Python 中计算回归准确率的方法如下。

使用已有的函数来评估 1.10 节中创建的线性回归模型的性能：

```
import sklearn.metrics as sm
print("Mean absolute error =", round(sm.mean_absolute_error(y_test,
y_test_pred), 2))
print("Mean squared error =", round(sm.mean_squared_error(y_test,
y_test_pred), 2))
print("Median absolute error =",
round(sm.median_absolute_error(y_test, y_test_pred), 2))
print("Explain variance score =",
round(sm.explained_variance_score(y_test, y_test_pred), 2))
print("R2 score =", round(sm.r2_score(y_test, y_test_pred), 2))
```

返回的结果如下：

```
Mean absolute error = 241907.27
Mean squared error = 81974851872.13
Median absolute error = 240861.94
Explain variance score = 0.98
R2 score = 0.98
```

R2 得分几乎为 1，说明模型对数据的预测效果非常好。逐一查看各个指标难免冗赘，这里仅挑选一两个指标来评估模型。最佳实践是使均方误差尽可能低，解释方差尽可能高。

1.11.3　工作原理

回归器可以使用很多不同的指标进行评估，示例如下。

- 平均绝对误差（mean absolute error）：给定数据集中所有数据点的绝对误差的平均值。
- 均方误差（mean squared error）：给定数据集中所有数据点的误差的平方的平均值，它是被广为使用的指标之一。
- 中位数绝对误差（median absolute error）：给定数据集中所有数据点的误差的中位数，这个指标的主要优点是可以消除异常值的干扰，相对于均值误差，测试集中的单个坏点并不会影响整体误差指标。
- 解释方差分（explained variance score）：用于衡量模型对数据集中的数据变异的可解释能力，评分为 1，意味着模型是完美的。
- R 方得分（R2 score）：这个指标也读作“R 方”，是指确定性相关系数，用于衡量未知样本的预测效果。最优得分为 1，也可能为负值。

1.11.4　更多内容

`sklearn.metrics` 模块包含了衡量预测误差的一系列函数：

- 以 `_score` 结尾的函数返回的是需要最大化的值，值越大表示模型的泛化能力越强。
- 以 `_error` 或 `_loss` 结尾的函数返回的是需要最小化的值，值越小表示模型的泛化能力越强。

1.12　模型持久化

模型训练结束后，可以将其保存成文件，这样以后使用时只需简单加载进来就可以了。

1.12.1　准备工作

下面看看如何保存模型。这里要用到用于保存 Python 对象的 `pickle` 模块，该模块是 Python 安装的标准库的一部分。

1.12.2 详细步骤

Python 中模型持久化的方法如下。

1. 在 regressor.py 文件中加入下面的代码：

```
import pickle

output_model_file = "3_model_linear_regr.pkl"

with open(output_model_file, 'wb') as f:
    pickle.dump(linear_regressor, f)
```

2. 回归器对象将被保存在文件 saved_model.pkl 中，加载、使用此对象的方法如下：

```
with open(output_model_file, 'rb') as f:
    model_linregr = pickle.load(f)

y_test_pred_new = model_linregr.predict(X_test)
print("New mean absolute error =",
round(sm.mean_absolute_error(y_test, y_test_pred_new), 2))
```

返回的结果如下：

```
New mean absolute error = 241907.27
```

这里，我们把回归器对象从文件加载到 model_linregr 变量中。对比之前的结果，可以确认它们是完全相同的。

1.12.3 工作原理

pickle 模块可将任意的 Python 对象转换成字节序列，这一过程又称为对象的序列化。可以发送或者存储表示对象的字节流，然后创建出具有相同特征的新对象，这一反向操作称为解包。

1.12.4 更多内容

Python 还可以使用 marshal 模块进行序列化操作，通常，我们更推荐使用 pickle 模块序列化 Python 对象。marshal 模块可用于支持以.pyc 结尾的 Python 文件。

1.13　构建岭回归器

线性回归的主要问题是它对异常值非常敏感，在实际收集数据的过程中，经常会碰到错误的度量结果，而线性回归使用了普通最小二乘法来确保平方误差最小化。异常值之所以更容易引发问题，是因为它们在全部误差中的占比很高，从而会破坏整个模型。

所谓异常值，是指相比其他数据值的极端值，或者说距离其他观察值较为偏远的值。异常值会影响数据分析的结果，更具体地说，会影响描述统计分析和相关性分析。我们需要在数据清洗阶段找出这些异常数据，但也可以在接下来的数据分析中找出并处理这些异常数据。异常值可以是只针对某个单一变量的单元异常值，也可以是由多个变量的值组合而成的多元异常值。请看图 1-4。

图 1-4 中右下角的两个点很明显是异常值，但模型却试图拟合所有的数据点，这就会导致整个模型的错误。异常值的特征是，和分布中的其他数据相比极其大或者极其小，这意味着相对其他数据分布的孤立情况。即使仅通过目测，也可以看出图 1-5 所示模型的拟合效果明显更好。

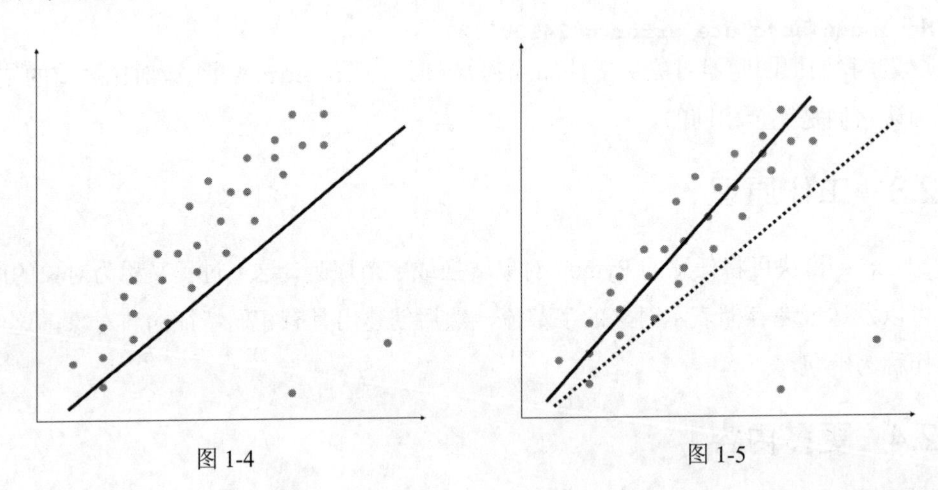

图 1-4　　　　图 1-5

普通最小二乘法在构建模型时会考虑每一个数据点，因而实际得到的模型就如图 1-5 中虚线所示。显而易见该模型不是最佳的。

正则化方法需要修改性能函数，性能函数通常选择训练集上回归误差的平方和。当变量较多时，相比较少的变量，线性模型的最小二乘估计经常有一个较小的偏差和一个较大的方差，这种情况下，就会出现过拟合的问题。为使用较大的偏差和较小的方差来改进预测精度，可以采用对变量进行筛选和降维的处理方法，但这些方法不仅计算量很大，而且还会增加解释难度。

另一个解决过拟合问题的途径是修改估计方法，忽略使用无偏参数估计的需要，转而考虑使用有偏估计器的可能，有偏估计方法可能会有更小的方差。现有的几种有偏估计器中，大多是基于正则化方法的，其中岭回归、Lasso 回归和 ElasticNet 回归是最常使用的方法。

1.13.1 准备工作

岭回归是对系数规模施加惩罚项的方法，在 1.10 节中已经讲过，在普通最小二乘法中，系数通过最小化观察到的因变量和拟合值之间的残差平方和来确定，依据的方程式如下：

$$\text{RSS}=\sum_{i=1}^{n}(y_i-\beta_1\times x_i+\beta_2)^2$$

为了估计 β 系数，岭回归在最基本的残差平方和公式基础上加入了惩罚项，我们把 $\lambda(\geqslant 0)$定义为调解参数（又称正则化参数、岭参数），它和系数 β 的平方和（不包括截距）相乘就构成了惩罚项，方程式如下：

$$\sum_{i=1}^{n}(y_i-\beta_1\times x_i+\beta_2)^2+\lambda\times\beta_1^2=RSS+\lambda\times\beta_1^2$$

很明显，$\lambda=0$ 意味着对模型不施加任何惩罚，得到的仍然是最小二乘解，而当岭参数 λ 趋向于更大或无穷大时，意味着对模型施加较大的惩罚，这会使很多系数的值更接近 0 值，但并不表示它们会被排除在模型外。下面看看在 Python 中如何构建岭回归器。

1.13.2 详细步骤

在 Python 中创建岭回归器的方法如下。

1. 可以使用前面例子（构建线性回归器）中的数据（来自文件 `VehiclesItaly.txt`）。这个文件中的每行包含两个值，第一个值是解释变量，第二个值是被解释变量。

2. 把下面几行代码加入文件 `regressor.py` 中，现在用下面的参数初始化岭回归器：

```
from sklearn import linear_model
ridge_regressor = linear_model.Ridge(alpha=0.01,
fit_intercept=True, max_iter=10000)
```

3. 参数 alpha 用于控制复杂度，alpha 的值越接近 0，岭回归器的表现越近似于使用普通最小二乘法的线性回归器，因此，若想让其对异常值具有良好的健壮性，就要为 alpha 分配一个较大的值。这里我们用一个中等大小的值 0.01。

4. 下面来训练回归器：

```
ridge_regressor.fit(X_train, y_train)
y_test_pred_ridge = ridge_regressor.predict(X_test)
print( "Mean absolute error =",
round(sm.mean_absolute_error(y_test, y_test_pred_ridge), 2))
print( "Mean squared error =", round(sm.mean_squared_error(y_test,
y_test_pred_ridge), 2))
print( "Median absolute error =",
round(sm.median_absolute_error(y_test, y_test_pred_ridge), 2))
print( "Explain variance score =",
round(sm.explained_variance_score(y_test, y_test_pred_ridge), 2))
print( "R2 score =", round(sm.r2_score(y_test, y_test_pred_ridge), 2))
```

运行代码可以看到误差指标。你可以自己创建一个线性回归器，然后在相同的数据集上进行操作，并与引入了正则化方法的模型效果进行参照对比。

1.13.3　工作原理

岭回归是对系数规模施加了惩罚的正则化方法，除了岭系数在计算时会减去一个数值外，它和最小二乘法是相同的。在岭回归中，缩放转换会有重大影响，因此，为了避免因预测使用的测量尺度不同而导致不同的结果，建议估计模型前对所有因子进行标准化处理。标准化变量的方法是先减去均值再除以它们的标准差。

1.14　构建多项式回归器

线性回归模型有一个主要的局限，就是它只能使用线性函数对输入数据进行拟合，而多项式回归模型通过拟合多项式方程来克服这类问题，从而提高模型的准确性。

1.14.1 准备工作

当因变量和多个自变量间的关系呈曲线时，就应使用多项式模型。有时，多项式模型也可用于对具有非线性关系的小范围内的解释变量进行建模。在一个线性回归模型中加入一个二次项或三次项，就可以转换成多项式曲线。然而，由于多项式是对解释变量做的平方或立方，而非 β 系数，仍然可以作为线性模型处理，因而曲线建模变得非常简单，并不需要创建庞大的非线性模型。请看图 1-6。

从数据点的分布模式可以看出，存在一条自然的曲线，而线性模型并不能捕捉到这种曲线关系。再来看看多项式模型的效果，如图 1-7 所示。

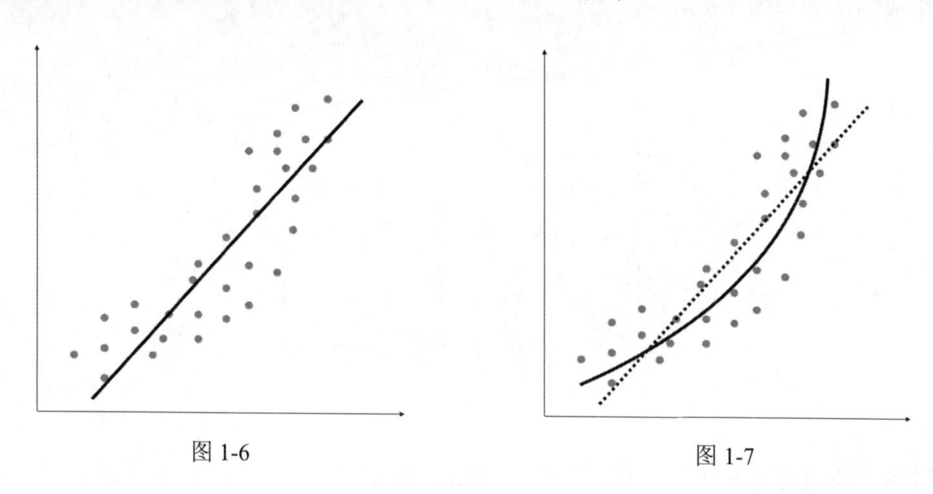

图 1-6　　图 1-7

图中虚线表示线性回归模型，实线表示多项式回归模型，多项式模型的曲率由多项式次数决定，随着模型曲率的增加，模型也愈加准确。然而，曲率也会增加模型的复杂度并使其拟合速度变得更慢。这就需要做出权衡了，在给定的计算能力限制下，你必须对期望的模型准确度做出决定。

1.14.2 详细步骤

在 Python 中构建多项式模型的方法如下。

1. 在这个例子中，我们将仅处理二次抛物线回归。我们已测量出一天中几小时的温度，现在要知道的是一天中不同时间的温度趋势，即使是我们没有测量过温度的时间。当然，这些时间都是处于已测量过的时间范围之内的：

```
import numpy as np

Time = np.array([6, 8, 11, 14, 16, 18, 19])
Temp = np.array([4, 7, 10, 12, 11.5, 9, 7])
```

2．现在要显示出一天中几个点的温度值：

```
import matplotlib.pyplot as plt
plt.figure()
plt.plot(Time, Temp, 'bo')
plt.xlabel("Time")
plt.ylabel("Temp")
plt.title('Temperature versus time')
plt.show()
```

生成的图像如图 1-8 所示。

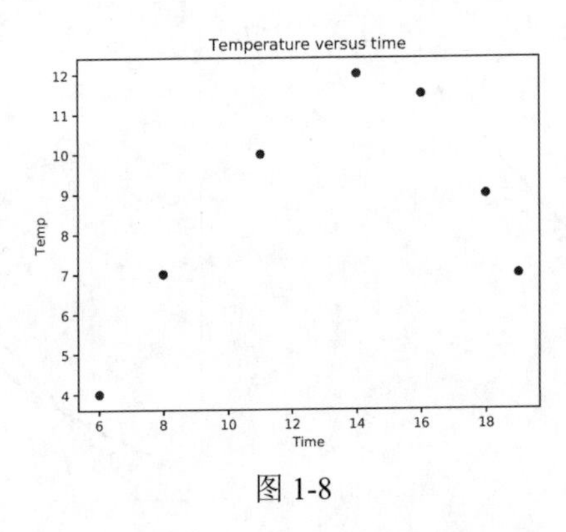

图 1-8

对图 1-8 进行分析可知，通过类似下面这样的方程式表示的二次多项式，是可以对曲线形模式的数据进行建模的：

$$\text{Temp} = \beta_0 + \beta_1 \times Time + \beta_2 \times Time^2$$

未知系数 β_0、β_1 和 β_2，可以通过减小平方和的值来进行估计，即最小化模型数据的离差至其最低的值（最小二乘拟合）。

3．下面计算多项式系数：

```
beta = np.polyfit(Time, Temp, 2)
```

函数 numpy.polyfit()返回最佳拟合数据的 n（给定的）次多项式的系数，函数返回的系数按降次排序(最高次项的系数在前面)，如果多项式是 n 次的，那么返回长度为 n+1。

4．创建模型后，要对模型拟合数据的效果进行验证，要做到这一点，需要使用模型在均匀间隔的时间内估计多项式。如果要估计特定数据点的模型，可以使用 poly1d()

函数，这个函数返回由我们提供的数据点估计的 *n* 次多项式的值。输入参数是长度为 *n*+1 的向量，它的元素就是要估计的以降次排序的 *n* 次多项式的系数：

```
p = np.poly1d(beta)
```

从后面的图可以看出，这和输出值很接近。如果想更加逼近，可以增加多项式的次数。

5．现在可以同时绘制出原始数据以及模型曲线：

```
xp = np.linspace(6, 19, 100)
plt.figure()
plt.plot(Time, Temp, 'bo', xp, p(xp), '-')
plt.show()
```

打印结果如图 1-9 所示。

分析图 1-9 可以看出，曲线充分拟合了数据。相比简单的线性回归模型，多项式模型做出了更大程度的拟合。在回归分析中，让模型的阶数尽可能地低是非常重要的，在最先的分析中，模型是个一阶多项式，如果结果不理想，可以尝试使用二阶多项式。使用更高阶的多项式可能导致错误的估计。

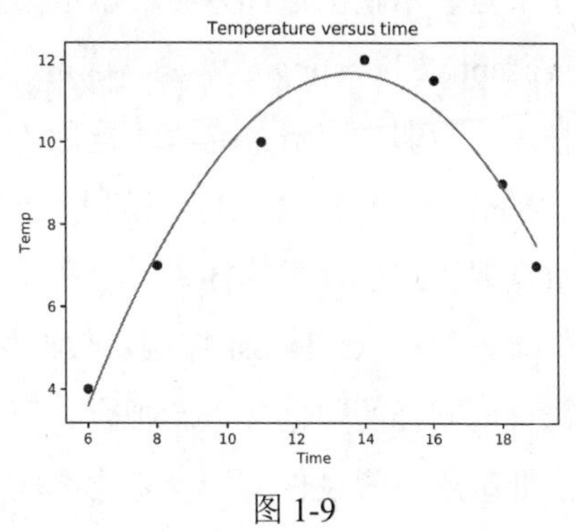

图 1-9

1.14.3 工作原理

当线性回归的拟合效果不理想时就应使用多项式回归。多项式回归模型使用曲线拟合数据，其中出现的因子的次数可能等于或大于 2。当变量间的关系看起来是曲线时，通常会使用多项式模型。

1.14.4 更多内容

到底要使用几次多项式？这取决于我们对精度的预期。多项式次数越高，模型的精度越高，但计算难度也越高。另外，有必要对发现的系数的重要性进行验证，让我们马上开始吧。

1.15 估算房屋价格

是时候学以致用了，现在就来把所有学到的理论应用到房屋价格估算的问题上吧，这是用于理解回归的最经典的案例之一。作为一个很好的切入点，这个案例不仅简单易懂，还与人们的生活紧密相关，因此在用机器学习处理更复杂的问题之前，可以通过房屋价格估算的例子更好地理解相关概念。这里将用使用了 AdaBoost 算法的决策树回归器来解决这个问题。

1.15.1　准备工作

决策树是一个树状模型，其中的每个节点都表示一个简单决策，从而影响最终结果。叶子节点表示输出值，分支表示根据输入特征做出的中间决策。AdaBoost 是指自适应增强（adaptive boosting）算法，这是一种利用其他系统提升模型准确度的技术，我们把这种技术称为弱学习器，它将不同版本的算法得到的结果组合起来，加权汇总成最终的结果。AdaBoost 算法会把每个阶段收集到的信息反馈给系统，这样学习器就可以在后一阶段重点训练难以分类的样本。这种学习方式可以增强系统的准确性。

首先使用 AdaBoost 算法对数据集进行回归拟合，再计算误差，然后根据误差评估结果，再用同样的数据集重新拟合。可以把这个过程看作回归器的调优过程，直到达到期望的准确度。假设你有一个包含影响房价的各种参数的数据集，我们的目标就是估计这些参数和房价的关系，这样就可以根据未知参数估计房价了。

1.15.2　详细步骤

在 Python 中估算房屋价格的方法如下。

1. 创建一个新文件 housing.py，并加入下面的代码：

```
import numpy as np
from sklearn.tree import DecisionTreeRegressor
from sklearn.ensemble import AdaBoostRegressor
from sklearn import datasets
from sklearn.metrics import mean_squared_error,
explained_variance_score
from sklearn.utils import shuffle
import matplotlib.pyplot as plt
```

2. 网上有一个标准房屋价格数据库，人们经常用它来研究机器学习。可以通过异步社区下载数据。这里将使用一个经过轻度修改的数据集版本，以及随之提供的相关代码文件。最棒的是 scikit-learn 提供了一个可以直接加载这个数据集的函数：

```
housing_data = datasets.load_boston()
```

每个数据点包含了影响房价的 12 个输入参数，可以用 housing_data.data 获取输入数据，用 housing_data.target 获取对应的房屋价格。相应的属性列表如下所示。

- crim：城镇人均犯罪率。
- zn：住宅用地超过 2322.576m^2（25 000 平方英尺）的比例。
- indus：城镇非零售商用土地的比例。
- chas：查理斯河空变量（如果边界是河流，则为 1；否则为 0）。
- nox：一氧化氮浓度（每千万分含量）。
- rm：住宅平均房间数。
- age：1940 年之前建成的自用房屋比例。
- dis：到波士顿 5 个中心区域的加权距离。
- rad：枢纽公路的接近指数。
- tax：每 10 000 美元的全值财产税率。
- ptratio：城镇师生比例。
- lstat：人口中地位低下者的比例。
- medv：自住房的平均房价，以千美元计。

在这些参数中，target（房价）是因变量，其他的 12 个参数是可能的影响因子。分析的目标是拟合出可以最佳解释 target 变化的回归模型。

3. 下面把数据分成输入和输出部分。为使结果与数据顺序无关，先将数据顺序打乱：

```
X, y = shuffle(housing_data.data, housing_data.target, random_state=7)
```

sklearn.utils.shuffle()函数通过对集合进行随机排序这种简单的方式来打乱数组或稀疏矩阵的元素顺序。打乱数据的顺序可以降低方差，并确保模型不会过拟合，并具有更好的泛化能力。random_state 参数用于控制如何打乱数据，以便我们可以重新生成相同的结果。

4. 下面把数据集划分成训练集和测试集，我们分配 80%的数据用于训练，20%的数据用于测试：

```
num_training = int(0.8 * len(X))
X_train, y_train = X[:num_training], y[:num_training]
X_test, y_test = X[num_training:], y[num_training:]
```

记住，机器学习算法是使用一个有限的数据集合来训练模型的。在训练阶段，模型基于训练集的预测结果进行评估，但算法的目标是生成可以预测未知数据的模型，换言之，一个从已知数据开始进而解决未知数据泛化问题的模型。因而我们把数据划分成两部分：训练数据和测试数据。训练数据用于训练模型，测试数据用于验证系统的泛化能力。

5. 现在已经可以拟合决策树回归模型了。选一个最大深度为 4 的树，这能控制决策树不变成任意深度：

```
dt_regressor = DecisionTreeRegressor(max_depth=4)
dt_regressor.fit(X_train, y_train)
```

DecisionTreeRegressor()函数用于构建决策树回归器。

6. 下面使用 AdaBoost 算法来拟合决策树回归模型：

```
ab_regressor = AdaBoostRegressor(DecisionTreeRegressor(max_depth=4),
n_estimators=400, random_state=7)
ab_regressor.fit(X_train, y_train)
```

AdaBoostRegressor()函数用于比较结果，看看 AdaBoost 算法对决策树回归器性能的改善程度。

7. 接下来对决策树回归器的性能进行评估：

```
y_pred_dt = dt_regressor.predict(X_test)
mse = mean_squared_error(y_test, y_pred_dt)
evs = explained_variance_score(y_test, y_pred_dt)
print("#### Decision Tree performance ####")
print("Mean squared error =", round(mse, 2))
print("Explained variance score =", round(evs, 2))
```

首先，使用 predict()函数基于测试数据来预测被解释变量。然后，计算出均方误差和可解释方差。均方误差是输入的所有数据点的真实值和预测值的离差平方的平均值。可解释方差表明，数据中有多少比例的变异可以被模型解释。

8. 下面对 AdaBoost 的性能进行评估：

```
y_pred_ab = ab_regressor.predict(X_test)
mse = mean_squared_error(y_test, y_pred_ab)
evs = explained_variance_score(y_test, y_pred_ab)
print("#### AdaBoost performance ####")
print("Mean squared error =", round(mse, 2))
print("Explained variance score =", round(evs, 2))
```

终端显示的输出结果如下：

```
#### Decision Tree performance ####
Mean squared error = 14.79
Explained variance score = 0.82
```

```
#### AdaBoost performance ####
Mean squared error = 7.54
Explained variance score = 0.91
```

从上面的结果可以看出，使用AdaBoost算法后，得到的误差较低，方差分接近于1。

1.15.3　工作原理

DecisionTreeRegressor方法构建了一个决策树回归器。决策树用于为多个输入变量$x_1,x_2,\cdots,x_n$预测因变量或类别y。如果y是连续的，则此决策树称为回归树，如果y表示类别，则称为分类树。算法的决策判定过程如下：根据每一节点的输入值x_i和答案，判定进入左分支还是右分支，到达叶节点后，即是找到了预测结果。在回归树中，我们将数据空间划分成微小的部分，并对每个划分使用不同的简单模型。树中的非叶子节点表示了模型选用的判定途径。

回归树由一系列节点组成，这些节点将根分支拆分为两个子分支。这样的细分还在继续，一直到叶子节点，从而形成了一个树状分层结构。每个新的分支都会连接到另一个子节点，或成为表示预测值的叶子节点。

1.15.4　更多内容

AdaBoost回归器是一个元估计器，开始时先把真实数据集输入到回归器，然后下一次迭代中在相同的数据集上加入同样的回归器，但各回归器实例的权重会根据当前预测的误差进行调整。如此连续迭代后，多个弱回归器组合成的强回归器就可以进行更难的预测。这有助于对结果进行对比，并明白AdaBoost算法是如何提高决策树回归器模型的性能的。

1.16　计算特征的相对重要性

所有特征都同等重要吗？在房屋价格估算的案例中，共有13个输入特征，它们对模型都有影响。然而，一个重要的问题是，如何判断哪个特征更加重要？显然，并非所有特征对结果都有同等程度的影响。如果要舍弃一些特征，就要了解哪些特征不太重要，而scikit-learn包含了这一功能。

1.16.1　准备工作

下面看看如何计算特征的重要性。特征重要性给出了模型构成中每个特征的值的重要性度量。构建模型时某个属性用到的越多，其相对重要性就越高。数据集中每个属性的重要性都被显示计算，以对各属性进行归类和对比。特征重要性是包含在模型内的一个属性 feature_importances_。

1.16.2　详细步骤

计算特征相对重要性的方法如下。

1．先提取出模型的重要性属性，在文件 housing.py 中加入下面的代码:

```
DTFImp= dt_regressor.feature_importances_
DTFImp= 100.0 * (DTFImp / max(DTFImp))
index_sorted = np.flipud(np.argsort(DTFImp))
pos = np.arange(index_sorted.shape[0]) + 0.5
```

回归器对象有一个 feature_importances_ 方法，它会给出每个特征的相对重要性。为对比结果，对重要性的值作归一化处理，然后按索引进行排序后再反序，这样就得到了按重要性的值降序排列的结果。最后为了显示方便，把 x 轴上的标签位置中心化处理。

2．接着可视化结果，画出柱状图:

```
plt.figure()
plt.bar(pos, DTFImp[index_sorted], align='center')
plt.xticks(pos, housing_data.feature_names[index_sorted])
plt.ylabel('Relative Importance')
plt.title("Decision Tree regressor")
plt.show()
```

3．我们从 feature_importances_ 方法中得到重要性的值，并将其缩放到 0～100。得到的基于决策树回归器的结果如图 1-10 所示。

决策树回归器表明，最重要的特征是 RM。

4．现在对 AdaBoost 模型执行同样的过程:

```
ABFImp= ab_regressor.feature_importances_
ABFImp= 100.0 * (ABFImp / max(ABFImp))
index_sorted = np.flipud(np.argsort(ABFImp))
pos = np.arange(index_sorted.shape[0]) + 0.5
```

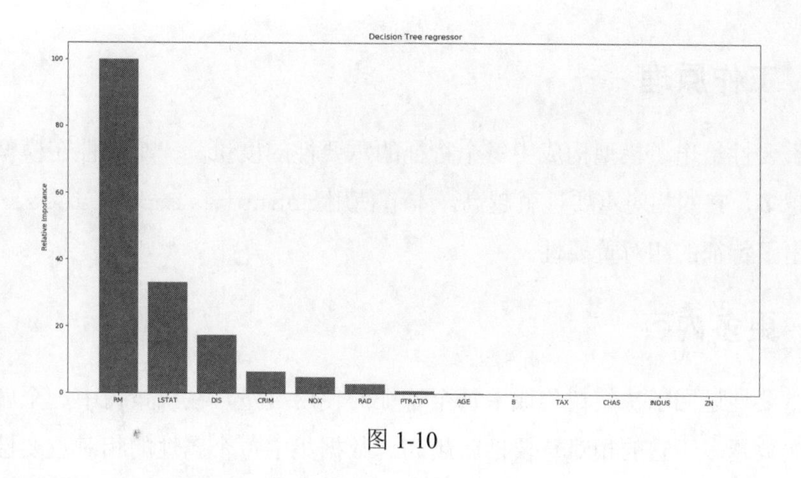

图 1-10

5．对结果进行可视化，画出柱状图：

```
plt.figure()
plt.bar(pos, ABFImp[index_sorted], align='center')
plt.xticks(pos, housing_data.feature_names[index_sorted])
plt.ylabel('Relative Importance')
plt.title("AdaBoost regressor")
plt.show()
```

AdaBoost 模型给出的结果如图 1-11 所示。

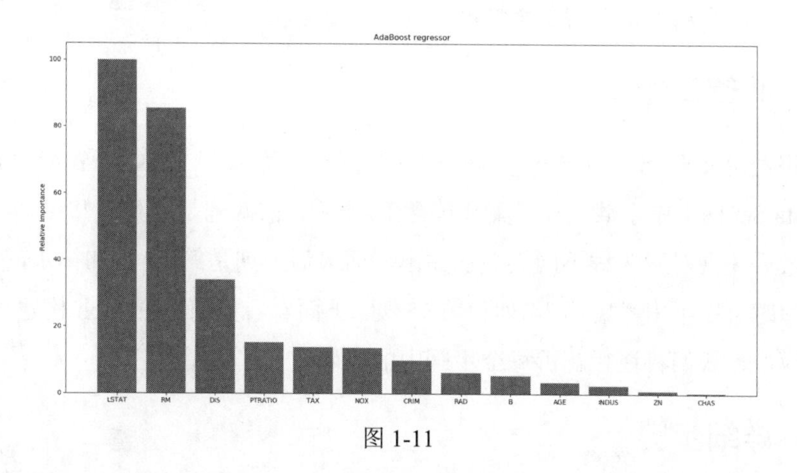

图 1-11

AdaBoost 模型得出的最重要的特征是 LSTAT。事实上，如果你在数据上构建多种回归器，可以看到大多数模型给出的最重要特征是 LSTAT。这就展示出了使用 AdaBoost 算法的决策树回归模型的优势。

1.16.3　工作原理

特征重要性给出了模型构成中每个特征的重要性的度量。一个属性在模型构建过程中使用的越多，它的相对重要性就越高。本节使用 feature_importances_方法从模型中提取出了特征的相对重要性。

1.16.4　更多内容

相对重要性返回了决策树构成中每个特征的使用度量，在决策树中一个属性用于决策的使用次数越多，它的相对重要性就越高。数据集中每个属性的相对重要性都得到了显示计算，我们可以据此对各个属性进行分类和对比。

1.17　评估共享单车的需求分布

本节将用一种新的回归方法来解决共享单车分布的问题，我们使用随机森林回归器来估计输出结果。随机森林是决策树的集合，它基本上是由数据集的若干子集构建的一组决策树，使用平均值来改善整体性能。

1.17.1　准备工作

本例将使用文件 bike_day.csv 中的数据集，可以在 UCI 网站的 Bike Sharing Dataset Data Set 网页中下载。数据集共包含 16 个列，前两列是序列号和日期，分析中不会用到，最后 3 列对应 3 种不同类型的输出，而最后一列是第 14 列和第 15 列之和，因此构建模型时可以不用考虑第 14 列和第 15 列。下面看看如何用 Python 构建一个随机森林回归器模型，我们将逐行解析每个步骤中的代码。

1.17.2　详细步骤

下面是评估共享单车需求分布的方法。

1. 首先需要导入两个库：

```
import csv
import numpy as np
```

2．因为处理的是 CSV 文件，所以导入了专门处理这类文件的 CSV 程序包。现在把数据导入到 Python 环境中：

```
filename="bike_day.csv"
file_reader = csv.reader(open(filename, 'r'), delimiter=',')
X, y = [], []
for row in file_reader:
    X.append(row[2:13])
    y.append(row[-1])
```

这段代码读取了 CSV 文件中的所有数据，csv.reader()函数返回了一个 reader 对象，这个对象将在给定的 CSV 文件中逐行迭代。CSV 文件中的每一行读取后都返回一个字符串列表，本例中共返回了两个列表：X 和 y。我们从输出值中分离出数据并返回。下面提取特征名称：

```
feature_names = np.array(X[0])
```

特征名称在图像显示时很有用。因为第一行是特征名称，所以要把它们从 X 和 y 中去掉：

```
X=np.array(X[1:]).astype(np.float32)
y=np.array(y[1:]).astype(np.float32)
```

同时把两个列表转换成了两个数组。

3．下面打乱两个数组中的数据，以确保它们和文件中的数据排列顺序无关：

```
from sklearn.utils import shuffle
X, y = shuffle(X, y, random_state=7)
```

4．和前面用过的处理一样，需要把数据划分成训练集和测试集。这次，我们将 90%的数据用于训练，剩余的 10%用于测试：

```
num_training = int(0.9 * len(X))
X_train, y_train = X[:num_training], y[:num_training]
X_test, y_test = X[num_training:], y[num_training:]
```

5．接下来训练回归器：

```
from sklearn.ensemble import RandomForestRegressor
rf_regressor = RandomForestRegressor(n_estimators=1000,
max_depth=10, min_samples_split=2)
rf_regressor.fit(X_train, y_train)
```

RandomForestRegressor()函数构建了一个随机森林回归器。这里，n_estimators 指的是评估器数量，即我们要在随机森林中使用的决策树个数。max_depth 参数指定每棵树的最大深度，min_samples_split 参数指定树中拆分一个节点需要的数据样本个数。

6. 下面对随机森林回归器的性能进行评估：

```
y_pred = rf_regressor.predict(X_test)
from sklearn.metrics import mean_squared_error, 
explained_variance_score
mse = mean_squared_error(y_test, y_pred)
evs = explained_variance_score(y_test, y_pred)
print( "#### Random Forest regressor performance ####")
print("Mean squared error =", round(mse, 2))
print("Explained variance score =", round(evs, 2))
```

返回的结果如下：

```
#### Random Forest regressor performance ####
Mean squared error = 357864.36
Explained variance score = 0.89
```

7. 现在提取出特征的相对重要性：

```
RFFImp= rf_regressor.feature_importances_
RFFImp= 100.0 * (RFFImp / max(RFFImp))
index_sorted = np.flipud(np.argsort(RFFImp))
pos = np.arange(index_sorted.shape[0]) + 0.5
```

对结果可视化，绘制出柱状图：

```
import matplotlib.pyplot as plt
plt.figure()
plt.bar(pos, RFFImp[index_sorted], align='center')
plt.xticks(pos, feature_names[index_sorted])
plt.ylabel('Relative Importance')
plt.title("Random Forest regressor")
plt.show()
```

绘制出的图如图 1-12 所示。

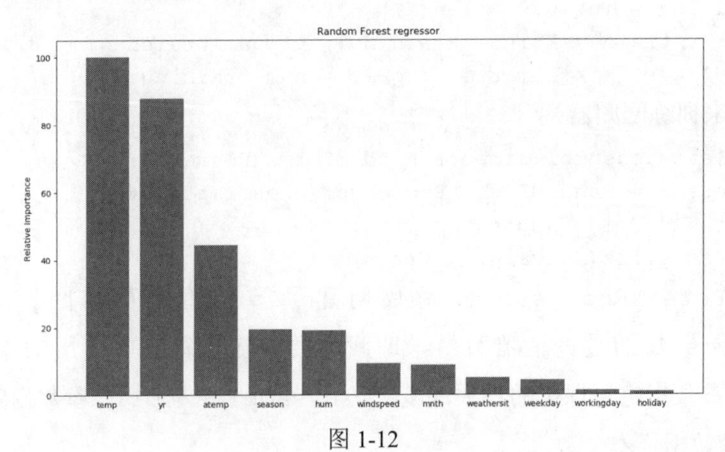

图 1-12

看来温度是影响自行车租赁的最重要因素。

1.17.3 工作原理

随机森林是一个特殊类型的回归器，它由一组简单回归器（决策树）组成，可以表示成独立同分布的随机向量，其中每个向量都选择各个决策树的预测平均值。这种类型的结构属于集成学习，它大大地改善了回归的准确率。随机森林中的每棵树都由训练数据集中的一个随机的子集构成和训练，因而随机森林中的树并未用到全部数据，我们不再为每个节点选择最佳属性，而是从一组随机选择的属性中挑选一个最佳的。

随机性因素构成了回归器的组成部分，其目的是增加多样性并减少相关性。在回归问题中，随机森林返回的最终结果是不同决策树输出结果的平均值。当随机森林算法用于分类问题时，返回的是不同树输出类别中的众数。

1.17.4 更多内容

现在把第 14 列和第 15 列加入数据集，看看结果有什么区别。在新的特征重要性柱状图中，除去这两个特征外，其他特征都变成了 0。这是因为输出结果可以通过简单地对第 14 列和第 15 列相加求和得到，算法并不需要其他特征来计算输出结果。在 for 循环中用下面这行代码替代原代码，其余代码保持不变：

```
X.append(row[2:15])
```

如果画出特征重要性的柱状图，如图 1-13 所示。

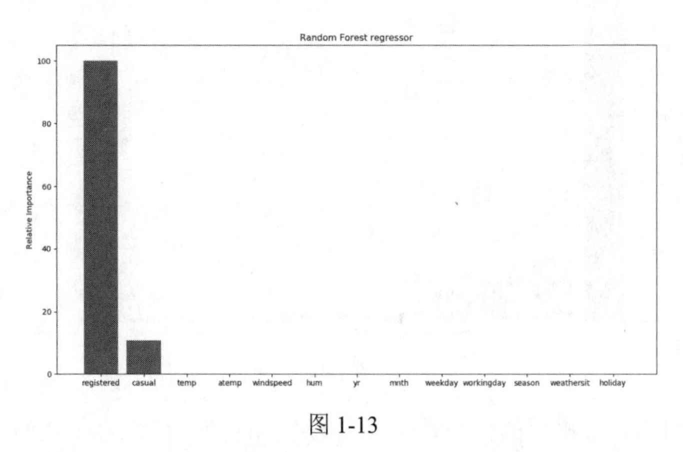

图 1-13

和预想的一样，从图中可以看出，只有这两个特征重要，这也符合常理，因为最终结果仅仅是这两个特征简单相加得到的，因而这两个变量也就与输出结果有最直接的关系，回归器也相应认为它不需要使用其他的特征来预测结果。在消除数据集冗余变量方面，随机森林是个非常有用的工具。但这点并非与前面模型的唯一不同，如果对模型性能进行分析，可以看出有大幅改善：

```
#### Random Forest regressor performance ####
Mean squared error = 22552.26
Explained variance score = 0.99
```

这里得到了 99%的可解释方差，非常棒的结果。

还有另外一个文件 bike_hour.csv，它包含了按小时统计的数据。我们需要用到第 3～14 列，现在变动下列代码，其余部分保持不变：

```
filename="bike_hour.csv"
file_reader = csv.reader(open(filename, 'r'), delimiter=',')
X, y = [], []
for row in file_reader:
    X.append(row[2:14])
    y.append(row[-1])
```

运行新代码，回归器给出的性能如下：

```
#### Random Forest regressor performance ####
Mean squared error = 2613.86
Explained variance score = 0.92
```

特征重要性的柱状图如图 1-14 所示。

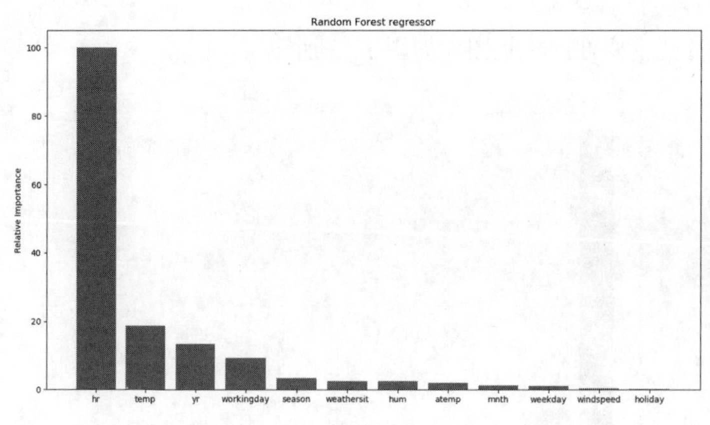

图 1-14

由图 1-14 看出，最重要的特征是一天中的不同时点，这也合乎我们的理解。次重要的特征是温度，这与我们之前的分析结果一致。

第 2 章
构建分类器

本章将涵盖以下内容：

- 构建简单分类器；
- 构建逻辑回归分类器；
- 构建朴素贝叶斯分类器；
- 将数据集划分成训练集和测试集；
- 用交叉验证评估模型准确度；
- 混淆矩阵可视化；
- 提取性能报告；
- 根据特征评估汽车质量；
- 生成验证曲线；
- 生成学习曲线；
- 估算收入阶层；
- 葡萄酒质量预测；
- 新闻组热门话题分类。

2.1 技术要求

本章用到了下列文件（可通过 GitHub 下载）：

- `simple_classifier.py`；
- `logistic_regression.py`；

- naive_bayes.py；
- data_multivar.txt；
- splitting_dataset.py；
- confusion_matrix.py；
- performance_report.py；
- car.py；
- car.data.txt；
- income.py；
- adult.data.txt；
- wine.quality.py；
- wine.txt；
- post.classification。

2.2　简介

在机器学习领域中，分类（classification）指的是根据数据特性将其归入若干类别的过程。这和第 1 章中讨论的回归不同，在回归问题中输出结果是一个实数值。监督学习分类器使用有标签的训练数据构建模型，然后用此模型对未知数据进行分类。

分类器可以是实现了分类功能的任何算法。最简单的情况，分类器可以是一个数学函数。在更多的真实问题中，分类器有很多复杂的形式。在本章的学习过程中，你将会看到把数据分成两类的二元分类器和把数据分成多于两个类别的多元分类器。解决分类问题的数学技术都倾向于二元分类问题的处理，通过不同的方法对其进行扩展，进而也能处理多元分类问题。

在机器学习中，对分类器准确性的评估至关重要，我们需要学会如何使用现有的数据，来构建出可以泛化到真实世界的模型。本章就将介绍这些内容。

2.3　构建简单分类器

分类器（classifier）是带有某些特征的系统，可以对被检查样本进行识别归类。在不同的分类方法中，组又被称为类（class）。分类器的目标是确认一个可使性能达到最优的分类规范。分类器性能通过泛化能力进行评估，泛化（generalization）是指对每个新实验数据进行正确地归类。对分类识别方式的不同，形成了构建分类器模型的不同方法。

2.3.1 准备工作

分类器基于从数据集的一系列样例学习的知识，来识别新对象的类型。分类器从数据集开始，学习并提取模型，然后将之用于新实例的分类。

2.3.2 详细步骤

使用训练数据构建一个简单分类器的方法如下。

1. 这里使用的文件是 `simple_classifier.py`，已经作为参考资料给出。和第 1 章中一样，首先导入 numpy 包和 matplotlib.pyplot 包，然后创建一些样例数据：

```
import numpy as np
import matplotlib.pyplot as plt

X = np.array([[3,1], [2,5], [1,8], [6,4], [5,2], [3,5], [4,7], [4,-1]])
```

2. 为这些数据点分配标签：

```
y = [0, 1, 1, 0, 0, 1, 1, 0]
```

3. 因为只有两个类，所以 `y` 列表中有 0 和 1 两个值。一般情况下，如果有 N 个类，那么 `y` 的取值范围就是 0 到 $N-1$。下面根据标签把数据归类：

```
class_0 = np.array([X[i] for i in range(len(X)) if y[i]==0])
class_1 = np.array([X[i] for i in range(len(X)) if y[i]==1])
```

4. 为了对数据有个直观的认识，我们对数据进行可视化：

```
plt.figure()
plt.scatter(class_0[:,0], class_0[:,1], color='black', marker='s')
plt.scatter(class_1[:,0], class_1[:,1], color='black', marker='x')
plt.show()
```

结果如图 2-1 所示，是个散点图（scatterplot），图 2-1 使用方块和叉这两种标记表示两类数据。参数 `marker` 指明了表示数据点的标记的样式，本例中用方块表示类别为 `class_0` 的数据，用叉表示类别为 `class_1` 的数据。

5. 前面的两行代码中，仅使用了 `X` 和 `y` 之间的映射创建了两个列表。如果要直观地展示出不同类型的数据，并划出一条分割线，要怎么实现呢？很简单，只要用直线方程在两类数据之间画一条直线就行了。下面是实现方法：

```
line_x = range(10)
line_y = line_x
```

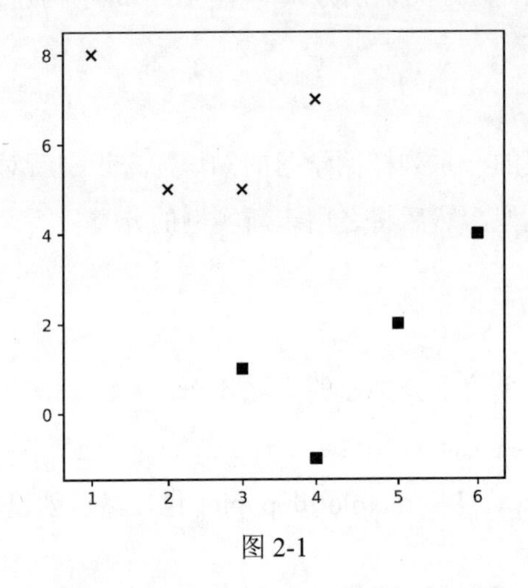

图 2-1

6. 上面的代码用数学方程 $y=x$ 创建了一条直线，下面画出这条直线：

```
plt.figure()
plt.scatter(class_0[:,0], class_0[:,1], color='black', marker='s')
plt.scatter(class_1[:,0], class_1[:,1], color='black', marker='x')
plt.plot(line_x, line_y, color='black', linewidth=3)
plt.show()
```

7. 运行代码，返回的图形如图 2-2 所示。

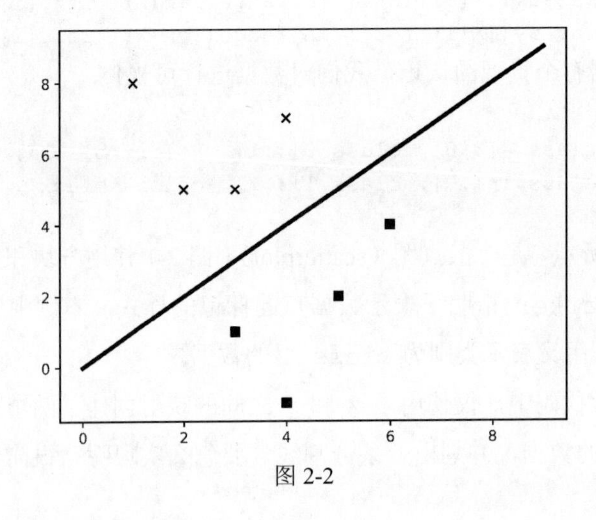

图 2-2

由图 2-2 可以看出，两个类别之间的分割线构成非常简单。在这个小例子中，运算都很简单。但更多的情况下，创建一条两个类别之间的分割线是非常困难的。

2.3.3 工作原理

本小节演示了如何构造一个简单的分类器，从识别平面上一系列尽可能多的数据点开始，然后为这些点分配类别 0 或 1，从而把它们划分成两组。为理解数据点的空间分配，我们为每个类别使用了不同的标记样式进行可视化，最后，用方程式 $y=x$ 表示的直线将这两组数据分开。

2.3.4 更多内容

本节基于以下规则构建了一个简单的分类器：有输入数据点（a,b），若 a 大于或等于 b，则该点归类成 `class_0`，否则，归类成 `class_1`。如果逐个检查数据点，会发现每个数据点都是这样分类的，我们已经构建出了一个可以对未知数据进行分类的线性分类器。之所以称其为线性分类器，是因为分割线是一条直线，如果分割线是曲线的话，那么这个分类器就是一个非线性分类器。

这样简单的分类器之所以可行，是因为数据点很少，可以很直观地判断出分割线。如果数据点多达几千个呢？如果对这一过程进行泛化处理？请看下一节。

2.4 构建逻辑回归分类器

尽管本节也出现了回归这个词，但逻辑回归其实是一种分类方法。给定一组数据点，我们的目标是构建出可以绘制类别之间线性边界的模型，它通过求解由训练数据导出的一组方程来提取边界。本节我们就将构建一个这样的逻辑回归分类器。

2.4.1 准备工作

逻辑回归是依赖变量具有二分性时使用的非线性回归模型，目的是确定出一次观测中依赖变量生成两个值的概率。非线性回归模型也可用于对观测结果进行分类，按照各自的特征将它们归入两个类别中。

2.4.2　详细步骤

构建逻辑回归分类器的方法如下。

1．用 Python 构建一个逻辑回归分类器，这里用到的是作为参考资料给出的文件 logistic_regression.py。假设已经导入了必需的程序包，接下来创建一些带有训练标签的样例数据：

```
import numpy as np
from sklearn import linear_model
import matplotlib.pyplot as plt
X = np.array([[4, 7], [3.5, 8], [3.1, 6.2], [0.5, 1], [1, 2], [1.2,
1.9], [6, 2], [5.7, 1.5], [5.4, 2.2]])
y = np.array([0, 0, 0, 1, 1, 1, 2, 2, 2])
```

这里假定总共有 3 个类别（0、1 和 2）。

2．接下来初始化逻辑回归分类器：

```
classifier = linear_model.LogisticRegression(solver='lbfgs', C=100)
```

上面的函数中有一些需要声明的参数，其中比较重要的两个是 solver 和 C。参数 solver 用于设置求解方程式的算法类型，参数 C 表示正则化强度，数值越小，正则化强度越高。

3．下面训练分类器：

```
classifier.fit(X, y)
```

4．画出数据点和边界，首先需要定义图形的数据范围：

```
x_min, x_max = min(X[:, 0]) - 1.0, max(X[:, 0]) + 1.0
y_min, y_max = min(X[:, 1]) - 1.0, max(X[:, 1]) + 1.0
```

上面设定的值表示我们希望在图中使用的数据范围，值域通常是从数据中的最小值到最大值。清楚起见，在代码中增加了一个余量 1.0。

5．为了画出边界，还需要利用一组网格数据求出方程并画出边界。下面继续定义网格：

```
# 设置网格数据的步长
step_size = 0.01

# 定义网格
x_values, y_values = np.meshgrid(np.arange(x_min, x_max, step_size),
np.arange(y_min, y_max, step_size))
```

变量 x_values 和变量 y_values 包含求解方程的网格点。

6．下面计算分类器对所有数据点的分类结果：

```
# 计算分类结果
mesh_output = classifier.predict(np.c_[x_values.ravel(), 
y_values.ravel()])
# 数组变形
mesh_output = mesh_output.reshape(x_values.shape)
```

7．用彩色区域画出边界：

```
# 用彩图画出分类结果
plt.figure()

# 选定一个配色方案
plt.pcolormesh(x_values, y_values, mesh_output, cmap=plt.cm.gray)
```

这是一个三维画图器，可以使用选定的配色方案画出二维数据点和关联值的各个分区。

8．接下来把训练数据点画在图上：

```
# 在图中画出训练数据点
plt.scatter(X[:, 0], X[:, 1], c=y, s=80, edgecolors='black', 
linewidth=1, cmap=plt.cm.Paired)

# 设定图形边界
plt.xlim(x_values.min(), x_values.max())
plt.ylim(y_values.min(), y_values.max())

# 设置 X 轴和 Y 轴的刻度
plt.xticks((np.arange(int(min(X[:, 0])-1), int(max(X[:, 0])+1),1.0)))
plt.yticks((np.arange(int(min(X[:, 1])-1), int(max(X[:, 1])+1),1.0)))
plt.show()
```

`plt.scatter` 方法用于把数据点画在二维图形上。`X[:, 0]`表示应使用 0 轴（本例中为 x 轴）上的所有数据值，`X[:, 1]`表示应使用 1 轴（本例中为 y 轴）上的所有数据值。参数 `C=y` 表示使用的颜色序列。我们用目标标签映射到 `cmap` 的颜色清单。通常希望为不同的标签使用不同的颜色，因此使用 y 作为映射。坐标轴的取值范围由 `plt.xlim` 和 `plt.ylim` 设定。为了标记坐标轴的数值，需要用到 `plt.xticks` 和 `plt.yticks`，有了刻度值，就可以清楚地看出数据点的位置。在前面的代码中，我们希望刻度值范围在数据的最小值和最大值之间，并加入余量 1。同样，我们希望刻度值是整数，所以使用 `int()` 函数进行取整操作。

9．运行代码，得到的输出如图 2-3 所示。

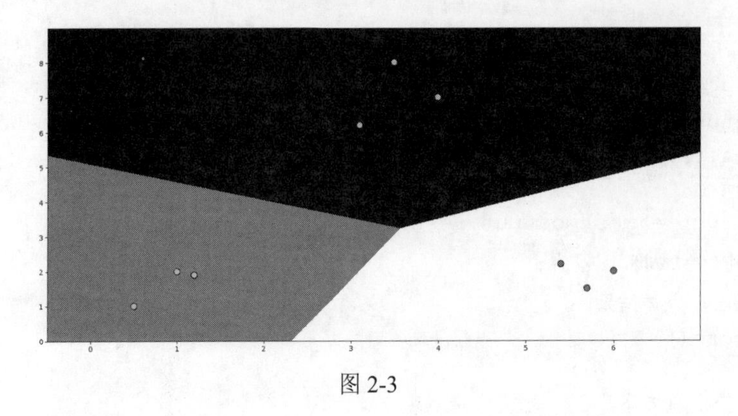

图 2-3

10．下面来看看参数 C 对模型的影响。参数 C 表示对分类错误的惩罚值，如果把 C 设置为 1.0，得到的输出结果将如图 2-4 所示。

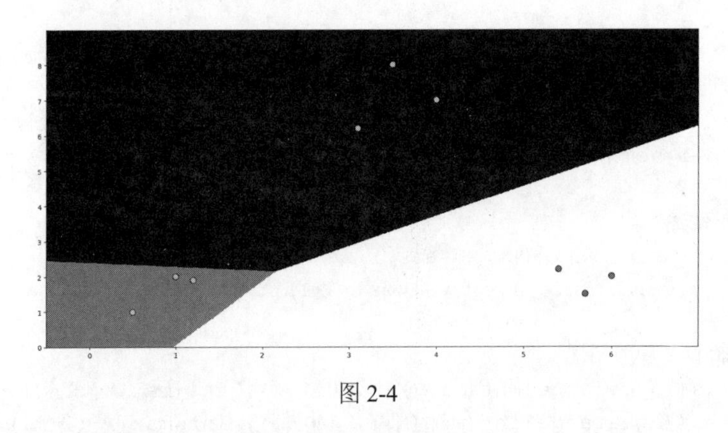

图 2-4

11．如果将 C 设成 10 000，结果如图 2-5 所示。

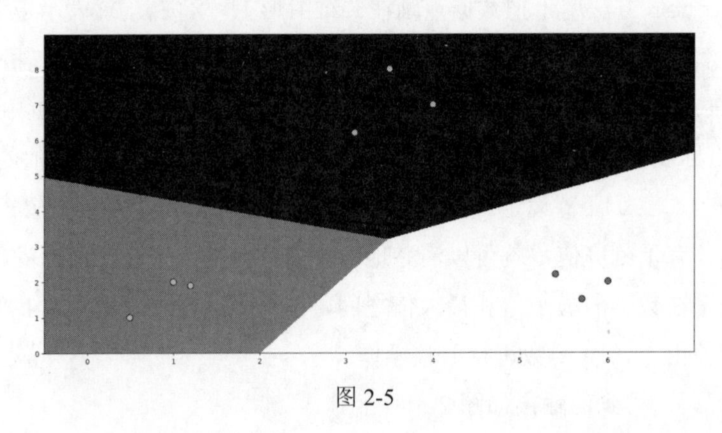

图 2-5

随着参数 C 的不断增大，分类错误的惩罚值越来越高，因而，各类型的边界也更优。

2.4.3 工作原理

逻辑回归（logistic regression）是监督学习算法中的分类方法。借助统计方法，逻辑回归可以生成一个概率结果，这个结果表示了某个给定的输入值属于某个给定类别的概率。在二分类逻辑回归问题中，如果属于其中一类的输出概率为 P，那么属于另一类的输出概率则为 $1-P$，其中 P 表示概率，取值为 0～1。

逻辑回归使用逻辑函数来对输入值进行归类。逻辑函数也称为 sigmoid 函数，它是一条 S 形的曲线，可以把任意的实数值映射到 0～1，极值除外。sigmoid 函数可用下面的方程式描述：

$$F(x)=\frac{1}{1+\mathrm{e}^{-(\beta_0+\beta_1\times x)}}$$

这个函数将实数值转换成 0～1 的数值。

2.4.4 更多内容

为了得到用概率表示的逻辑回归方程，需要在逻辑回归方程式中包括概率：

$$P(x)=\frac{\mathrm{e}^{-(\beta_0+\beta_1\times x)}}{1+\mathrm{e}^{-(\beta_0+\beta_1\times x)}}$$

由于以 e 为底的指数函数是自然对数（ln）的逆运算，因而也可以写成：

$$\frac{P(x)}{1-P(x)}=\beta_0+\beta_1\times x$$

这个函数称为 logit 函数。另外，这个函数让我们可以把概率（取值在 0～1）关联到整个实数集。它是一个链接函数，表示了逻辑函数的相反面。

2.5 构建朴素贝叶斯分类器

分类器解决的是从一个较大的集合中识别出具有某些特征的个体子集问题，并可能使用一个称为先验（priori）的个体子集（训练集）。朴素贝叶斯分类器是利用贝叶斯定理来构建模型的有监督学习分类器。本节将构建一个朴素贝叶斯分类器。

2.5.1　准备工作

贝叶斯分类器的基本原理是，某些个体以基于观测值的给定概率归属于某个特定类别。概率基于的假设是，观测到的特征可以相互依赖，也可以相互独立；如果特征是相互独立的，那么这样的贝叶斯分类器就被称为朴素贝叶斯分类器。朴素贝叶斯分类器假定某个特定特征是否存在与其他特征是否存在无关，从而大大简化了计算。下面将构建一个朴素贝叶斯分类器。

2.5.2　详细步骤

在 Python 中构建朴素贝叶斯分类器的方法如下。

1．这里将使用作为参考资料给出的 `naive_bayes.py` 文件，先导入几个库：

```
import numpy as np
import matplotlib.pyplot as plt
from sklearn.naive_bayes import GaussianNB
```

2．给出的文件 `data_multivar.txt` 包含了要使用的数据，每行中的数据以逗号分隔。现在从该文件加载数据：

```
input_file = 'data_multivar.txt'
X = []
y = []
with open(input_file, 'r') as f:
    for line in f.readlines():
        data = [float(x) for x in line.split(',')]
        X.append(data[:-1])
        y.append(data[-1])
X = np.array(X)
y = np.array(y)
```

现在已经分别把输入数据和标签加载到了变量 `X` 和 `y` 中。标签总共有 4 种：0、1、2 和 3。

3．构建朴素贝叶斯分类器：

```
classifier_gaussiannb = GaussianNB()
classifier_gaussiannb.fit(X, y)
y_pred = classifier_gaussiannb.predict(X)
```

函数 `gaussiannb()` 表明使用的是高斯朴素贝叶斯模型。

4．接下来计算分类器的准确率：

```
accuracy = 100.0 * (y == y_pred).sum() / X.shape[0]
print("Accuracy of the classifier =", round(accuracy, 2), "%")
```

得到的准确率结果如下：

```
Accuracy of the classifier = 99.5 %
```

5．下面画出数据点和边界。这里将使用和 2.4 节中相同的步骤：

```
x_min, x_max = min(X[:, 0]) - 1.0, max(X[:, 0]) + 1.0
y_min, y_max = min(X[:, 1]) - 1.0, max(X[:, 1]) + 1.0

# 设置网格数据的步长
step_size = 0.01

# 定义网格
x_values, y_values = np.meshgrid(np.arange(x_min, x_max, step_size),
np.arange(y_min, y_max, step_size))

# 计算分类器结果
mesh_output = classifier_gaussiannb.predict(np.c_[x_values.ravel(),
y_values.ravel()])

# 数组变形
mesh_output = mesh_output.reshape(x_values.shape)

# 将分类结果可视化
plt.figure()

# 选择配色方案
plt.pcolormesh(x_values, y_values, mesh_output, cmap=plt.cm.gray)

# 在图中画出训练数据点
plt.scatter(X[:, 0], X[:, 1], c=y, s=80, edgecolors='black', linewidth=1,
cmap=plt.cm.Paired)

# 设定图形边界
plt.xlim(x_values.min(), x_values.max())
plt.ylim(y_values.min(), y_values.max())

# 设置 x 轴和 y 轴的刻度
plt.xticks((np.arange(int(min(X[:, 0])-1), int(max(X[:, 0])+1), 1.0)))
plt.yticks((np.arange(int(min(X[:, 1])-1), int(max(X[:, 1])+1), 1.0)))

plt.show()
```

输出结果如图 2-6 所示。

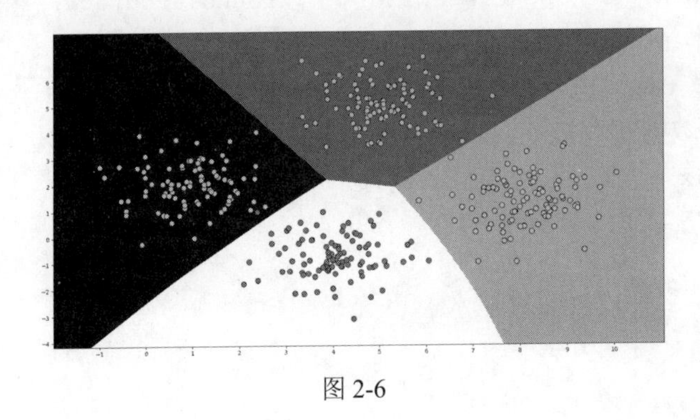

图 2-6

不同类别的边界并非一定是直线。在 2.4 节中，我们使用了所有的训练数据，而机器学习的最佳实践是，不要让训练数据和测试数据出现重叠。在理想情况下，需要用一些没有参与训练的数据进行测试，这样可以更好地评估模型对未知数据的泛化能力。对此 `scikit-learn` 给出了一个非常有效的处理方法，这一点在下一节讲述。

2.5.3　工作原理

贝叶斯分类器（bayesian classifier）应用基于贝叶斯定理。分类器需要用到先验知识和问题相关的条件概率。数值通常是未知的，但可以对其进行估计。如果定理中涉及的概率能够得到可靠的估计，那么贝叶斯分类器就通常是可信的并且非常简洁。

假设样本空间中每个基本事件发生的概率相同，则给定事件 E 发生的概率，等于 E 包含的基本事件数与样本空间中包含的基本事件总数的比值。概率公式如下：

$$P = P(E) = \frac{E\text{包含的基本事件数}}{\text{总共的基本事件数}} = \frac{s}{n}$$

给定两个事件 A 和 B，如果事件 A 和事件 B 相互独立，即其中一个事件的发生不会影响另一个事件的发生，那么 A 和 B 同时发生的联合概率，等于事件 A 发生的概率和事件 B 发生的概率之积：

$$P(A \cap B) = P(A) \times P(B)$$

如果两个事件相互独立，即其中一个事件的发生不会影响另一个事件发生的概率，则可以应用同样的规则，假定 $P(B \mid A)$是在事件 A 发生的条件下事件 B 发生的概率（这里引入了条件概率的概念，我们马上会详细介绍），则 A 和 B 同时发生的联合概率为：

$$P(A \cap B) = P(A) \times P(B \mid A)$$

条件概率（conditional probability）是指当事件 A 发生的条件下，事件 B 发生的概率，记为 $P(B \mid A)$，计算公式如下：

$$P(B \mid A) = \frac{P(A \cap B)}{P(A)}$$

若 A 和 B 是两个相互独立的事件，根据前面的陈述，事件 A 和事件 B 的联合概率可以使用下面的公式计算：

$$P(A \cap B) = P(A) \times P(B \mid A)$$

或者类似地，可以使用下面的公式：

$$P(A \cap B) = P(B) \times P(A \mid B)$$

对比上面两个公式，可以看出等式左边的项是相同的，这就说明等式右边的项也是相同的，因而有下面的等式：

$$P(A) \times P(B \mid A) = P(B) \times P(A \mid B)$$

通过求解这个条件概率的方程式，可以得出：

$$P(B \mid A) = \frac{P(B) \times P(A \mid B)}{P(A)}$$

上面得出的公式就是贝叶斯定理的数学表示，使用哪一个公式则取决于我们的需求。

2.5.4 更多内容

1763 年，托马斯·贝叶斯牧师所写的一篇文章在英格兰发表，这篇文章因其蕴含的意义而知名。根据这篇文章所讲，对现象的预测不仅取决于科学家从他的实验中获得的观察结果，而且还取决于他自己对所研究现象的看法与理解（甚至取决于在进行实验之前的理解）。20 世纪，布鲁诺·德费奈蒂（Bruno de Finetti，*La prévision: ses lois logiques, ses sources subjectives*，1937）、L J 萨维奇（L J Savage，*The Fondations of Statistics Reconsidered*，1959）和其他一些著名学者将这些前提发展起来。

2.6 将数据集划分成训练集和测试集

本节介绍如何把数据集合理地划分成训练集和测试集。如 1.10 节中所述，当我们构建机器学习模型时，需要采用一定的方式来验证模型，以评估模型是否达到了满意的拟合效果。故而，需要把数据分成两组：训练数据集和测试数据集。训练数据集用于构建模型，测试数据集用于对学习好的模型在未知数据上的表现进行评估。

本节将介绍如何为训练阶段和测试阶段划分数据集。

2.6.1 准备工作

机器学习模型的根本目标是进行精确预测。在使用模型进行预测前，有必要对模型的预测性能进行评估。为了对模型的预测效果进行评估，需要使用全新的数据。基于相同的数据训练和测试模型，从方法论上讲就是错误的，对训练过程使用过的数据样本标记预测而获得的高准确率评分，并不能表示模型对新数据所属类别的预测效果很好，而基于此得到的模型泛化能力也没有保证。

2.6.2 详细步骤

划分数据集的方法如下。

1. 本节前面的部分和 2.5.2 节中的类似（加载 `Splitting_dataset.py` 文件）：

```
import numpy as np
import matplotlib.pyplot as plt
from sklearn.naive_bayes import GaussianNB

input_file = 'data_multivar.txt'

X = []
y = []
with open(input_file, 'r') as f:
    for line in f.readlines():
        data = [float(x) for x in line.split(',')]
        X.append(data[:-1])
        y.append(data[-1])

X = np.array(X)
y = np.array(y)

# 把数据集划分成训练集和测试集
from sklearn import model_selection
X_train, X_test, y_train, y_test =
```

```
model_selection.train_test_split(X, y, test_size=0.25,
random_state=5)

# 构建分类器
classifier_gaussiannb_new = GaussianNB()
classifier_gaussiannb_new.fit(X_train, y_train)
```

这里，我们把参数 test_size 设成了 0.25，表示分配 25%的数据给测试数据集，其余 75%的数据则用于训练。

2．在测试数据上评估分类器：

```
y_test_pred = classifier_gaussiannb_new.predict(X_test)
```

3．接下来计算分类器的准确率：

```
accuracy = 100.0 * (y_test == y_test_pred).sum() / X_test.shape[0]
print("Accuracy of the classifier =", round(accuracy, 2), "%")
```

返回的结果如下：

```
Accuracy of the classifier = 98.0 %
```

4．画出测试数据的数据点和边界：

```
# 画出分类器图形结果
# 定义数据
X= X_test
y= y_test

# 定义图形数据范围
x_min, x_max = min(X[:, 0]) - 1.0, max(X[:, 0]) + 1.0
y_min, y_max = min(X[:, 1]) - 1.0, max(X[:, 1]) + 1.0

# 设置网格步长
step_size = 0.01

# 定义网格
x_values, y_values = np.meshgrid(np.arange(x_min, x_max, step_size),
np.arange(y_min, y_max, step_size))

# 计算分类器结果
mesh_output = classifier_gaussiannb_new.predict(np.c_[x_values.ravel(),
y_values.ravel()])

# 数组变形
mesh_output = mesh_output.reshape(x_values.shape)

# 画出结果
```

```
plt.figure()

# 选择配色方案
plt.pcolormesh(x_values, y_values, mesh_output, cmap=plt.cm.gray)

# 在图中画出训练数据点
plt.scatter(X[:, 0], X[:, 1], c=y, s=80, edgecolors='black',
linewidth=1, cmap=plt.cm.Paired)

# 设置图形边界
plt.xlim(x_values.min(), x_values.max())
plt.ylim(y_values.min(), y_values.max())

# 设置 x 轴和 y 轴的刻度
plt.xticks((np.arange(int(min(X[:, 0])-1), int(max(X[:, 0])+1), 1.0)))
plt.yticks((np.arange(int(min(X[:, 1])-1), int(max(X[:, 1])+1), 1.0)))

plt.show()
```

5. 运行代码，结果如图 2-7 所示。

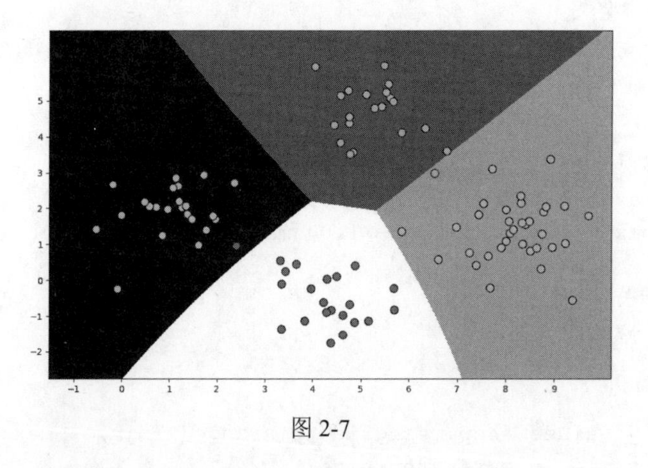

图 2-7

2.6.3　工作原理

本节使用 scikit-learn 库的 `train_test_split()` 函数对数据进行了划分。这个函数把数组或矩阵中的数据随机划分成训练集和测试集。对输入数据的随机性划分保证了训练数据和测试数据具有相似的分布。当不需要保留输入数据的顺序时可以使用这个方法。

2.6.4 更多内容

性能评估依赖于使用的数据，因而，对测试集和训练集的随机划分并不能确保获得满意的统计学结果。在不同的随机划分情况中进行重复评估，并计算出性能的平均值和标准差，会得到一个更为可靠的评估结果。

然而，即使在不同的随机划分情况进行重复评估，也无法避免在测试（或训练）阶段对最复杂的数据进行分类。

2.7 用交叉验证评估模型准确度

交叉验证（cross-validation）是机器学习的重要概念。在上一节中，我们把数据集划分成了训练集和测试集。不过，为了能让模型具有更好的鲁棒性，还需要使用数据集的不同子集重复这个过程。如果只对某个特定的子集微调，很可能导致过拟合。过拟合（overfitting）是指微调模型致其过度拟合训练数据，但在未知数据上的表现却很糟糕的情况。我们希望机器学习模型可以在未知数据上具有良好的表现。本节将学习如何使用交叉验证来评估模型准确度。

2.7.1 准备工作

构建机器学习模型时，我们通常关注的是查准率（precision）、查全率（recall）和F1 分数，可以使用参数评分标准获得各项性能指标的得分。查准率指的是正确分类的样本数占归入该类别的样本总数的百分比，查全率指的是正确分类的样本数占该类别应有样本总数的百分比。

2.7.2 详细步骤

使用交叉验证来评估模型准确度的方法如下。

1. 这里将使用 2.5 节用到的分类器，首先计算模型准确率：

```
from sklearn import model_selection
num_validations = 5
accuracy = model_selection.cross_val_score(classifier_gaussiannb,
        X, y, scoring='accuracy', cv=num_validations)
```

```
print "Accuracy: " + str(round(100*accuracy.mean(), 2)) + "%"
```

2. 用前面的函数计算查准率、查全率和 F1 分数：

```
f1 = model_selection.cross_val_score(classifier_gaussiannb,
 X, y, scoring='f1_weighted', cv=num_validations)
print "F1: " + str(round(100*f1.mean(), 2)) + "%"
precision = model_selection.cross_val_score(classifier_gaussiannb,
 X, y, scoring='precision_weighted', cv=num_validations)
print "Precision: " + str(round(100*precision.mean(), 2)) + "%"
recall = model_selection.cross_val_score(classifier_gaussiannb,
 X, y, scoring='recall_weighted', cv=num_validations)
print "Recall: " + str(round(100*recall.mean(), 2)) + "%"
```

2.7.3　工作原理

假设有一个包含 100 个样本的测试数据集，其中 82 个是我们感兴趣的，现在要用分类器来选出这 82 个样本。最终，分类器选出了 73 个它认为是我们感兴趣的样本。而这 73 个选出的样本中，只有 65 个是我们真正感兴趣的，剩余的 8 个是被错误分类的。可以用下面的方法计算查准率：

- 正确选出的样本数 =65
- 总共选出的样本数 =73
- 查准率 =65 / 73 = 89.04%

计算查全率的方法为：

- 数据集中包含的我们感兴趣的样本总数 =82
- 正确选出的我们感兴趣的样本数 =65
- 查全率 =65/82 = 79.27%

一个好的机器学习模型需要同时具有较高的查准率和较高的查全率，查准率和查全率是一对矛盾的度量指标，很容易使其中之一达到 100%，但另一个指标就会变得很低，而我们希望的是这两个指标的值同时都较高。我们使用 F1 分数对此进行量化，F1 分数实际上是查准率和查准率的调和平均，是二者的合成指标。

$$F_{\text{1score}} = \frac{2 \times \text{查准率} \times \text{查全率}}{\text{查准率} + \text{查全率}}$$

在前面的例子中，F1 分数的计算过程如下：

$$F_{1\text{score}} = \frac{2 \times 0.89 \times 0.79}{0.89 + 0.79} = 0.8370$$

2.7.4 更多内容

交叉验证使用了所有可用的数据。把数据按固定大小分组后，将其交替用作测试集和训练集。因此，每种情况的数据要么进行了分类（至少一次），要么用于训练，但获得的性能取决于特定的数据划分，故而可以多次重复交叉验证，以使得性能评估和特定的数据划分无关。

2.8 混淆矩阵可视化

混淆矩阵（confusion matrix）是用于了解分类模型性能的数据表，可以帮助我们理解如何把测试数据分成不同的类别。当我们想对算法进行微调时，在修改算法前需要先了解数据的错误分类情况。有些类别的分类效果比其他类别的更差些，这点可以用混淆矩阵帮助理解。先看图 2-8。

	预测类别0	预测类别1	预测类别2
实际类别0	45	4	3
实际类别1	11	56	2
实际类别2	5	6	49

图 2-8

通过图 2-8，可以看出是如何把数据分入不同类别的。在理想情况下，矩阵所有非对角元素都应为 0，这是最完美的分类结果。先来看看类别 0，属于它的样本总数是 52 个，这个数字通过对第一行的数字求和得出，其中 45 个样本被正确地预测，4 个样本被错误预测成类别 1，还有 3 个样本被错误预测成类别 2。可以对后面两行进行同样的分析，需要注意的是来自类别 1 的 11 个样本被错误预测成了类别 0，占了类别 1 样本总数的 16%。这就是模型需要优化的切入点。

2.8.1　准备工作

混淆矩阵通过把分类结果和真实数据对比，识别出了分类错误的类型。矩阵中的对角元素表示正确分类的样本数，其余的元素则表示错误分类的情况。

2.8.2　详细步骤

可视化混淆矩阵的方法如下。

1．这里将使用作为参考资料给出的 confusion_matrix.py 文件，下面是从数据中提取混淆矩阵的方法：

```
import numpy as np
import matplotlib.pyplot as plt
from sklearn.metrics import confusion_matrix
```

这里用到了一些样本数据。样本数据有 0～3 共 4 个类别，我们也对标签进行了预测，并使用 confusion_matrix 方法提取出混淆矩阵并画出它。

2．继续进行函数的定义：

```
# 显示混淆矩阵
def plot_confusion_matrix(confusion_mat):
    plt.imshow(confusion_mat, interpolation='nearest',
cmap=plt.cm.Paired)
    plt.title('Confusion matrix')
    plt.colorbar()
    tick_marks = np.arange(4)
    plt.xticks(tick_marks, tick_marks)
    plt.yticks(tick_marks, tick_marks)
    plt.ylabel('True label')
    plt.xlabel('Predicted label')
    plt.show()
```

这里使用 imshow() 函数画出混淆矩阵。其他函数都非常简单，只是使用相关函数设置了标题、颜色栏、刻度和标签。因为数据集中有 4 种标签，所以 tick_marks 参数的取值范围是 0 到 3。np.arange() 函数将生成一个 numpy 数组。

3．现在来定义真实数据和预测数据，然后调用 confusion_matrix() 函数：

```
y_true = [1, 0, 0, 2, 1, 0, 3, 3, 3]
```

```
y_pred = [1, 1, 0, 2, 1, 0, 1, 3, 3]
confusion_mat = confusion_matrix(y_true, y_pred)
plot_confusion_matrix(confusion_mat)
```

4. 运行代码，将会得到图 2-9 所示的输出。

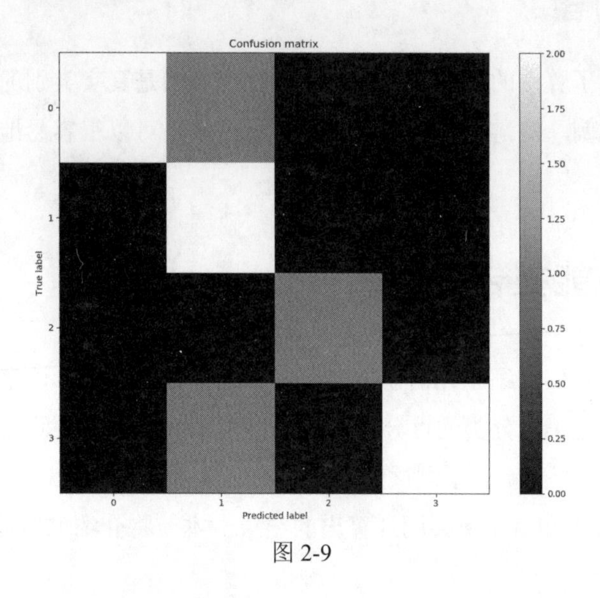

图 2-9

从图 2-9 中可以看出，对角线的颜色很亮，并且我们希望它越亮越好。黑色区域表示 0，在非对角区域有一些灰色的方格，表示分类错误的样本数。例如第一行的灰格，就表示了真实标签为 0，而预测标签为 1 的错误分类情况。

2.8.3 工作原理

混淆矩阵展示了真实分类和模型预测分类的信息，这样系统的性能就可以基于矩阵中的数据进行评估了。下面所示的是一个二分类模型的混淆矩阵。

	预测为正例	预测为反例
真正例	TP	FN
真反例	FP	TN

混淆矩阵可以表示出如下的含义：

- TP 是预测为正例的样本中预测正确的样本数；
- FN 是预测为反例的样本中预测错误的样本数；

- FP 是预测为正例的样本中预测错误的样本数；
- TN 是预测为反例的样本中预测正确的样本数。

2.8.4　更多内容

混淆矩阵展示了算法的性能，矩阵中的每行代表的是真实类别的实例，每列代表的是预测类别中的实例。混淆矩阵这个术语的意思就是，可以很容易地看出系统是否混淆了两个类别。

2.9　提取性能报告

在 2.7 节中，我们介绍了评估模型准确率的几个性能指标。请牢记这几个指标的含义。准确率表示的是正确分类的百分比，查准率表示的是所有预测为正例中的样本中被正确预测的百分比，查全率表示测试集中所有正例样本中被预测为正例的百分比。最后，F1 分数是使用查准率和查全率共同计算出的结果。本节将介绍如何提取性能报告。

2.9.1　准备工作

scikit-learn 库中有一个可以直接输出查准率、查全率和 F1 分数的函数，下面看看如何实现。

2.9.2　详细步骤

提取性能报告的方法如下。

1．在一个新的 Python 文件中加入下面的代码（加载 `performance_report.py` 文件）：

```
from sklearn.metrics import classification_report
y_true = [1, 0, 0, 2, 1, 0, 3, 3, 3]
y_pred = [1, 1, 0, 2, 1, 0, 1, 3, 3]
target_names = ['Class-0', 'Class-1', 'Class-2', 'Class-3']
print(classification_report(y_true, y_pred, target_names=target_names))
```

2．运行代码后，终端上会显示图 2-10 所示的结果。

不需要分别计算这些指标，可以直接用这个函数从模型中提取出所有的统计值。

```
             precision    recall  f1-score   support

    class-0       1.00      0.67      0.80         3
    class-1       0.50      1.00      0.67         2
    class-2       1.00      1.00      1.00         1
    class-3       1.00      0.67      0.80         3

avg / total       0.89      0.78      0.79         9
```

图 2-10

2.9.3 工作原理

本节使用 scikit-learn 库中的 `classification_report()` 函数来提取性能报告，这个函数创建了一个包含主要性能指标的文本报告，并返回每个类别的查准率、查全率和 F1 分数。参考 2.8 节中的术语介绍，我们可以这样计算这些指标。

- 查准率是比值 $TP / (TP + FP)$，其中 TP 是真正例样本数，FP 是假正例样本数。查准率表示分类器不将反例样本预测为正例的能力。
- 查全率是比值 $TP / (TP + FN)$，其中 TP 是真正例样本数，FN 是假反例样本数。查全率表示分类器找出正例样本的能力。
- F1 分数是查准率和查全率的调和平均；F-beta 分数是查准率和查全率的加权调和平均，达到峰值 1 时性能是最佳的，达到最低值 0 时性能最差。

2.9.4 更多内容

报告中的平均值包括微平均（micro average）（总的真正例、假反例和假正例的全局指标平均值）、宏平均（macro average）（各标签的非加权平均）、加权平均（weighted average）（各标签加入 support 权重的平均值），以及样本平均（sample average）（仅用于多标签分类）。

2.10 根据特征评估汽车质量

接下来看看如何使用分类技术解决现实问题。这里将使用一个包含了汽车多种细节的数据集，如车门数量、后备厢大小、维修成本等。分类的目标是把汽车质量分成 4 类：不达标、达标、良好和优秀。

2.10.1 准备工作

可以从 UCI 网站的 Car Evaluation Data Set 页面中下载数据集。

这里需要把数据集中的值看作字符串。我们仅考虑数据集中的 6 个属性，下面列出了这 6 个属性以及它们可能的取值。

- buying：可能取值为 vhigh、high、med、low。
- maint：可能取值为 vhigh、high、med、low。
- doors：可能取值为 2、3、4、5 或更多。
- persons：可能取值为 2、4 或更多。
- lug_boot：可能取值为 small、med、big。
- safety：可能取值为 low、med、high。

考虑到每一行都包含字符串属性，因此需要假设所有特征都是字符串类型，并据此设计分类器。上一章我们使用随机森林构建了回归器，本节我们使用随机森林来构建分类器。

2.10.2　详细步骤

基于特征评估汽车质量的方法如下。

1．这里使用已作为参考资料给出的 car.py 文件，先来导入两个包：

```
from sklearn import preprocessing
from sklearn.ensemble import RandomForestClassifier
```

2．然后加载数据集：

```
input_file = 'car.data.txt'
# 读取数据
X = []
count = 0
with open(input_file, 'r') as f:
    for line in f.readlines():
        data = line[:-1].split(',')
        X.append(data)
X = np.array(X)
```

每一行都包含由逗号分隔的单词列表。解析输入文件，对每一行数据进行分割，然后将列表附加到主数据。我们将忽略每行的最后一个字符，因为那是一个换行符。由于 Python 程序包仅能处理数值型数据，所以需要把这些属性转换成程序包可以理解的形式。

3．上一章我们介绍过标签编码，下面就用标签编码技术把字符串转换成数字：

```
# 将字符串转换成数值
label_encoder = []
```

```
X_encoded = np.empty(X.shape)
for i,item in enumerate(X[0]):
    label_encoder.append(preprocessing.LabelEncoder())
    X_encoded[:, i] = label_encoder[-1].fit_transform(X[:, i])
X = X_encoded[:, :-1].astype(int)
y = X_encoded[:, -1].astype(int)
```

由于每个属性都只有有限个可能取值，所以可以使用标签编码将其转换成数字。需要为不同的属性使用不同的标签编码器，比如，lug_boot 属性有 3 个可能的取值，需要建立一个可对这 3 个属性编码的标签编码器。每行的最后一个值是类别，我们把它赋值给变量 y。

4．下面来训练分类器：

```
# 构建随机森林分类器
params = {'n_estimators': 200, 'max_depth': 8, 'random_state': 7}
classifier = RandomForestClassifier(**params)
classifier.fit(X, y)
```

你可以改变参数 n_estimators 和 max_depth 的值，看看它们对分类准确度有什么影响。稍后我们会以标准化的方式来处理参数选择问题。

5．现在进行交叉验证：

```
# 交叉验证
from sklearn import model_selection

accuracy = model_selection.cross_val_score(classifier,
        X, y, scoring='accuracy', cv=3)
print("Accuracy of the classifier: " +
str(round(100*accuracy.mean(), 2)) + "%")
```

一旦训练好分类器，就需要评估它的性能，我们使用三折交叉验证来计算准确率，返回的结果如下：

```
Accuracy of the classifier: 78.19%
```

6. 构建分类器的主要目的就是用它对孤立的和未知的数据进行分类，下面用分类器对一个单一数据点进行分类：

```
# 对单一数据点进行编码测试
input_data = ['high', 'low', '2', 'more', 'med', 'high']
input_data_encoded = [-1] * len(input_data)
for i,item in enumerate(input_data):
    input_data_encoded[i] =
int(label_encoder[i].transform([input_data[i]]))
input_data_encoded = np.array(input_data_encoded)
```

第一步是把数据转换成数值类型，需要使用之前训练分类器时使用的标签编码器，因为我们需要保持数据编码规则的前后一致。如果输入数据点里出现了未知数据，标签编码器就会出现异常，因为它不知道如何对这些数据进行编码。比如，如果你把列表中的一个值 vhigh 改成 abcd，那么标签编码器就不知道如何编码了，因为它不知道如何处理这个字符串。这就像是错误检查，看看输入数据点是否有效。

7. 现在可以预测数据点的输出类型了：

```
# 预测并打印特定数据点的输出
output_class = classifier.predict([input_data_encoded])
print("Output class:",
label_encoder[-1].inverse_transform(output_class)[0])
```

我们使用 `predict()` 方法估计输出类型。如果直接输出编码后的数字标签，对于我们是没有任何意义的。因此，需要使用 `inverse_transform` 方法把标签转换回原来的形式，然后打印出类别预测结果。返回的结果如下：

```
Output class: acc
```

2.10.3　工作原理

随机森林（random forest）由利奥·布雷曼（Leo Breiman，美国加利福尼亚大学伯克利分校）基于分类树的应用研究开发，他将分类树技术加以扩展，集成到蒙特卡洛模拟程序中，从而形成随机森林。随机森林基于创建的一大组树分类器，其中每个分类器都对单个实例进行分类，并在这个过程中对特征进行估计。对比森林中每棵树的分类提议即可得到最后的分类结果，也就是所得票数最多的那一个。

2.10.4　更多内容

随机森林有 3 个可调整参数：树的数量、末节点的最小幅度，以及每个节点上可采样的变量数。如果没有过拟合问题，前两个参数只会影响计算量。

2.11　生成验证曲线

2.10 节中用随机森林构建了分类器，但我们并不真正了解应该怎么定义参数。我们处理了两个参数：`n_estimators` 和 `max_depth`，它们称为超参数（hyperparameter）。

分类器的性能就依赖于超参数的设置。当改变超参数时，可以看到分类器性能的变化情况，这时候就可以利用验证曲线进行观察。

2.11.1 准备工作

验证曲线可以帮我们了解各个超参数对训练得分的影响。通常，我们只对感兴趣的超参数进行调整，其他参数则保持不变。然后就可以通过可视化方法来了解超参数对性能评分的影响了。

2.11.2 详细步骤

生成验证曲线的方法如下。

1. 把下面的代码加入到 2.10 节中用到的 Python 文件中：

```
# 验证曲线
import matplotlib.pyplot as plt
from sklearn.model_selection import validation_curve

classifier = RandomForestClassifier(max_depth=4, random_state=7)

parameter_grid = np.linspace(25, 200, 8).astype(int)

train_scores, validation_scores = validation_curve(classifier, X,
y, "n_estimators", parameter_grid, cv=5)
print("##### VALIDATION CURVES #####")
print("\nParam: n_estimators\nTraining scores:\n", train_scores)
print("\nParam: n_estimators\nValidation scores:\n", validation_scores)
```

在这个例子中，定义分类器时固定了参数 max_depth 的值。现在想了解要使用的评估器的最佳数量，于是用 parameter_grid 定义搜索空间。评估器数量将在 25 到 200 之间以 8 为步长进行迭代。

2. 运行代码，输出如图 2-11 所示。

```
##### VALIDATION CURVES #####

Param: n_estimators
Training scores:
[[0.80680174 0.80824891 0.80752533 0.80463097 0.81358382]
 [0.79522431 0.80535456 0.81041968 0.8089725  0.81069364]
 [0.80101302 0.80680174 0.81114327 0.81476122 0.8150289 ]
 [0.8024602  0.80535456 0.81186686 0.80752533 0.80346821]
 [0.80028944 0.80463097 0.81114327 0.80824891 0.81069364]
 [0.80390738 0.80535456 0.81041968 0.80969609 0.81647399]
 [0.80390738 0.80463097 0.81114327 0.81476122 0.81719653]
 [0.80390738 0.80607815 0.81114327 0.81403763 0.81647399]]

Param: n_estimators
Validation scores:
[[0.71098266 0.76589595 0.72543353 0.76300578 0.75290698]
 [0.71098266 0.75433526 0.71965318 0.75722543 0.74127907]
 [0.71098266 0.72254335 0.71965318 0.75722543 0.74418605]
 [0.71098266 0.71387283 0.71965318 0.75722543 0.72674419]
 [0.71098266 0.74277457 0.71965318 0.75722543 0.74127907]
 [0.71098266 0.74277457 0.71965318 0.75722543 0.74127907]
 [0.71098266 0.74566474 0.71965318 0.75722543 0.74418605]
 [0.71098266 0.75144509 0.71965318 0.75722543 0.74127907]]
```

图 2-11

3. 接下来画出图形：

```
# 画出曲线
plt.figure()
plt.plot(parameter_grid, 100*np.average(train_scores, axis=1),
color='black')
plt.title('Training curve')
plt.xlabel('Number of estimators')
plt.ylabel('Accuracy')
plt.show()
```

4．得到的图形结果如图 2-12 所示。

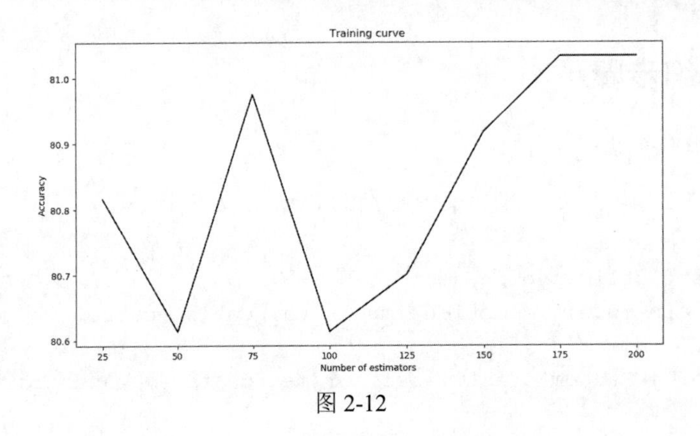

图 2-12

5．用同样的方法对 max_depth 参数进行验证：

```
classifier = RandomForestClassifier(n_estimators=20, random_state=7)
parameter_grid = np.linspace(2, 10, 5).astype(int)
train_scores, valid_scores = validation_curve(classifier, X, y,
        "max_depth", parameter_grid, cv=5)
print("\nParam: max_depth\nTraining scores:\n", train_scores)
print("\nParam: max_depth\nValidation scores:\n", validation_scores)
```

我们把 n_estimators 参数设成固定值 20，然后观察参数 max_depth 变化对性能的影响。终端上显示的输出如图 2-13 所示。

```
Param: max_depth
Training scores:
[[0.71852388 0.70043415 0.70043415 0.70043415 0.69942197]
 [0.80607815 0.80535456 0.80752533 0.79450072 0.81069364]
 [0.90665702 0.91027496 0.92836469 0.89797395 0.90679191]
 [0.97467438 0.96743849 0.96888567 0.97829233 0.96820809]
 [0.99421129 0.99710564 0.99782923 0.99855282 0.99277457]]

Param: max_depth
Validation scores:
[[0.71098266 0.76589595 0.72543353 0.76300578 0.75290698]
 [0.71098266 0.75433526 0.71965318 0.75722543 0.74127907]
 [0.71098266 0.72254335 0.71965318 0.75722543 0.74418605]
 [0.71098266 0.71387283 0.71965318 0.75722543 0.72674419]
 [0.71098266 0.74277457 0.71965318 0.75722543 0.74127907]
 [0.71098266 0.74277457 0.71965318 0.75722543 0.74127907]
 [0.71098266 0.74566474 0.71965318 0.75722543 0.74418605]
 [0.71098266 0.75144509 0.71965318 0.75722543 0.74127907]]
```

图 2-13

6. 画出图形：

```
# 画出曲线
plt.figure()
plt.plot(parameter_grid, 100*np.average(train_scores, axis=1),
color='black')
plt.title('Validation curve')
plt.xlabel('Maximum depth of the tree')
plt.ylabel('Accuracy')
plt.show()
```

7. 运行代码，输出如图 2-14 所示。

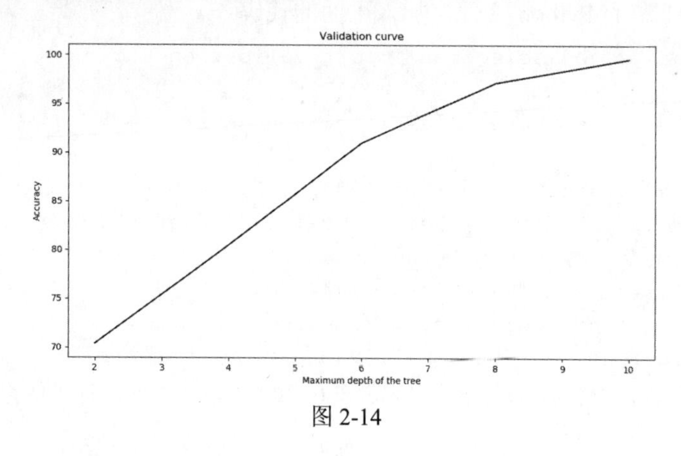

图 2-14

2.11.3　工作原理

本节我们使用 scikit-learn 库的 `validation_curve()` 函数来画出验证曲线。这个函数会给出不同参数下的训练得分和测试得分，并为评估器的某个特定参数的不同取值计算性能得分。

2.11.4　更多内容

为评估器选择合适的超参数是设置模型的基本过程。在常见的实现中，网格搜索是最常用的方法之一，这个方法可以选出在一个或多个验证集上具有最高得分的超参数。

2.12　生成学习曲线

学习曲线可以帮我们理解训练数据集的大小对机器学习模型的影响。当计算能力受到限制时，这一点非常有用。下面改变训练数据集的大小，把学习曲线画出来。

2.12.1　准备工作

学习曲线可以展示出评估器在不同数量的训练样本下的测试得分和训练得分。

2.12.2　详细步骤

生成学习曲线的方法如下。

1．打开 2.11 节的 Python 文件，加入下面的代码：

```
from sklearn.model_selection import validation_curve

classifier = RandomForestClassifier(random_state=7)

parameter_grid = np.array([200, 500, 800, 1100])
train_scores, validation_scores = validation_curve(classifier, X,
y, "n_estimators", parameter_grid, cv=5)
print("\n##### LEARNING CURVES #####")
print("\nTraining scores:\n", train_scores)
print("\nValidation scores:\n", validation_scores)
```

我们用训练集大小分别为 200、500、800 和 1100 的样本来评估性能指标，其中 validation_curve 方法中的参数 cv 设置成 5，表示我们要使用的是五折交叉验证。

2．运行代码，输出结果如图 2-15 所示。

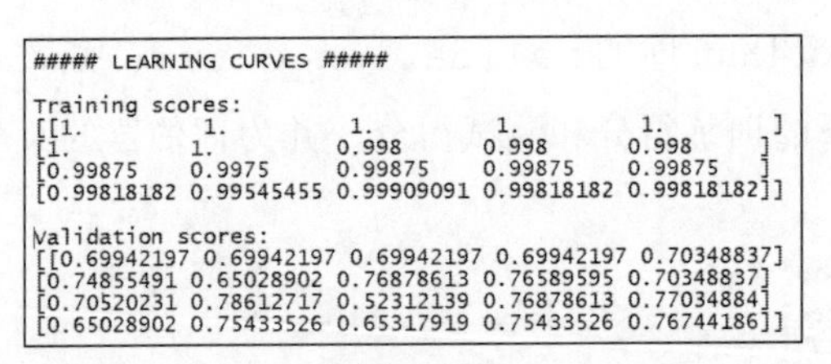

```
##### LEARNING CURVES #####

Training scores:
[[1.         1.         1.         1.         1.        ]
 [1.         1.         0.998      0.998      0.998     ]
 [0.99875    0.9975     0.99875    0.99875    0.99875   ]
 [0.99818182 0.99545455 0.99909091 0.99818182 0.99818182]]

Validation scores:
[[0.69942197 0.69942197 0.69942197 0.69942197 0.70348837]
 [0.74855491 0.65028902 0.76878613 0.76589595 0.70348837]
 [0.70520231 0.78612717 0.52312139 0.76878613 0.77034884]
 [0.65028902 0.75433526 0.65317919 0.75433526 0.76744186]]
```

图 2-15

3．下面画出学习曲线图：

```
# 画出曲线
plt.figure()
plt.plot(parameter_grid, 100*np.average(train_scores, axis=1),
color='black')
plt.title('Learning curve')
plt.xlabel('Number of training samples')
```

```
plt.ylabel('Accuracy')
plt.show()
```

4．得到的输出如图 2-16 所示。

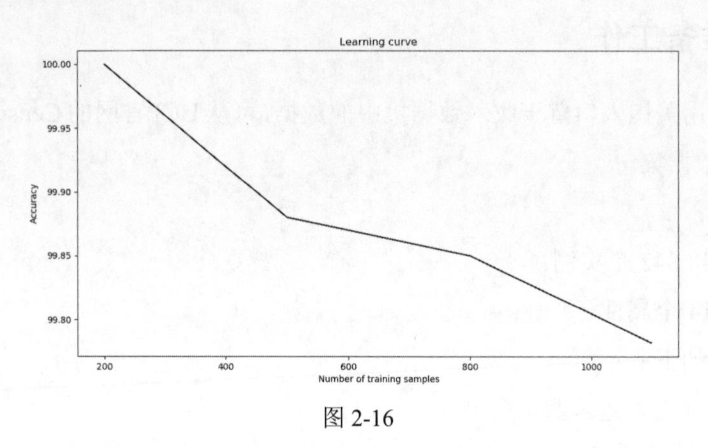

图 2-16

尽管小一点的训练数据集看起来得到的准确率更高，但也容易引发过拟合的问题。如果选择大一点的训练数据集，就需要消耗更多的资源。因此，训练集大小的选择是一个需要结合计算能力进行综合考虑的问题。

2.12.3　工作原理

本节使用 scikit-learn 库中的 `validation_curve` 方法画出了学习曲线，这个方法给出了不同训练集大小下交叉验证的训练得分和测试得分。

2.12.4　更多内容

学习曲线让我们可以通过增加训练数据来检验模型性能的变化，并估计方差误差和偏差误差。如果随着训练集的增大，测试得分和训练得分不再变化，那继续增加训练数据就没有意义了。

2.13　估算收入阶层

本节将根据 14 个属性来构建一个分类器，用于评估一个人的收入等级。可能的输出类型是“高于 50K”和“低于或等于 50K”。这个数据集稍微有点复杂，里面的每个数据点都既包含数字又包含字符串。数值型数据是有价值的，在这种情况下，不能用标签编码器进行编码，而需要设计一个既可以处理数值型数据，又可以处理非数值型数据的系统。

2.13.1　准备工作

本例将使用美国人口普查收入数据集中的数据，可从 UCI 官网的 Census Income Data Set 页面下载数据集。

该数据集：

- 包含 48 842 个实例；
- 包含 14 个属性。

属性列表如下所示。

- Age：年龄，连续数值类型。
- Workclass：工作分类，文本类型。
- fnlwgt：序号，连续数值类型。
- Education：教育程度，文本类型。
- Education-num：受教育时间，连续数值类型。
- Marital-status：婚姻状况，文本类型。
- Occupation：职业，文本类型。
- Relationship：关系，文本类型。
- Race：种族，文本类型。
- Sex：性别，男/女。
- Capital-gain：资金收益，连续数值类型。
- Capital-loss：资金损失，连续数值类型。
- Hours-per-week：每周工作时长，连续数值类型。
- Native-country：原籍，文本类型。

2.13.2　详细步骤

估算收入阶层的方法如下。

1．这里将使用已作为参考资料提供的 `income.py` 文件，用朴素贝叶斯分类器模型来进行估计。首先导入两个包：

```
import numpy as np
from sklearn import preprocessing
from sklearn.naive_bayes import GaussianNB
```

2．然后加载数据集：

```
input_file = 'adult.data.txt'
# 读取数据
X = []
y = []
count_lesthan50k = 0
count_morethan50k = 0
num_images_threshold = 10000
```

3．我们将使用数据集中的 20 000 个数据点，每个类别都是 10 000 个数据，从而避免出现类别不平衡问题。在训练时，如果使用的大部分数据点属于某个类别，那么分类器就会倾向于此类别，从而引起偏差。因此，最好使用有相同数量数据点的类别。

```
with open(input_file, 'r') as f:
    for line in f.readlines():
        if '?' in line:
            continue
        data = line[:-1].split(', ')
        if data[-1] == '<=50K' and count_lessthan50k <
num_images_threshold:
            X.append(data)
            count_lessthan50k = count_lessthan50k + 1
        elif data[-1] == '>50K' and count_morethan50k <
num_images_threshold:
            X.append(data)
            count_morethan50k = count_morethan50k + 1
        if count_lessthan50k >= num_images_threshold and
count_morethan50k >= num_images_threshold:
            break
X = np.array(X)
```

同样，这也是一个带逗号分隔符的文件。我们还是像之前那样处理，把数据加载到变量 X 中。

4．我们需要把字符串类型的数据转换成数值型数据，同时保持数值型数据不变。

```
# 将字符串数据转换成数值型数据
label_encoder = []
X_encoded = np.empty(X.shape)
for i,item in enumerate(X[0])
```

```
    if item.isdigit():
        X_encoded[:, i] = X[:, i]
    else:
        label_encoder.append(preprocessing.LabelEncoder())
        X_encoded[:, i] = label_encoder[-1].fit_transform(X[:, i])
X = X_encoded[:, :-1].astype(int)
y = X_encoded[:, -1].astype(int)
```

isdigit()函数用于识别数值型数据。我们已经把所有的字符串数据转换成了数值型数据，并把所有的标签编码保存在一个列表中，便于在后面对未知数据进行分类时使用。

5．下面来训练分类器：

```
# 构建分类器
classifier_gaussiannb = GaussianNB()
classifier_gaussiannb.fit(X, y)
```

6．然后把数据划分成训练集和测试集，以便提取性能指标：

```
# 交叉验证
from sklearn import model_selection
X_train, X_test, y_train, y_test =
model_selection.train_test_split(X, y, test_size=0.25, random_state=5)
classifier_gaussiannb = GaussianNB()
classifier_gaussiannb.fit(X_train, y_train)
y_test_pred = classifier_gaussiannb.predict(X_test)
```

7．提取性能指标：

```
# 计算分类器的 F1 分数
f1 = model_selection.cross_val_score(classifier_gaussiannb,
        X, y, scoring='f1_weighted', cv=5)
print("F1 score: " + str(round(100*f1.mean(), 2)) + "%")
```

返回的结果如下：

```
F1 score: 75.9%
```

8．接下来看看如何对单个数据点进行分类，需要先把数据点转换成分类器可以理解的形式：

```
# 在单个数据实例上进行编码测试
input_data = ['39', 'State-gov', '77516', 'Bachelors', '13',
'Never-married', 'Adm-clerical', 'Not-in-family', 'White', 'Male',
'2174', '0', '40', 'United-States']
count = 0
input_data_encoded = [-1] * len(input_data)
for i,item in enumerate(input_data):
```

```
    if item.isdigit():
        input_data_encoded[i] = int([input_data[i]])
    else:
        input_data_encoded[i] =
int(label_encoder[count].transform([input_data[i]]))
        count = count + 1
input_data_encoded = np.array(input_data_encoded)
```

9. 现在可以进行分类了：

```
# 预测并打印特定数据点的输出结果
output_class = classifier_gaussiannb.predict([input_data_encoded])
print(label_encoder[-1].inverse_transform(output_class)[0])
```

和之前一样，用 predict 方法获取输出类型，然后用 inverse_transform 方法把标签转换成初始形式后打印出来，返回的结果如下：

```
<=50K
```

2.13.3 工作原理

贝叶斯分类器的基本原理是，基于一定的观测，个体以给定的概率属于某个特定类别。这种概率基于的假设是，观测到的特征之间可能是相互依赖的，也可能是相互独立的。如果相互独立，那么贝叶斯分类器就称为朴素贝叶斯分类器。朴素贝叶斯分类器假定对于某个给定的类别，某个特定的特征是否出现和其他特征的出现与否没有关联，这极大地简化了计算。后面将会构建一个朴素贝叶斯分类器。

2.13.4 更多内容

贝叶斯定理在分类问题上的应用是非常直观的，如果我们观察某个可度量的特征，就可以在观察后估计出这个特征表示某个特定类别的概率。

2.14 葡萄酒质量预测

本节将根据所酿制葡萄酒的化学性质来预测葡萄酒的质量。代码中使用的葡萄酒数据集，包含了 177 行 13 列的数据，其中第一列是类别标签。数据来自对 3 个不同品种的葡萄所酿制的葡萄酒的化学性质分析。这 3 种葡萄都产自意大利皮埃蒙特区，它们分别是内比奥罗（Nebbiolo）、巴贝拉（Barberas）和格里尼奥利诺（Grignolino），而用内比奥罗酿制的葡萄酒就是名为巴罗洛（Barolo）的红葡萄酒。

2.14.1　准备工作

数据包含了这 3 种葡萄酒的某些组成成分的含量，以及一些光谱分析数据。属性列表如下：

- Alcohol；
- Malic acid；
- Ash；
- Alcalinity of ash；
- Magnesium；
- Total phenols；
- Flavanoids；
- Nonflavanoid phenols；
- Proanthocyanins；
- Color intensity；
- Hue；
- OD280/OD315 of diluted wines；
- Proline。

第一列数据是葡萄酒类别的标签（0、1 或 2）。

2.14.2　详细步骤

对葡萄酒的质量进行预测的方法如下。

1. 这里将使用已作为参考资料提供的数据文件 `wine.quality.py`。首先，导入 NumPy 库并从 wine.txt 文件加载数据：

```
import numpy as np
input_file = 'wine.txt'
X = []
y = []
with open(input_file, 'r') as f:
  for line in f.readlines():
     data = [float(x) for x in line.split(',')]
```

```
        X.append(data[1:])
        y.append(data[0])
X = np.array(X)
y = np.array(y)
```

上列代码返回了两个数组，输入数据 X 和目标 y。

2. 接下来把数据划分成两组：训练数据集和测试数据集。训练数据集用于构建模型，测试数据集用于评估训练好的模型对未知数据的拟合效果：

```
from sklearn import model_selection
X_train, X_test, y_train, y_test =
model_selection.train_test_split(X, y, test_size=0.25, random_state=5)
```

这里返回了 4 个数组：X_train、X_test、y_train 和 y_test，这些数据将用于训练和验证模型。

3. 下面训练分类器：

```
from sklearn.tree import DecisionTreeClassifier

classifier_DecisionTree = DecisionTreeClassifier()
classifier_DecisionTree.fit(X_train, y_train)
```

这里使用了决策树算法来训练模型。决策树算法基于用于分类和回归的无参数监督学习方法，目标是使用根据数据特征推断出的决策规则，构建出用于预测目标变量值的模型。

4. 接下来计算分类器的准确率：

```
y_test_pred = classifier_DecisionTree.predict(X_test)

accuracy = 100.0 * (y_test == y_test_pred).sum() / X_test.shape[0]
print("Accuracy of the classifier =", round(accuracy, 2), "%")
```

返回的结果如下：

```
Accuracy of the classifier = 91.11 %
```

5. 最后，用混淆矩阵计算出模型性能：

```
from sklearn.metrics import confusion_matrix

confusion_mat = confusion_matrix(y_test, y_test_pred)
print(confusion_mat)
```

返回的结果如下：

```
[[17  2  0]
 [ 1 12  1]
 [ 0  0 12]]
```

其中的非对角元素表示错误的分类，可以看出，只有 4 个分错了。

2.14.3　工作原理

本节介绍了如何使用决策树算法，基于所酿制葡萄酒的化学性质来预测葡萄酒的质量。决策树用图形化的方式给出了建议或选择，通常两个方案的优劣并不那么容易区分，也就意味着不能立刻做出选择。决策需要经过一系列的层次化条件做出，用表格和数字表示这个逻辑非常困难。事实上，即便可以用表格来表示，但由于判断过程和最终决策并不那么一目了然，读者可能依然会感到困惑。

2.14.4　更多内容

树状结构通过突出显示我们插入的用于决策或估计的分支，让我们可以非常清晰地获取到需要的信息。决策树技术有助于通过创建具有可能结果的模型来识别策略或追求目标。通过决策树可以直观地看出决策过程和结果，这比数字表格更加有说服力。人类的大脑更乐于先看到解决方案，再返回去理解决策过程，而不是面对一堆的算术分析、百分数和描述结果的数据。

2.15　新闻组热门话题分类

新闻组是关于多种主题的讨论组，它通过遍布世界各地的新闻服务器来收集客户端的信息并进行转发，一方面将信息转发给所有订阅用户，另一方面转发给网络上的其他新闻服务器。这项技术的成功源于用户间的相互讨论，每个人都应遵守新闻组的规则。

2.15.1　准备工作

本节将构建一个分类器模型，用于将某一主题的成员归类到特定的讨论组。这有助于验证主题是否和讨论组相关。我们将使用包含在 20 个新闻组数据集中的数据，可自行下载 20 Newsgroups 数据集。

该数据集收集了 20 000 份新闻组文档，这些文档划归 20 个不同的新闻组。这些文档最初由肯兰格（Ken Lang）收集，并在其论文“Newsweeder paper: Learning to filter netnews”中发布。这个数据集在处理文本分类问题时特别有用。

2.15.2 详细步骤

本节将介绍如何对新闻组热门话题进行分类。

1. 这里使用已作为参考资料给出的 post.classification.py 文件。先导入数据集：

```
from sklearn.datasets import fetch_20newsgroups
```

数据集包含在 sklearn.datasets 库中，这样恢复数据就会非常方便。预料中的，数据集包含了和 20 个新闻组相关的发布，我们将把分析限制在下面两个新闻组：

```
NewsClass = ['rec.sport.baseball', 'rec.sport.hockey']
```

2. 下载数据：

```
DataTrain = fetch_20newsgroups(subset='train',categories=NewsClass,
shuffle=True, random_state=42)
```

3. 数据有两个属性：data 和 target。很明显，data 表示输入数据，target 表示输出结果。确认下选择的新闻组：

```
print(DataTrain.target_names)
```

返回的结果如下：

```
['rec.sport.baseball', 'rec.sport.hockey']
```

4. 接下来确认数组形状：

```
print(len(DataTrain.data))
print(len(DataTrain.target))
```

返回的结果如下：

```
1197
1197
```

5. 下面使用 CountVectorizer()函数从文本中提取特征：

```
from sklearn.feature_extraction.text import CountVectorizer

CountVect = CountVectorizer()
XTrainCounts = CountVect.fit_transform(DataTrain.data)
print(XTrainCounts.shape)
```

返回的结果如下：

```
(1197, 18571)
```

这样，我们就统计出了单词出现的频数。

6. 现在把文档中每个单词出现的频数除以文档所有单词的总频数：

```
from sklearn.feature_extraction.text import TfidfTransformer
```

```
TfTransformer = TfidfTransformer(use_idf=False).fit(XTrainCounts)
XTrainNew = TfTransformer.transform(XTrainCounts)
TfidfTransformer = TfidfTransformer()
XTrainNewidf = TfidfTransformer.fit_transform(XTrainCounts)
```

7. 可以构建分类器了：

```
from sklearn.naive_bayes import MultinomialNB

NBMultiClassifier = MultinomialNB().fit(XTrainNewidf, DataTrain.target)
```

8. 最后，计算出分类器的准确率：

```
NewsClassPred = NBMultiClassifier.predict(XTrainNewidf)

accuracy = 100.0 * (DataTrain.target == NewsClassPred).sum() /
XTrainNewidf.shape[0]
print("Accuracy of the classifier =", round(accuracy, 2), "%")
```

得到的输出结果如下:

```
Accuracy of the classifier = 99.67 %
```

2.15.3　工作原理

本节构建了一个用于把某个新闻组主题的成员划归到特定讨论组的分类器。我们使用了标记化（tokenization）方法来提取文本特征。在标记化阶段，识别出了组成句子的原子级元素也就是标记（token）。基于识别出的标记，就可以对句子本身进行分析和估计了。提取出文本特征后，基于多项式朴素贝叶斯算法的分类器就构造好了。

2.15.4　更多内容

当特征表示的是文档中单词（文本或图像）的频数时，就可以使用多项式朴素贝叶斯算法对文本或图像进行分析。

第 3 章
预测建模

本章将涵盖以下内容：

- 用 SVM 构建线性分类器；
- 用 SVM 构建非线性分类器；
- 解决类型不平衡问题；
- 提取置信度；
- 寻找最优超参数；
- 构建事件预测器；
- 估算交通流量；
- 用 TensorFlow 简化机器学习流程；
- 堆叠法实现。

3.1 技术要求

本章用到了下列文件（可通过 GitHub 下载）：

- `svm.py`；
- `data_multivar.txt`；
- `svm_imbalance.py`；
- `data_multivar_imbalance.txt`；
- `svm_confidence.py`；
- `perform_grid_search.py`；

- building_event_binary.txt;
- building_event_multiclass.txt;
- event.py;
- traffic_data.txt;
- traffic.py;
- IrisTensorflow.py;
- stacking.py。

3.2　简介

预测建模（predictive modeling）可能是数据分析中最吸引人的领域之一。近几年，由于大数据在各个垂直领域的蓬勃发展，预测建模备受关注。在数据挖掘领域，预测建模常用来预测未来趋势。

预测建模是一种预测系统未来行为的分析技术，它由一组能够识别独立输入变量与反馈目标关系的算法构成。我们根据观测值创建一个数学模型，然后用这个模型去预测未来发生的事情。

在预测建模中，我们需要收集已知的相应数据来训练模型。一旦模型创建完成，就可以用一些指标进行检验，并用它来预测未来值。我们可以通过很多不同的算法来创建预测模型。本章将利用 SVM 来构建线性模型和非线性模型。

预测模型使用若干可能对系统行为产生影响的特征构建。例如，如果要预测天气情况，需要用到气温、大气压、降雨量和其他的气象数据。类似地，当处理其他系统问题时，也需要先判断哪些因素可能会影响系统的行为，然后在训练模型之前把这些因素加入特征中。

3.3　用 SVM 构建线性分类器

支持向量机（Support Vector Machine，SVM）是用来构建分类器和回归器的监督学习模型，通过求解数学方程组找出两组数据之间的最佳分割边界。下面看看如何使用 SVM 构建线性分类器。

3.3.1　准备工作

为了便于理解，先对数据进行可视化。这里使用文件 svm.py 给出的源代码。在构建 SVM 之前，先来了解一下数据，我们将使用本书给出的 data_multivar.txt 文件。下面看看如何可视化数据。

1. 创建一个新的 Python 文件，并加入下面的代码（完整的代码可参考文件 svm.py）：

```
import numpy as np
import matplotlib.pyplot as plt

import utilities

# 加载输入数据
input_file = 'data_multivar.txt'
X, y = utilities.load_data(input_file)
```

2. 刚刚导入了两个库，并定义了输入文件的名称。下面定义 load_data() 方法：

```
# 加载输入文件中的多变量数据
def load_data(input_file):
    X = []
    y = []
    with open(input_file, 'r') as f:
        for line in f.readlines():
            data = [float(x) for x in line.split(',')]
            X.append(data[:-1])
            y.append(data[-1])

    X = np.array(X)
    y = np.array(y)

    return X, y
```

3. 把数据分类：

```
class_0 = np.array([X[i] for i in range(len(X)) if y[i]==0])
class_1 = np.array([X[i] for i in range(len(X)) if y[i]==1])
```

4. 分好类之后，画出这些数据：

```
plt.figure()
plt.scatter(class_0[:,0], class_0[:,1], facecolors='black',
edgecolors='black', marker='s')
plt.scatter(class_1[:,0], class_1[:,1], facecolors='None',
edgecolors='black', marker='s')
```

```
plt.title('Input data')
plt.show()
```

运行代码，输出的图形结果如图 3-1 所示。

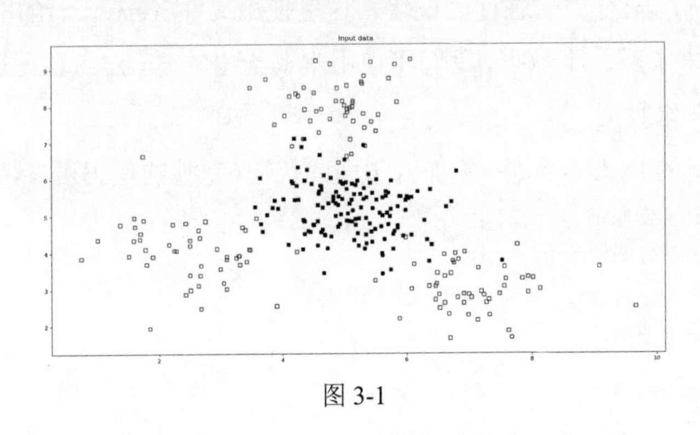

图 3-1

图 3-1 由两种类型的数据点构成——实心方块和空心方块。用机器学习的术语说就是，数据包含两类。我们的目标是构建一个可以将实心方块和空心方块数据点分开的模型。

3.3.2　详细步骤

本节将介绍如何使用 SVM 构建线性分类器。

1．先把数据集划分成训练集和测试集，然后在相同的 Python 文件中加入下面的代码：

```
# 划分训练集和测试集并用 SVM 训练模型
from sklearn import cross_validation
from sklearn.svm import SVC

X_train, X_test, y_train, y_test =
cross_validation.train_test_split(X, y, test_size=0.25, random_state=5)
```

2．下面用线性核函数来初始化 SVM 对象，加入下面的代码：

```
params = {'kernel': 'linear'}
classifier = SVC(**params, gamma='auto')
```

3．接下来可以训练线性 SVM 分类器了：

```
classifier.fit(X_train, y_train)
```

4．画出图形，这样可以看到分类器是如何执行的：

```
utilities.plot_classifier(classifier, X_train, y_train, 'Training dataset')
plt.show()
```

运行代码，输出结果如图 3-2 所示。

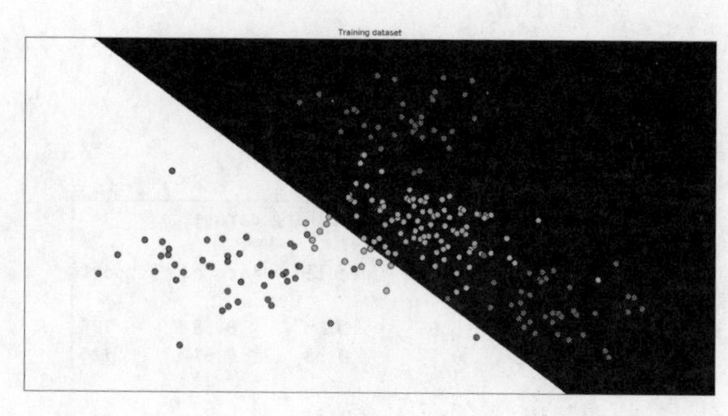

图 3-2

plot_classifier()函数和第 1 章中介绍的是一样的，只是额外增加了两小点。

可以在本书给出的 utilities.py 文件中查看更多细节。

5. 接下来看看分类器在测试数据集上的表现。在 svm.py 文件中加入下面的代码：

```
y_test_pred = classifier.predict(X_test)
utilities.plot_classifier(classifier, X_test, y_test, 'Test dataset')
plt.show()
```

运行代码，得到的输出结果如图 3-3 所示。

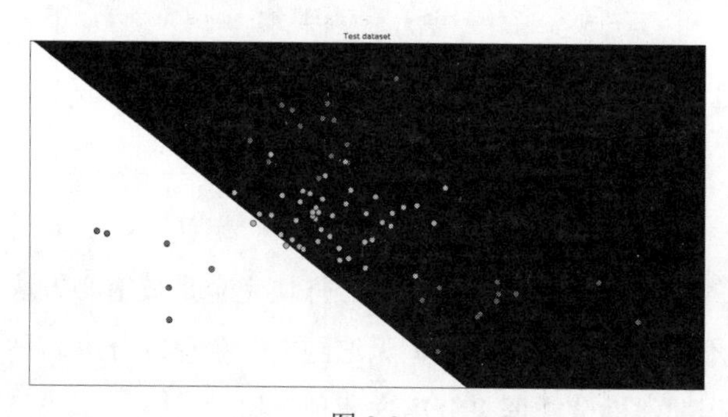

图 3-3

如你所见，输入数据的边界被分类器清楚地识别出来。

6. 接下来计算训练集的准确率，在同样的文件中加入下面的代码：

```
from sklearn.metrics import classification_report

target_names = ['Class-' + str(int(i)) for i in set(y)]
print("\n" + "#"*30)
print("\nClassifier performance on training dataset\n")
print(classification_report(y_train, classifier.predict(X_train),
```

```
target_names=target_names))
print("#"*30 + "\n")
```

运行代码，得到的输出结果如图 3-4 所示。

```
Classifier performance on training dataset

             precision    recall  f1-score   support

    Class-0       0.55      0.88      0.68       105
    Class-1       0.78      0.38      0.51       120

avg / total       0.67      0.61      0.59       225
```

图 3-4

7．最后看看分类器为测试数据集生成的分类报告：

```
print("#"*30)
print("\nClassification report on test dataset\n")
print(classification_report(y_test, y_test_pred,
target_names=target_names))
print("#"*30 + "\n")
```

8．运行代码，得到的输出结果如图 3-5 所示。

```
Classification report on test dataset

             precision    recall  f1-score   support

    Class-0       0.64      0.96      0.77        45
    Class-1       0.75      0.20      0.32        30

avg / total       0.69      0.65      0.59        75
```

图 3-5

从可视化数据的图 3-1 中可以看出，实心方块完全是被空心方块包围着的，也就是说两种类型的数据不是线性可分的。我们无法画出一条可以分离两种类型数据点的完美直线，因此需要使用非线性分类器来分离这两种数据。

3.3.3　工作原理

SVM 是一组既可用于分类也可用于回归的监督学习算法。给定两类线性可分的多维数据，在所有可能的分界超平面中，SVM 算法求解的是具有最大可能边距的超平面。边距是训练集中的数据点到识别出的超平面的最小距离。

边距的最大化和泛化能力相关，如果训练集样本可以被具有较大边距的超平面分界，那么可以认为即使测试集样本和边界距离很近，也可以被正确分界。图 3-6 中共有 3 条线：l1、l2 和 l3，直线 l1 不能对两类数据分界；直线 l2 虽然可以分界，但边距比较小；而直线 l3 则最大化了这两类数据之间的边距。

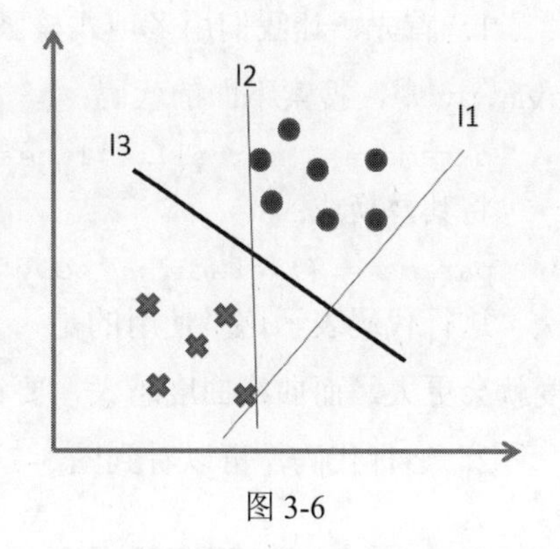

图 3-6

SVM 可用于不能用线性分类器进行分界的情况。它使用称为特征函数（characteristic function）的非线性函数将对象的坐标映射到特征空间（feature space）。这个空间是一个高度多维的空间，空间中的类型可以用线性分类器进行分界。如此，我们把原始空间映射到新空间，让分类器在新空间进行识别，然后将结果返回给原始空间。

3.3.4 更多内容

SVM 构成了近期学术界引入的一类机器学习算法。支持向量机源于统计学习理论，并具有理论上的泛化属性。SVM 算法的理论基础最初由万普尼克在 1965 年的“统计学习理论”中提出，并于 1995 年由万普尼克本人和其他一些人共同加以完善。SVM 是模式分类中最广泛使用的工具之一。与其估计类型的概率密度，万普尼克建议直接解决关注的问题，即确定类型间的决策面（分类边界）。

3.4 用 SVM 构建非线性分类器

SVM 为构建非线性分类器提供了多个选项，可以用多种核函数来构建非线性分类器。本节将考虑两种情况，要表示两组数据的曲线边界时，既可以用多项式函数，也可以用核函数（也称径向基函数）。

3.4.1 准备工作

本节将使用和 3.3 节相同的文件，但这一次，我们会使用不同的核函数来处理非线性问题。

3.4.2 详细步骤

使用 SVM 构建非线性分类器的方法如下。

1．首先，让我们用多项式核函数构建非线性分类器。在 3.3 节所用的 Python 文件 svm.py 中，搜索下面的代码：

```
params = {'kernel': 'linear'}
```

将其替换成：

```
params = {'kernel': 'poly', 'degree': 3}
```

这行代码表示这里使用的是一个三次多项式函数。如果增加多项式次数，曲线的曲度就会更大，而曲线曲度越大，要花费的训练时间也就越长，因为计算的强度也更高。

2．运行代码，可以看到图 3-7 所示的图形。

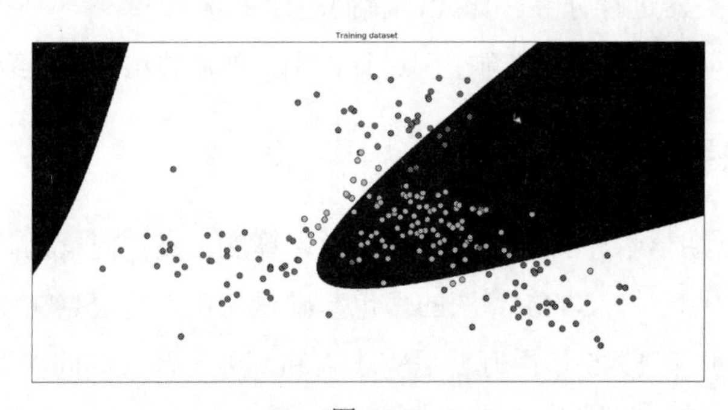

图 3-7

3．终端上还将显示图 3-8 所示的分类报告。

```
Classifier performance on training dataset

             precision    recall  f1-score   support

    Class-0       0.92      0.84      0.88       105
    Class-1       0.87      0.93      0.90       120

avg / total       0.89      0.89      0.89       225
```

图 3-8

4．我们也可以用核函数来构建非线性分类器。在同一个 Python 文件中，搜索下面的代码：

```
params = {'kernel': 'poly', 'degree': 3}
```

5．然后用下面这行代码进行替换：

```
params = {'kernel': 'rbf'}
```

6．运行代码，结果如图 3-9 所示。

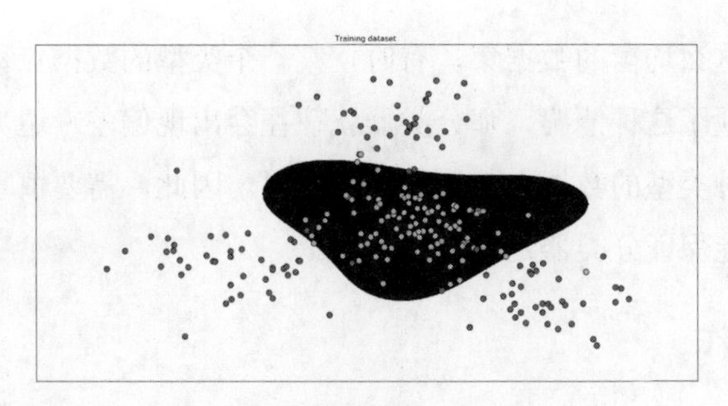

图 3-9

7．终端上还将显示图 3-10 所示的分类报告。

```
Classifier performance on training dataset

             precision    recall  f1-score   support

    Class-0       0.95      0.98      0.97       105
    Class-1       0.98      0.96      0.97       120

avg / total       0.97      0.97      0.97       225
```

图 3-10

3.4.3　工作原理

本节使用 SVM 分类器，通过求解数学方程式来找出数据集中数据点的最佳分界。我们使用核方法解决非线性问题，核方法也因此被称为核函数，它通过计算函数空间内所有数据副本镜像的内积来完成特征空间中的运算，而不会计算空间内的数据坐标。内积的计算成本通常比直接的坐标计算成本更低。这种方法称为核技巧（kernel stratagem）。

3.4.4　更多内容

SVM 的要点在于，对于一个一般性问题，只要仔细选择核函数及其参数，总是可以将其解决。例如，可以对输入数据集做完全的过拟合。这种方法的问题在于它对数据集大小的伸缩性很差，它通常解决的是二维数据问题。即便如此，就这一点而言，也可以通过优化来获得更快的实现。问题在于如何识别出最优的核函数及其最佳参数。

3.5　解决类型不平衡问题

到目前为止，我们处理的所有问题都是类型数据点数量比较接近的情况。在真实世界中，很难获取到这么均衡的数据集，有时，某一个类型的数据点数量可能比其他类型的多很多。如果出现了这种情况，那分类器就往往会出现偏差。边界线不会反应数据的真实特性，因为两种类型的数据点数量差别太大了。因此，需要慎重考虑这种差异性，并想办法调和，才能保证分类器是不偏不倚的。

3.5.1　准备工作

本节将使用一个新的数据集 data_multivar_imbalance.txt。该数据集每行有 3 个值，前两个值是数据点的坐标，第三个值是数据点所属的类型。我们的目标仍然是构建一个分类器，但这次，需要面对数据平衡性的问题。

3.5.2　详细步骤

下面就来看看如何处理类型数据不平衡的问题。

1. 首先导入库：

```
import numpy as np
import matplotlib.pyplot as plt
from sklearn.svm import SVC
import utilities
```

2. 然后从 data_multivar_imbalance.txt 文件中加载数据：

```
input_file = 'data_multivar_imbalance.txt'
X, y = utilities.load_data(input_file)
```

3. 接下来可视化数据，可视化代码和 3.4 节中的完全相同，这段代码也包含在本书提供的 svm_imbalance.py 文件中：

```
# 基于 y 值把数据分类
class_0 = np.array([X[i] for i in range(len(X)) if y[i]==0])
class_1 = np.array([X[i] for i in range(len(X)) if y[i]==1])
# 画出输入数据
plt.figure()
plt.scatter(class_0[:,0], class_0[:,1], facecolors='black',
edgecolors='black', marker='s')
plt.scatter(class_1[:,0], class_1[:,1], facecolors='None',
edgecolors='black', marker='s')
plt.title('Input data')
plt.show()
```

4. 运行代码，得到的输出结果如图 3-11 所示。

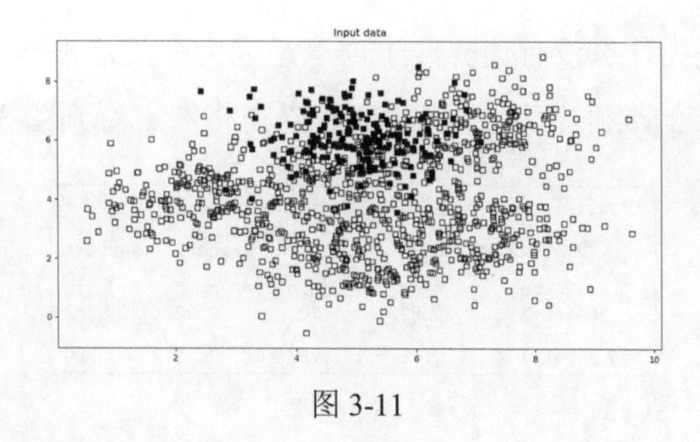

图 3-11

5．下面用线性核函数构建一个 SVM 分类器，代码和 3.4 节中的相同：

```
from sklearn import model_selection
X_train, X_test, y_train, y_test = model_selection.train_test_split
(X, y, test_size=0.25, random_state=5)
params = {'kernel': 'linear'}
classifier = SVC(**params, gamma='auto')
classifier.fit(X_train, y_train)
utilities.plot_classifier(classifier, X_train, y_train, 'Training dataset')
plt.show()
```

6．然后打印出分类报告：

```
from sklearn.metrics import classification_report
target_names = ['Class-' + str(int(i)) for i in set(y)]
print("\n" + "#"*30)
print("\nClassifier performance on training dataset\n")
print(classification_report(y_train, classifier.predict(X_train),
target_names=target_names))
print("#"*30 + "\n")
print("#"*30)
print("\nClassification report on test dataset\n")
print(classification_report(y_test, y_test_pred, target_names=target_names))
print("#"*30 + "\n")
```

7．运行代码，输出结果如图 3-12 所示。

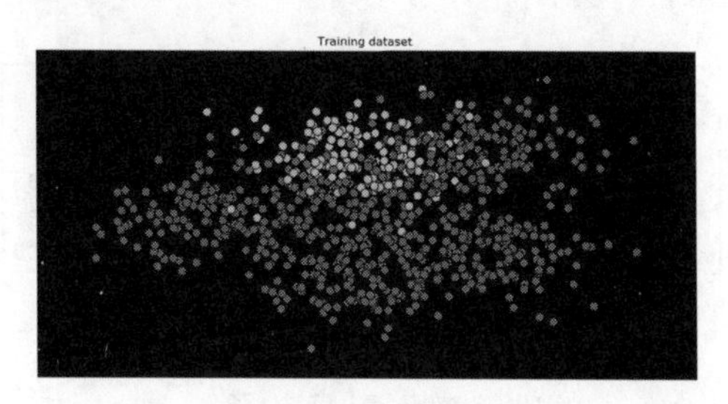

图 3-12

8．你可能会奇怪为什么没有边界线了，这是因为分类器根本不能区分这两种类型，所以才导致 `Class-0` 的准确率为 0%。我们可以在终端上看到图 3-13 所示的分类报告。

```
Classifier performance on training dataset
             precision    recall  f1-score   support

    Class-0       0.00      0.00      0.00       158
    Class-1       0.82      1.00      0.90       742

avg / total       0.68      0.82      0.75       900
```

图 3-13

9．和预想的一样，`Class-0` 的准确率是 0%。下面来解决这个问题，在 Python 文件中搜索下面的代码：

```
params = {'kernel': 'linear'}
```

10．找到后用下面的代码进行替换：

```
params = {'kernel': 'linear', 'class_weight': 'balanced'}
```

11．`class_weight` 参数用来统计不同类型的数据点的数量，然后调整权重，从而避免类型不平衡问题对性能的影响。

12．运行代码，输出如图 3-14 所示。

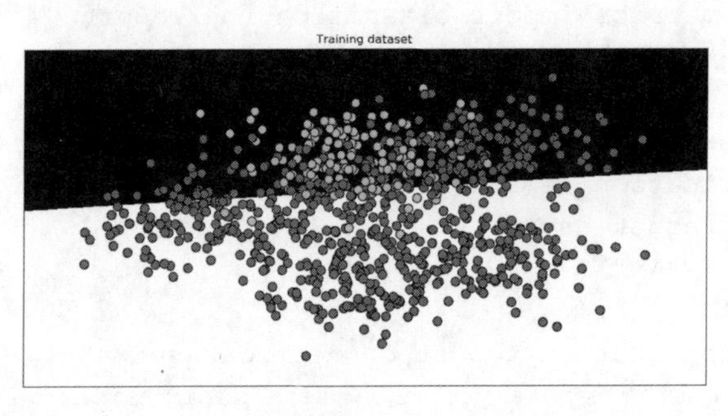

图 3-14

13．再来看看分类报告，如图 3-15 所示。

```
Classifier performance on training dataset
             precision    recall  f1-score   support

    Class-0       0.39      0.91      0.54       158
    Class-1       0.97      0.69      0.81       742

avg / total       0.87      0.73      0.76       900
```

图 3-15

14．可以看出，`Class-0` 的准确率不再是 0 了。

3.5.3 工作原理

本节使用 SVM 分类器找出了数据点的最佳分界。为了解决数据平衡问题，我们再次使用了该方法，但这次在 `fit` 方法中用到了参数 `class_weight`。`class_weight` 变量是`{class_label: value}`形式的字典，其中 `value` 是一个大于 0 的浮点数，用于修改类 `class_label` 中的 `C` 参数，为其赋一个新值，这个新值就等于旧值与 `value` 的乘积，即 `C * value`。

3.5.4 更多内容

C 是对观测到的错误分类施加的惩罚，我们使用权重来解决类型的数量不平衡问题。在这种方式下，我们将为类型分配一个新的 C 值，定义如下：

$$C_i = C \times w_i$$

其中，C 是惩罚项，w_i 是和类型 i 的频数成反比的权重，C_i 是类型 i 的 C 值。这个方法建议增大对数据较少类型的惩罚，以避免被数据较多的类型大大超过。

在 scikit-learn 库中，当使用 SVC 时，可以通过将参数设成 `class_weight='balanced'`来自动设置 C_i 的值。

3.6 提取置信度

如果能够获取对未知数据分类的置信水平，这将会非常有用。当一个新的数据点被分入某个类型时，可以同样训练 SVM 来计算出分类结果的置信水平。置信水平指的是参数值落在某个指定范围内的概率。

3.6.1 准备工作

本节将使用 SVM 分类器来找出数据点的最佳分界，另外，也会度量所得结果的置信水平。

3.6.2 详细步骤

度量置信水平的方法如下。

1．完整代码包含在本书提供的 svm_confidence.py 文件中，这里只介绍关键部分的代码。首先定义输入数据：

```
import numpy as np
import matplotlib.pyplot as plt
from sklearn.svm import SVC
import utilities

# 加载输入数据
input_file = 'data_multivar.txt'
X, y = utilities.load_data(input_file)
```

2．接下来把数据划分成训练集和测试集，然后构建分类器：

```
from sklearn import model_selection
X_train, X_test, y_train, y_test =
model_selection.train_test_split(X, y, test_size=0.25, random_state=5)
params = {'kernel': 'rbf'}
classifier = SVC(**params, gamma='auto')
classifier.fit(X_train, y_train)
```

3．定义输入数据点：

```
input_datapoints = np.array([[2, 1.5], [8, 9], [4.8, 5.2], [4, 4],
[2.5, 7], [7.6, 2], [5.4, 5.9]])
```

4．计算数据点到边界的距离：

```
print("Distance from the boundary:")
for i in input_datapoints:
    print(i, '-->', classifier.decision_function([i])[0])
```

5．可以看到图 3-16 所示的输出结果。

```
Distance from the boundary:
[2.  1.5] --> 0.9248968828198472
[8. 9.]   --> 0.6422390024622062
[4.8 5.2] --> -2.035417667930382
[4. 4.]   --> -0.07623172174998727
[2.5 7. ] --> 0.7345593292517577
[7.6 2. ] --> 1.0982437814537895
[5.4 5.9] --> -1.2114549553124778
```

图 3-16

6．到边界的距离为我们提供了一些数据点的信息，但并不能准确地告诉我们分类器输出结果的置信度有多大。为了解决这个问题，需要用到概率输出（platt scaling）方法，该方法可以将不同类型的距离度量转换成概率度量。下面继续用概率输出来训练 SVM：

```
# 置信度量
params = {'kernel': 'rbf', 'probability': True}
```

```
classifier = SVC(**params, gamma='auto')
```

probability 参数表示 SVM 训练时还需计算出的概率。

7．现在训练分类器：

```
classifier.fit(X_train, y_train)
```

8．接下来为这些输入数据点计算置信度：

```
print("Confidence measure:")
for i in input_datapoints:
    print(i, '-->', classifier.predict_proba([i])[0])
```

predict_proba()函数用于计算置信度。

9．终端上显示的输出结果如图 3-17 所示。

```
Confidence measure:
[2.  1.5] --> [0.04971101 0.95028899]
[8. 9.]   --> [0.10789695 0.89210305]
[4.8 5.2] --> [0.99707139 0.00292861]
[4. 4.]   --> [0.50519174 0.49480826]
[2.5 7. ] --> [0.08421437 0.91578563]
[7.6 2. ] --> [0.03034752 0.96965248]
[5.4 5.9] --> [0.96642513 0.03357487]
```

图 3-17

10．再看看数据点相对边界的位置：

```
utilities.plot_classifier(classifier, input_datapoints, [0]*len(input_
datapoints), 'Input datapoints', 'True')
```

11．运行代码，输出结果如图 3-18 所示。

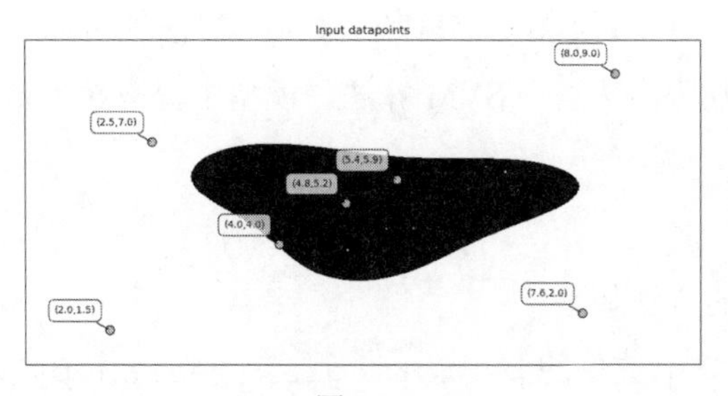

图 3-18

3.6.3 工作原理

本节构建了一个基于 SVM 的分类器。分类器构建完成后，我们测量了一组数据点和边界的距离，然后计算出每个数据点的置信水平。当评估参数时，直接对单个值进行识别通常效率很低，建议同时对参数可能的合理范围进行估计，这就是置信区间的定义。

因此，它与一个累积概率值相关联，该累积概率值间接地表示了随机变量所假定的最大值的可能范围落入该区间的概率，这个概率等于随机变量的概率分布曲线下图形的面积，这里的随机变量正是我们所讨论的描述随机事件并度量其概率的变量。

3.6.4　更多内容

置信区间度量的是统计可信度，类似于民意调查。例如，如果有 40%的受访客户确定选择某产品，就可以推断出在总顾客群体中，有 30%～50%的顾客喜欢此产品的置信水平为 99%。如果受访客户的置信区间是 90%，就可以认为喜欢此产品的人数比例为 37%～43%。

3.7　寻找最优超参数

就像第 2 章提到的，超参数对分类器的性能至关重要，本节就来看看如何为 SVM 获取最优的超参数。

3.7.1　准备工作

在机器学习算法中，普通参数的值是在学习过程中获取的，相比之下，超参数的值需要在学习过程开始之前设置。给定这些超参数后，算法就可以从数据中学习普通参数。本节使用网格搜索的方法，从基于 SVM 算法的模型中提取超参数。

3.7.2　详细步骤

找出最优超参数的方法如下。

1．完整的代码在本书提供的 `perform_grid_search.py` 文件中，首先导入用到的库：

```
from sklearn import svm
from sklearn import model_selection
from sklearn.model_selection import GridSearchCV
from sklearn.metrics import classification_report
import pandas as pd
import utilities
```

2．然后加载数据：

```
input_file = 'data_multivar.txt'
X, y = utilities.load_data(input_file)
```

3．把数据划分成训练数据集和测试数据集：

```
X_train, X_test, y_train, y_test = model_selection.train_test_split(X,
y, test_size=0.25, random_state=5)
```

4．现在用前面介绍过的交叉验证设置参数。加载完数据，并把数据划分成训练数据集和测试数据集后，加入下面的代码：

```
# 通过交叉验证设置参数
parameter_grid = {"C": [1, 10, 50, 600],
                  'kernel':['linear','poly','rbf'],
                  "gamma": [0.01, 0.001],
                  'degree': [2, 3]}
```

5．接下来定义要使用的性能指标：

```
metrics = ['precision']
```

6．下面开始为每个指标搜索最优超参数：

```
for metric in metrics:

    print("#### Grid Searching optimal hyperparameters for", metric)
    classifier = GridSearchCV(svm.SVC(C=1), parameter_grid,
cv=5, scoring=metric,return_train_score=True)

    classifier.fit(X_train, y_train)
```

7．看看指标的得分：

```
    print("Scores across the parameter grid:")
    GridSCVResults = pd.DataFrame(classifier.cv_results_)
    for i in range(0,len(GridSCVResults)):
        print(GridSCVResults.params[i], '-->',
round(GridSCVResults.mean_test_score[i],3))
```

8．打印出最优参数组合：

```
print("Highest scoring parameter set:", classifier.best_params_)
```

9．运行代码，可以在终端上看到下面的输出结果：

```
#### Grid Searching optimal hyperparameters for precision
Scores across the parameter grid:
{'C': 1, 'degree': 2, 'gamma': 0.01, 'kernel': 'linear'} --> 0.676
{'C': 1, 'degree': 2, 'gamma': 0.01, 'kernel': 'poly'} --> 0.527
{'C': 1, 'degree': 2, 'gamma': 0.01, 'kernel': 'rbf'} --> 0.98
{'C': 1, 'degree': 2, 'gamma': 0.001, 'kernel': 'linear'} --> 0.676
{'C': 1, 'degree': 2, 'gamma': 0.001, 'kernel': 'poly'} --> 0.533
...
...
```

```
{'C': 600, 'degree': 2, 'gamma': 0.001, 'kernel': 'linear'} -->
0.676
{'C': 600, 'degree': 2, 'gamma': 0.001, 'kernel': 'poly'} --> 0.9
{'C': 600, 'degree': 2, 'gamma': 0.001, 'kernel': 'rbf'} --> 0.983
{'C': 600, 'degree': 3, 'gamma': 0.01, 'kernel': 'linear'} -->
0.676
{'C': 600, 'degree': 3, 'gamma': 0.01, 'kernel': 'poly'} --> 0.884
{'C': 600, 'degree': 3, 'gamma': 0.01, 'kernel': 'rbf'} --> 0.967
{'C': 600, 'degree': 3, 'gamma': 0.001, 'kernel': 'linear'} -->
0.676
{'C': 600, 'degree': 3, 'gamma': 0.001, 'kernel': 'poly'} --> 0.533
{'C': 600, 'degree': 3, 'gamma': 0.001, 'kernel': 'rbf'} --> 0.983
Highest scoring parameter set: {'C': 10, 'degree': 2, 'gamma':
0.01, 'kernel': 'rbf'}
```

10．从前面的输出可以看出，模型搜索到了所有的最优超参数。这个例子中的超参数有 kernel、C 和 gamma，模型会尝试这些参数的不同组合来找出最佳参数设置。接下来在测试数据集上进行测试：

```
y_true, y_pred = y_test, classifier.predict(X_test)
print("Full performance report:\n")
print(classification_report(y_true, y_pred))
```

11．运行代码，终端显示的输出结果如图 3-19 所示。

Full performance report:

	precision	recall	f1-score	support
0.0	0.92	0.98	0.95	45
1.0	0.96	0.87	0.91	30
avg / total	0.94	0.93	0.93	75

图 3-19

12．前面已经说过，对超参数进行优化可以使用几种不同的技术。下面使用 RandomizedSearchCV 方法，还是使用相同的数据，并改变分类器。在刚才的代码中，加入下面的部分：

```
# 在超参数上进行随机搜索
from sklearn.model_selection import RandomizedSearchCV
parameter_rand = {'C': [1, 10, 50, 600],
                  'kernel':['linear','poly','rbf'],
                  'gamma': [0.01, 0.001],
                  'degree': [2, 3]}
metrics = ['precision']
for metric in metrics:
```

```
    print("#### Randomized Searching optimal hyperparameters for", metric)
    classifier = RandomizedSearchCV(svm.SVC(C=1), param_distributions=
            parameter_rand,n_iter=30, cv=5,return_train_score=True)
    classifier.fit(X_train, y_train)
    print("Scores across the parameter grid:")
    RandSCVResults = pd.DataFrame(classifier.cv_results_)
    for i in range(0,len(RandSCVResults)):
        print(RandSCVResults.params[i], '-->', round(RandSCVResults.
                mean_test_score[i]
```

13. 运行代码，终端将显示以下的输出结果：

```
#### Randomized Searching optimal hyperparameters for precision
Scores across the parameter grid:
{'kernel': 'rbf', 'gamma': 0.001, 'degree': 2, 'C': 50} --> 0.671
{'kernel': 'rbf', 'gamma': 0.01, 'degree': 3, 'C': 600} --> 0.951
{'kernel': 'linear', 'gamma': 0.01, 'degree': 3, 'C': 50} --> 0.591
{'kernel': 'poly', 'gamma': 0.01, 'degree': 2, 'C': 10} --> 0.804
...
...
{'kernel': 'rbf', 'gamma': 0.01, 'degree': 3, 'C': 10} --> 0.92
{'kernel': 'poly', 'gamma': 0.001, 'degree': 3, 'C': 600} --> 0.533
{'kernel': 'linear', 'gamma': 0.001, 'degree': 2, 'C': 10} -->
0.591
{'kernel': 'poly', 'gamma': 0.01, 'degree': 3, 'C': 50} --> 0.853
{'kernel': 'linear', 'gamma': 0.001, 'degree': 2, 'C': 600} -->
0.591
{'kernel': 'poly', 'gamma': 0.01, 'degree': 3, 'C': 10} --> 0.844
Highest scoring parameter set: {'kernel': 'rbf', 'gamma': 0.01,
'degree': 3, 'C': 600}
```

14. 现在在测试数据集上进行测试：

```
print("Highest scoring parameter set:", classifier.best_params_)
y_true, y_pred = y_test, classifier.predict(X_test)
print("Full performance report:\n")
print(classification_report(y_true, y_pred))
```

15. 返回的输出结果如图 3-20 所示。

```
Full performance report:

             precision    recall  f1-score   support

        0.0       0.98      0.91      0.94        45
        1.0       0.88      0.97      0.92        30

avg / total       0.94      0.93      0.93        75
```

图 3-20

3.7.3　工作原理

在 3.4 节中，我们反复修改了 SVM 算法的核函数，以改进数据分类的性能。本节给出了超参数的定义，很显然，核函数表示的就是一个超参数。在本节中，我们随机设置了超参数的值，并通过检查结果来确认哪个值会带来最好的性能。不过，随机选择算法参数的值这种做法并不多见。

另外，随机设置参数很难比较不同算法的性能。因为不同的参数设置可能会改善算法的性能，而且如果参数发生了改变，那这个算法的性能可能会变得比其他算法的性能都差。

因此，随机选择参数的值并不是找出使模型性能最优的超参数的最好方法，相反，我们更推荐使用算法来自动找出特定模型的最优参数集。超参数的搜索方法有好几种，比如网格搜索、随机搜索和贝叶斯优化。

1．网格搜索算法

网格搜索算法会自动搜索使模型偏离最优性能的超参数集。

`sklearn.model_selection.GridSearchCV()`函数为评估器在指定的参数值上进行穷尽搜索（exhaustive search）。穷尽搜索也叫直接搜索或暴力搜索，它循环遍历所有的可能性，因而是一种有效地找出最优解决方案的方法。这个方法通过测试所有的可能性来确认最佳方案。

2．随机搜索算法

和网格搜索方法不同，随机搜索不会测试所有可能的参数值。随机搜索中参数的设置按固定个数进行取样。测试的参数通过`n_iter`属性进行设置。如果参数值是列表形式，则会进行不替代取样，如果至少有一个参数是分布形式，则会采取替代取样。

3．贝叶斯优化算法

贝叶斯超参数优化器的目标是构建出目标函数的概率模型，并用它选择出在真实目标函数上表现最好的超参数。贝叶斯统计可预见的并非一个值，而是一个分布，这是方法论的胜利。

对比网格搜索和随机搜索方法，贝叶斯方法保存了前面评估的结果，与超参数结合形成一个带有目标函数得分的概率模型。该模型称为目标函数的代理（surrogate）模型，优化代理模型比优化目标函数本身更加容易。结果的获取过程如下。

（1）构建出目标函数的代理概率模型。

（2）搜索出代理模型给出的最优超参数。

（3）将最优超参数应用到真实的目标函数中。

（4）合并最新结果后更新代理模型。

（5）重复步骤（2）～（4），直到达到预定的迭代次数或者最大时间。

目标函数每次评估后都会这样更新代理概率模型。构建贝叶斯超参数优化器可借助的 Python 库有 scikit-optimize、spearmint 和 SMAC3。

3.7.4 更多内容

通常，超参数指的是可由用户自由设置的值，往往经过适当的研究后都可以进行优化，从而最大化验证数据集上的准确率。技术的选择也可以看成一个分类超参数，有多少种可选择的技术，这个参数就有多少个取值。

3.8 构建事件预测器

接下来把本章学到的知识用于解决真实世界的问题吧。本节将构建一个支持向量机来预测一栋大楼进出的人数。我们可从 UCI 官网的 CalIt2 Building People Counts Data Set 网页中下载该数据集。我们将对数据集稍作调整，以便简化分析过程。调整过的数据集存放在 `building_event_binary.txt` 文件和 `building_event_multiclass.txt` 文件中。本节将介绍如何构建事件预测器。

3.8.1 准备工作

在构建模型前，先来看看数据格式。`building_event_binary.txt` 文件中的每行数据都由 6 个字符串组成，之间用逗号分隔。这 6 个字符串排列的顺序如下：

- 星期；
- 日期；
- 时间；
- 离开大楼的人数；
- 进入大楼的人数；

- 是否有活动发生。

前 5 个字符串构成了输入数据。我们的任务是预测出这栋大楼中是否有活动发生。

building_event_multiclass.txt 文件中的每行数据都包含了 6 个由逗号分隔的字符串。这个数据集的粒度更细，因为输出代表这栋大楼中发生的活动的类型。这 6 个字符串排列的顺序如下：

- 星期；
- 日期；
- 时间；
- 离开大楼的人数；
- 进入大楼的人数；
- 活动的类型。

前 5 个字符串构成了输入数据。我们的任务是预测出大楼中所发生活动的类型。

3.8.2　详细步骤

构建事件预测器的方法如下。

1. 这里将使用作为参考资料给出的 event.py 文件。首先创建一个新的 Python 文件，加入下面的代码：

```
import numpy as np
from sklearn import preprocessing
from sklearn.svm import SVC
input_file = 'building_event_binary.txt'

# 读取数据
X = []
count = 0
with open(input_file, 'r') as f:
    for line in f.readlines():
        data = line[:-1].split(',')
        X.append([data[0]] + data[2:])

X = np.array(X)
```

上面的代码把数据加载到了变量 X 中。

2. 下面把数据转换成数值形式：

```
# 把字符串数据转换成数值数据
label_encoder = []
X_encoded = np.empty(X.shape)
for i,item in enumerate(X[0]):
    if item.isdigit():
        X_encoded[:, i] = X[:, i]
    else:
        label_encoder.append(preprocessing.LabelEncoder())
        X_encoded[:, i] = label_encoder[-1].fit_transform(X[:, i])

X = X_encoded[:, :-1].astype(int)
y = X_encoded[:, -1].astype(int)
```

3. 用核函数、概率输出和类别平衡方法训练 SVM 分类器：

```
# 构建 SVM
params = {'kernel': 'rbf', 'probability': True, 'class_weight':
'balanced'}
classifier = SVC(**params, gamma='auto')
classifier.fit(X, y)
```

4. 现在可以进行交叉验证了：

```
from sklearn import model_selection

accuracy = model_selection.cross_val_score(classifier, X, y, scoring=
        'accuracy', cv=3)
print("Accuracy of the classifier: " +
str(round(100*accuracy.mean(), 2)) + "%")
```

5. 用新的数据点测试 SVM：

```
# 测试单个数据实例编码
input_data = ['Tuesday', '12:30:00','21','23']
input_data_encoded = [-1] * len(input_data)
count = 0

for i,item in enumerate(input_data):
    if item.isdigit():
        input_data_encoded[i] = int(input_data[i])
    else:
        input_data_encoded[i] =
int(label_encoder[count].transform([input_data[i]]))
        count = count + 1

input_data_encoded = np.array(input_data_encoded)
```

```
# 为特定数据点预测并打印输出结果
output_class = classifier.predict([input_data_encoded])
print("Output class:", label_encoder[-1].inverse_transform(output_clas
s)[0])
```

6. 运行代码，终端上会看到以下输出结果：

```
Accuracy of the classifier: 93.95%
Output class: noevent
```

7. 如果使用 building_event_multiclass.txt 文件替换 building_event_binary.txt 文件并将其作为输入数据，则终端上显示的输出结果如下：

```
Accuracy of the classifier: 65.33%
Output class: eventA
```

3.8.3　工作原理

本节使用了观测到的 15 周中的大楼人员进出的数据，其中每天分成了 48 个时间段，因此我们可以构建出一个预测是否有活动发生的分类器。比如大楼内有会议举行，就会造成那一时段大楼内出现的人数增加。

3.8.4　更多内容

本节后面的部分，会在不同的数据集上应用相同的分类器，并预测出大楼内举行的活动类型。

3.9　估算交通流量

根据相关数据预测交通流量是 SVM 一个非常有趣的应用。上一节我们把 SVM 用作分类器，本节使用 SVM 作为回归器来估算交通流量。

3.9.1　准备工作

这里用到的数据集的下载地址为 UCI 官网的 Dodgers Loop Sensor Data Set 页面。这个数据集统计了洛杉矶道奇棒球队在进行主场比赛期间，体育场周边马路通过的车辆数。我们会对数据集稍作调整，以便更加方便地进行分析。你可以使用本书提供的 traffic_data.txt 文件，其中每行都是由逗号分隔的字符串格式的数据，具体如下：

- 星期；
- 时间；
- 对手球队；
- 是否有正在进行的棒球赛；
- 通过汽车的数量。

3.9.2 详细步骤

估算交通流量的方法如下。

1．先看看如何构建 SVM 回归器。这里使用本书提供的 `traffic.py` 文件。创建一个新的 Python 文件，加入下面的代码：

```
# 用 SVM 回归器估算交通流量

import numpy as np
from sklearn import preprocessing
from sklearn.svm import SVR

input_file = 'traffic_data.txt'

# 读取数据
X = []
count = 0
with open(input_file, 'r') as f:
    for line in f.readlines():
        data = line[:-1].split(',')
        X.append(data)

X = np.array(x)
```

上面的代码把所有的输入数据加载到变量 X 中。

2．对数据进行编码：

```
# 把字符串数据转换成数值数据
label_encoder = []
X_encoded = np.empty(X.shape)
for i,item in enumerate(X[0]):
    if item.isdigit():
        X_encoded[:, i] = X[:, i]
    else:
        label_encoder.append(preprocessing.LabelEncoder())
```

```
        X_encoded[:, i] = label_encoder[-1].fit_transform(X[:, i])

X = X_encoded[:, :-1].astype(int)
y = X_encoded[:, -1].astype(int)
```

3．用核函数创建并训练 SVM 回归器：

```
# 构建 SVR
params = {'kernel': 'rbf', 'C': 10.0, 'epsilon': 0.2}
regressor = SVR(**params)
regressor.fit(X, y)
```

在上面的代码中，参数 C 指定了对错误分类的惩罚，参数 epsilon 指定了不使用惩罚的限制。

4．接下来用交叉验证检查回归器的性能：

```
# 交叉验证
import sklearn.metrics as sm

y_pred = regressor.predict(X)
print("Mean absolute error =", round(sm.mean_absolute_error(y, y_pred), 2))
```

5．在一个数据点上进行测试：

```
# 单个数据实例上的测试编码
input_data = ['Tuesday', '13:35', 'San Francisco', 'yes']
input_data_encoded = [-1] * len(input_data)
count = 0
for i,item in enumerate(input_data):
    if item.isdigit():
        input_data_encoded[i] = int(input_data[i])
    else:
        input_data_encoded[i] =
int(label_encoder[count].transform([input_data[i]]))
        count = count + 1

input_data_encoded = np.array(input_data_encoded)

# 预测并打印特定数据点的输出结果
print("Predicted traffic:", int(regressor.predict([input_data_encoded])[0]))
```

6．运行代码，终端上将会显示如下的输出结果：

```
Mean absolute error = 4.08
Predicted traffic: 29
```

3.9.3 工作原理

本节使用了洛杉矶 101 号北公路上的传感器收集的数据，这里靠近道奇棒球队打球的体育场。由于这个位置足够靠近体育场，所以可以检测到比赛期间交通流量的增加。

观察的数据基于过去的 25 周，每天的观测次数多于 288 次，平均每 5 分钟就会观测一次。我们构建了一个基于 SVM 算法的回归器来预测道格体育场是否会有棒球赛。特别地，可以基于预测器假定的数据值估算出经过观测位置的车辆数，假定的数据值有星期、时间、对手球队和是否有正在进行的棒球赛。

3.9.4 更多内容

支持向量回归（Support Vector Regression，SVR）基于和 SVM 相同的原理。事实上，SVR 就是从 SVM 发展而来的，它的依赖变量是数值型，而不是分类型。SVR 的一个主要优点是它是一种无参数技术。

3.10 用 TensorFlow 简化机器学习流程

TensorFlow 是谷歌的一个程序员创建的开源数值计算库。这个库提供了构建深度学习模型所需的所有必要的工具，并为程序员提供了黑盒接口。

3.10.1 准备工作

本节将介绍 TensorFlow 框架，并使用一个简单的神经网络对鸢尾花进行分类。本例将使用鸢尾花数据集 iris，它包含下面 3 个类别的共计 50 个样本数据：

- 山鸢尾；
- 弗吉尼亚鸢尾；
- 变色鸢尾。

每个样本数据用 4 个特征进行度量，这 4 个特征分别是花萼的长度和宽度、花瓣的长度和宽度，单位为厘米（cm）。

样本数据包含的变量如下：

- 花萼长度，单位为厘米（cm）；

- 花萼宽度，单位为厘米（cm）；
- 花瓣长度，单位为厘米（cm）；
- 花瓣宽度，单位为厘米（cm）；
- 类型：山鸢尾、弗吉尼亚鸢尾和变色鸢尾。

3.10.2　详细步骤

下面看看如何使用 TensorFlow 来简化机器学习流程。

1．首先，依旧从导入库开始：

```
from sklearn import datasets
from sklearn import model_selection
import tensorflow as tf
```

导入的前两个库只是用于加载和划分数据集，第三个库加载的是 TensorFlow。

2．加载鸢尾花数据集：

```
iris = datasets.load_iris()
```

3．加载并划分特征和类型：

```
x_train, x_test, y_train, y_test =
model_selection.train_test_split(iris.data, iris.target, test_size=0.7,
random_state=1)
```

数据集的 70%用于训练，30%用于测试。参数 random_state=1 是随机数生成器使用的种子。

4．下面构建一个具有 1 个隐藏层和 10 个节点的简单神经网络：

```
feature_columns =
tf.contrib.learn.infer_real_valued_columns_from_input(x_train)
classifier_tf =
tf.contrib.learn.DNNClassifier(feature_columns=feature_columns, hidden
_units=[10], n_classes=3)
```

5．然后拟合网络：

```
classifier_tf.fit(x_train, y_train, steps=5000)
```

6．现在进行预测：

```
predictions = list(classifier_tf.predict(x_test, as_iterable=True))
```

7．最后，计算出模型的准确率指标：

```
n_items = y_test.size
accuracy = (y_test == predictions).sum() / n_items
print("Accuracy :", accuracy)
```

返回的结果如下：

```
Accuracy : 0.9333333333333333
```

3.10.3　工作原理

本节使用 TensorFlow 库构建了一个简单的神经网络，然后用这个网络对具有 4 个特征的鸢尾花数据分类。可以看出用 TensorFlow 库实现基于机器学习算法的模型是多么简单。这个主题，或者更一般地说深度学习这个主题，我们将在第 13 章进行更深入的分析。

3.10.4　更多内容

TensorFlow 提供了 Python、C、C++、Java、Go 和 Rust 语言的原生接口，还提供了 C#、R 和 Scala 语言的三方接口。从 2017 年 10 月份开始，TensorFlow 库集成了 Eager Execution 的功能，可以让 Python 调用的 TensorFlow 代码立刻得到执行。

3.11　堆叠法实现

不同方法的结合会带来更好的结果——这种说法对我们生活中的很多方面都是适用的，同样也适用于基于机器学习的算法。堆叠（stacking）是把多个机器学习算法组合到一起的过程。这项技术由美籍数学家、物理学家和计算机科学家大卫・H. 沃尔珀特（David H.Wolpert）开发。

本节将介绍如何实现堆叠法。

3.11.1　准备工作

这里使用 heamy 库将上一节使用的两个模型进行堆叠。heamy 库是数据科学领域中非常有用的一个工具包。

3.11.2　详细步骤

下面看看如何实现堆叠法。

1．首先导入库：

```
from heamy.dataset import Dataset
from heamy.estimator import Regressor
from heamy.pipeline import ModelsPipeline
from sklearn.datasets import load_boston
from sklearn.model_selection import train_test_split
from sklearn.ensemble import RandomForestRegressor
from sklearn.linear_model import LinearRegression
from sklearn.metrics import mean_absolute_error
```

2．加载波士顿数据集，这个数据集在 1.15 节已经使用过：

```
data = load_boston()
```

3．划分数据集：

```
X, y = data['data'], data['target']
X_train, X_test, y_train, y_test = train_test_split(X, y,
test_size=0.1, random_state=2)
```

4．创建数据集：

```
Data = Dataset(X_train,y_train,X_test)
```

5．接下来构建在堆叠过程中使用的两个模型：

```
RfModel = Regressor(dataset=Data, estimator=RandomForestRegressor,
parameters={'n_estimators': 50},name='rf')
LRModel = Regressor(dataset=Data, estimator=LinearRegression,
parameters={'normalize': True},name='lr')
```

6．可以把模型堆叠起来了：

```
Pipeline = ModelsPipeline(RfModel,LRModel)
StackModel = Pipeline.stack(k=10,seed=2)
```

7．现在在堆叠数据上训练线性回归模型：

```
Stacker = Regressor(dataset=StackModel, estimator=LinearRegression)
```

8．最后，计算结果并验证模型：

```
Results = Stacker.predict()
Results = Stacker.validate(k=10,scorer=mean_absolute_error)
```

3.11.3　工作原理

堆叠泛化（stacked generalization）通过推导泛化器相对于所提供的学习集的偏差来发挥其作用。这个推导的过程包括：在第二层中将第一层的原始泛化器对部分学习集的猜测进行泛化，以及尝试对学习集的剩余部分进行猜测，并且输出正确的结果。当与多个泛化器一起使用时，堆叠泛化可以替代交叉验证。

3.11.4 更多内容

堆叠法尝试利用每个算法的优点，并忽略或改进它们的缺点，我们可以把它当成算法的纠错机制。另一个可执行堆叠过程的库是 StackNet。

StackNet 是用 Java 实现的框架，它基于沃尔伯特的多层堆叠泛化理论来改进机器学习预测问题的准确率。StackNet 模型作为神经网络，它提供的迁移功能可以处理任何形式的有监督机器学习算法。

第 4 章 无监督学习——聚类

本章将涵盖以下内容：

- 用 k-means 算法聚类数据；
- 用向量量化压缩图片；
- 用凝聚层次聚类进行数据分组；
- 评估聚类算法性能；
- 用 DBSCAN 算法估算簇的个数；
- 探索股票数据模式；
- 构建市场细分模型；
- 用自动编码器重构手写数字图像。

4.1 技术要求

本章用到了下列文件（可通过 GitHub 下载）：

- `kmeans.py`；
- `data_multivar.txt`；
- `vector_quantization.py`；
- `flower_image.jpg`；
- `agglomerative.py`；
- `performance.py`；
- `data_perf.txt`；

- estimate_clusters.py;
- stock_market.py;
- symbol_map.json;
- stock_market_data.xlsx;
- customer_segmentation.py;
- wholesale.csv;
- AutoencMnist.py。

4.2 简介

无监督学习是一种对不含标签的训练数据构建模型的机器学习范式。目前为止，我们处理的数据都带有某种形式的标签，也就是说，学习算法可以基于标签查看数据并对其进行分类。而在无监督学习的世界中，就没有这样的条件了。当使用相似性指标对数据集进行分组时，就会用到无监督学习算法。

在无监督学习中，数据集的信息是自动提取的。在提取过程中对要分析的内容没有任何预先的了解。无监督学习没有样本所属的类别信息，也没有给定输入对应的输出信息。我们想让模型发现一些有趣的属性，比如在聚类问题中按照数据特征的相似性进行分组。无监督学习算法的一个应用实例是搜索引擎，它可以根据一个或多个关键词创建并搜索相关的数据列表。

这些算法通过对比数据寻找其相似性或不同点来工作，算法的正确性取决于它们从数据库中提取到的信息的有用性。可用数据只关注描述每个样本的特征集合。

最常见的无监督学习算法是聚类。你一定经常听到这个词，因为它的应用非常广泛。我们主要使用聚类算法进行数据分析并找出数据集群，而集群通常可以使用某个相似性指标进行划分，如欧式距离。无监督学习在很多领域都有广泛应用，如数据挖掘、医学影像、股票分析、计算机视觉和市场细分等。

4.3 用 k-means 算法聚类数据

k-means 算法是最流行的聚类算法之一。这个算法利用数据的不同属性将输入数据

划分为 k 组。分组使用优化技术来实现，即让各组内的数据点与该组质心的距离平方和最小化。我们还可以追踪边界来确定每个集群的相关领域。

4.3.1　准备工作

本节将使用 k-means 算法，通过相关的质心将数据分成 4 组。我们还可以追踪边界来识别每个聚类的相关区域。

4.3.2　详细步骤

下面看看如何使用 k-means 算法来进行数据聚类分析。

1. 本节内容的完整代码在本书提供的文件 kmeans.py 中。下面看看算法是如何构建的。首先创建一个新的 Python 文件并导入下面的库：

```
import numpy as np
import matplotlib.pyplot as plt
from sklearn.cluster import KMeans
```

2. 接下来加载输入数据，定义集群个数。这里将使用本书提供的 data_multivar.txt 文件：

```
input_file = ('data_multivar.txt')
# 加载数据
x = []
with open(input_file, 'r') as f:
    for line in f.readlines():
        data = [float(i) for i in line.split(',')]
        x.append(data)

data = np.array(x)
num_clusters = 4
```

3. 需要先了解输入数据的形式，继续在文件中加入下面的代码：

```
plt.figure()
plt.scatter(data[:,0], data[:,1], marker='o', facecolors='none',
edgecolors='k', s=30)
x_min, x_max = min(data[:, 0]) - 1, max(data[:, 0]) + 1
y_min, y_max = min(data[:, 1]) - 1, max(data[:, 1]) + 1
plt.title('Input data')
plt.xlim(x_min, x_max)
plt.ylim(y_min, y_max)
plt.xticks(())
```

```
plt.yticks(())
```

运行代码，得到的输出结果如图 4-1 所示。

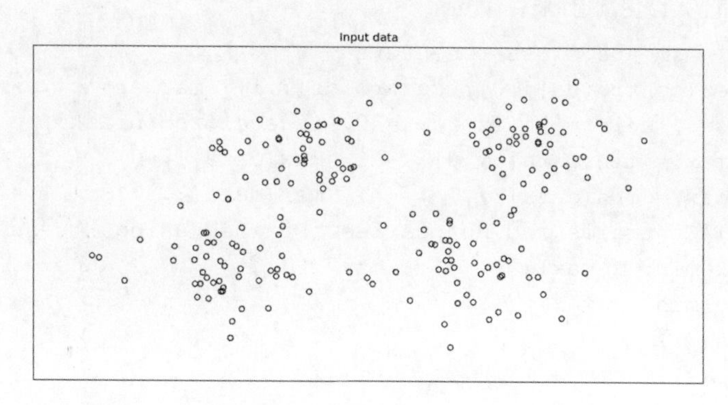

图 4-1

4．现在可以训练模型了，先初始化 kmeans 对象，然后进行训练：

```
kmeans = KMeans(init='k-means++', n_clusters=num_clusters, n_init=10)
kmeans.fit(data)
```

5．数据训练好后，需要可视化边界。继续在 Python 文件中加入下面的代码：

```
# 设置网格数据的步长
step_size = 0.01

# 画出边界
x_min, x_max = min(data[:, 0]) - 1, max(data[:, 0]) + 1
y_min, y_max = min(data[:, 1]) - 1, max(data[:, 1]) + 1
x_values, y_values = np.meshgrid(np.arange(x_min, x_max, step_size),
np.arange(y_min, y_max, step_size))

# 预测网格中所有数据点的标签
predicted_labels = kmeans.predict(np.c_[x_values.ravel(),
y_values.ravel()])
```

6．上面已经通过网格数据评估了模型，接下来画出结果，看看边界的布局：

```
# 画出结果
predicted_labels = predicted_labels.reshape(x_values.shape)
plt.figure()
plt.clf()
plt.imshow(predicted_labels, interpolation='nearest', extent=(x_values
.min(), x_values.max(), y_values.min(), y_values.max()), cmap=plt.cm.Paire
d, aspect='auto', origin='lower')
```

```
plt.scatter(data[:,0], data[:,1], marker='o', facecolors='none',
edgecolors='k', s=30)
```

7. 接下来把质心也画出来：

```
centroids = kmeans.cluster_centers_
plt.scatter(centroids[:,0], centroids[:,1], marker='o', s=200,
linewidths=3, color='k', zorder=10, facecolors='black')
x_min, x_max = min(data[:, 0]) - 1, max(data[:, 0]) + 1
y_min, y_max = min(data[:, 1]) - 1, max(data[:, 1]) + 1
plt.title('Centroids and boundaries obtained using KMeans')
plt.xlim(x_min, x_max)
plt.ylim(y_min, y_max)
plt.xticks(())
plt.yticks(())
plt.show()
```

运行代码，可以看到图 4-2 所示的图形。

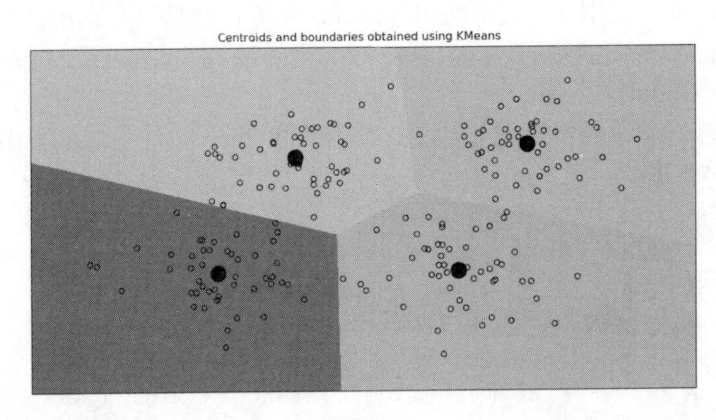

图 4-2

4 个簇的质心和边界都用不同的颜色区分开来了。

4.3.3　工作原理

k-means 是詹姆斯.麦奎因（James NacQueen）于 1967 年开发的，最初的设计用于将对象根据其属性分成 k 个不同部分，它是期望最大化（expectation-maximization，EM）算法的变体，目标是将高斯分布产生的数据判断为 k 个组。这两个算法的不同点在于欧式距离的计算方法不同。在 k-means 算法中，假定对象的属性可以表示成向量，因此就构成了一个向量空间，其目标是最小化整体簇内方差（或说标准差）。每个簇都通过质心进行识别。

该算法是一个迭代过程：

1. 选定簇的个数 k；
2. 开始创建 k 个分区，并随机或利用一些引导信息来分配每个分区的入口；
3. 计算每组的质心；
4. 计算每个观测点和每个簇的质心的距离；
5. 根据计算出的距离，选择离数据点最近的质心的集群，构建出新的分区；
6. 重新计算新的质心；
7. 重复步骤 4～6，直至算法收敛。

4.3.4 更多内容

算法的目标是定位出 k 个质心，每个簇一个质心。质心的位置是特别重要的，不同的质心位置会给出不同的结果。最好的选择是让质心尽可能地分散。确定好质心后，必须把每个对象关联到最近的质心。这样，我们就得到了第一轮的分组结果。第一轮完成后，进入下一轮迭代，重新计算出上一轮中得到的 k 个簇的新质心。定位出新的 k 个质心后，需要把相同数据集中的数据重新关联到最近的质心。运算结束后，新一轮迭代就执行完毕了。由每一轮的处理可知，k 个质心在迭代中不断改变位置，直到最后收敛，质心位置就不再移动。

4.4 用向量量化压缩图片

k-means 聚类的主要应用之一就是向量量化。简单来说，向量量化就是四舍五入技术的 N 维版本。在处理一维数据时，比如数字，就可以使用四舍五入技术来减少存储数值所需的内存空间。例如，如果只需要精确到两位小数，那么不会直接存储 23.73473572，而是用 23.73 来代替。或者如果不关心小数位的话，可以直接存储 24，这取决于我们的实际需求。我们需要在内存占用和精度之间做出平衡的选择。

同理，当把这一概念推广到 N 维数据上时，就变成了向量量化。当然，向量量化涉及很多细节。向量量化技术被广泛应用于图像压缩，我们用比原始图像更少的比特数来存储每个像素，从而实现图像的压缩。

4.4.1 准备工作

本节将用到一个示例图像，我们将通过减少比特数来进一步压缩该图像。

4.4.2 详细步骤

使用向量量化技术压缩图像的方法如下。

1. 本节的完整代码包含在本书提供的 vector_quantization.py 文件中，下面看看如何实现。首先导入用到的程序包。新建一个 Python 文件，加入下面的代码：

```
import argparse

import numpy as np
from scipy import misc
from sklearn import cluster
import matplotlib.pyplot as plt
```

2. 下面创建一个用来解析输入参数的函数，我们需要传入图像和每个像素的比特数作为参数：

```
def build_arg_parser():
    parser = argparse.ArgumentParser(description='Compress the input 
image \using clustering')
    parser.add_argument("--input-file", dest="input_file", required
=True, help="Input image")
    parser.add_argument("--num-bits", dest="num_bits", required=False,
type=int, help="Number of bits used to represent each pixel")
    return parser
```

3. 再创建一个函数，用来压缩输入图像：

```
def compress_image(img, num_clusters):
    # 把输入图像转换成(num_samples, num_features)数组来运行 k-means 聚类算法
    X = img.reshape((-1, 1))

    # 在输入数据上运行 k-means 算法
    kmeans = cluster.KMeans(n_clusters=num_clusters, n_init=4,
random_state=5)
    kmeans.fit(X)
    centroids = kmeans.cluster_centers_.squeeze()
    labels = kmeans.labels_

    # 把数据分配给最近的质心，并将其变形为原始图形的形状
```

```
    input_image_compressed = np.choose(labels, centroids).reshape
(img.shape)

    return input_image_compressed
```

4. 图像压缩完成后，需要看看压缩对图片质量的影响。定义一个函数来画出输出图像：

```
def plot_image(img, title):
    vmin = img.min()
    vmax = img.max()
    plt.figure()
    plt.title(title)
    plt.imshow(img, cmap=plt.cm.gray, vmin=vmin, vmax=vmax)
```

5. 现在已经准备好所有的函数了。下面定义主函数，它将获取输入参数并进行处理，然后提取出输出图像：

```
if __name__=='__main__':
    args = build_arg_parser().parse_args()
    input_file = args.input_file
    num_bits = args.num_bits

    if not 1 <= num_bits <= 8:
        raise TypeError('Number of bits should be between 1 and 8')

    num_clusters = np.power(2, num_bits)

    # 打印压缩率
    compression_rate = round(100 * (8.0 - args.num_bits) / 8.0, 2)
    print("The size of the image will be reduced by a factor of",
8.0/args.num_bits)
    print("Compression rate = " + str(compression_rate) + "%")
```

6. 加载输入图像：

```
# 加载输入图像
input_image = misc.imread(input_file, True).astype(np.uint8)

# 显示原始图像
plot_image(input_image, 'Original image')
```

7. 用输入的参数压缩图像：

```
# 压缩图像
input_image_compressed = compress_image(input_image, num_clusters)
plot_image(input_image_compressed, 'Compressed image; compression rate
= ' + str(compression_rate) + '%')
```

```
plt.show()
```

8. 现在可以运行代码了，在终端上运行下面的代码：

```
$ python vector_quantization.py --input-file flower_image.jpg --numbits 4
```

9. 返回的结果如下：

```
The size of the image will be reduced by a factor of 2.0
Compression rate = 50.0%
```

10. 输入的图像如图 4-3 所示。

压缩后的图像如图 4-4 所示。

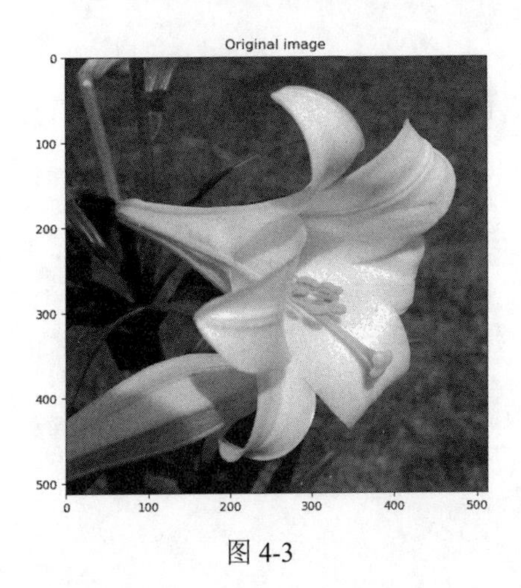

图 4-3

图 4-4

11. 进一步压缩图像，将每个像素的比特数降到 2。在终端上运行下面的代码：

```
$ python vector_quantization.py --input-file flower_image.jpg --numbits 2
```

返回的结果如下：

```
The size of the image will be reduced by a factor of 4.0
Compression rate = 75.0%
```

压缩后的效果如图 4-5 所示。

12. 如果把比特数降到 1，那么看到的就是只有黑白两色的二色图像。运行下面的代码：

```
$ python vector_quantization.py --input-file flower_image.jpg --numbits 1
```

返回的结果如下：

```
The size of the image will be reduced by a factor of 8.0
Compression rate = 87.5%
```

图像压缩效果如图 4-6 所示。

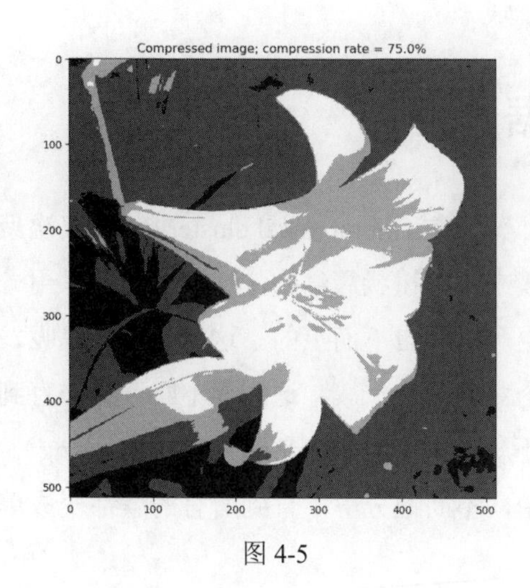

图 4-5

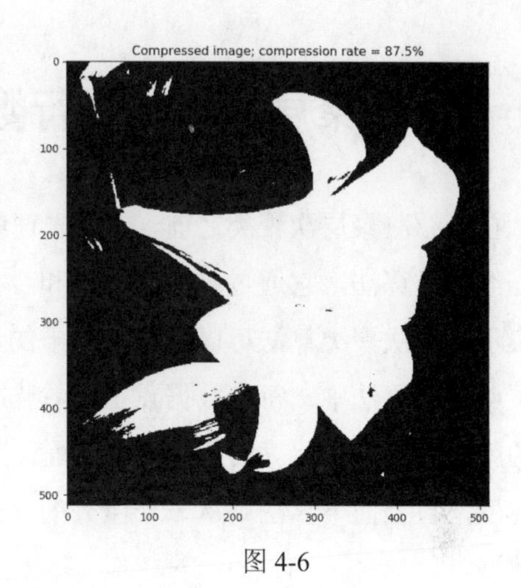

图 4-6

可以看出，随着进一步的压缩，图像的质量也显著降低了。

4.4.3　工作原理

向量化算法可用于信号压缩、图像编码和语音信号处理。我们使用几何准则（即欧式距离）来找出簇，因此这是一个无监督学习训练的例子。这项技术允许通过原型向量的分布对概率密度函数进行建模。向量量化通过使用接近它们的类似数量的点将一大组点（向量）划分为簇，每个簇都用它的质心表示，如同 k-means 算法一样。

4.4.4　更多内容

向量量化技术可用于把数据集划分为若干个簇，算法基于计算出的欧式距离来分配样本所属的簇，步骤如下：

1．开始时，所有的向量都分配给相同的簇，簇的质心通过所有向量的平均值进行计算；

2．对每个质心引入扰动来生成两个新的簇的中心，原有质心被丢弃；

3．每个数据都根据距离最小化的标准重新分配给新的簇；

4．新的质心通过每个簇中分配的向量的平均值计算得出；

5．如果达到最终标准，算法结束，否则返回到第 2 步继续执行。

4.5 用凝聚层次聚类进行数据分组

在介绍凝聚层次聚类之前，需要先理解层次聚类（hierarchical clustering）。层次聚类是一组聚类算法，它通过不断地分解和合并簇来构建树状簇结构，这种结构可以用一棵树表示。层次聚类算法可以是自上而下的，也可以是自下而上的。这是什么意思呢？在自下而上的算法中，每个数据点都被看作单个对象的单一簇，这些簇不断合并，直到所有的簇合并成一个巨大的簇，这个过程称为凝聚层次聚类（agglomerative clustering）。与之相反，自上而下算法则从一个巨大的簇开始，不断地分解，直到所有的簇都变成单独的数据点。

4.5.1 准备工作

在层次聚类中，我们通过使用自上而下或自下而上的方式递归地划分实例来构造簇。可以把算法分成下面两种。

- 凝聚层次聚类（agglomerative algorithm，自下而上）：这一方法通过独立的统计单元来获取解决方案，每次迭代都把最相关的统计单元聚合在一起，直到最后形成了一个唯一的簇。
- 分裂层次聚类（divisive algorithm，自上而下）：在这一方法中，所有的单元都属于同一个大类，每次后续迭代都会把和其他单元不类似的单元加入到新的簇中。

两种方法最后都会得到一个树状图，它表示一组嵌套的对象，以及组变化的相似性级别。通过把树状图剪成期望的相似性级别，我们可以得到数据对象的聚类。簇的合并或分解是通过相似性度量来执行的，这优化了标准。

4.5.2 详细步骤

下面来看看如何使用凝聚层次聚类对数据分组。

1. 本节的完整代码包含在本书提供的 `agglomerative.py` 文件中。下面看看实现过程，首先新建一个 Python 文件，并导入必需的包：

```
import numpy as np
import matplotlib.pyplot as plt
from sklearn.cluster import AgglomerativeClustering
from sklearn.neighbors import kneighbors_graph
```

2．定义一个实现凝聚层次聚类的函数：

```
def perform_clustering(X, connectivity, title, num_clusters=3,
linkage='ward'):
    plt.figure()
    model = AgglomerativeClustering(linkage=linkage,
connectivity=connectivity, n_clusters=num_clusters)
    model.fit(X)
```

3．提取标签，然后指定图形中使用的标记的样式：

```
# 提取标签
labels = model.labels_

# 为不同的簇设定标记的样式
markers = '.vx'
```

4．迭代数据，用不同的标记样式把簇中的点画在图形中：

```
for i, marker in zip(range(num_clusters), markers):
    # 画出属于当前簇的点
    plt.scatter(X[labels==i, 0], X[labels==i, 1], s=50, marker=marker,
color='k', facecolors='none')

plt.title(title)
```

5．为了演示凝聚层次聚类的优势，我们用它对空间中连接在一起又彼此相近的数据点进行聚类。我们希望连接在一起的数据点可以聚成一类，而不是在空间中接近的点聚成一类。下面定义一个函数来生成一组呈螺旋状的数据点：

```
def get_spiral(t, noise_amplitude=0.5):
    r = t
    x = r * np.cos(t)
    y = r * np.sin(t)

    return add_noise(x, y, noise_amplitude)
```

6．上面的函数中加入了一些可以增加不确定性的噪声，下面定义噪声函数：

```
def add_noise(x, y, amplitude):
    X = np.concatenate((x, y))
    X += amplitude * np.random.randn(2, X.shape[1])
    return X.T
```

7．接下来再定义一个可以生成玫瑰曲线数据点的函数：

```
def get_rose(t, noise_amplitude=0.02):
    # 设置玫瑰曲线方程，如果变量 k 是奇数，则曲线有 k 朵花瓣，否则有 2k 朵花瓣
    k = 5
    r = np.cos(k*t) + 0.25
    x = r * np.cos(t)
    y = r * np.sin(t)

    return add_noise(x, y, noise_amplitude)
```

8．为了增加多样性，再定义一个 hypotrochoid()函数：

```
def get_hypotrochoid(t, noise_amplitude=0):
    a, b, h = 10.0, 2.0, 4.0
    x = (a - b) * np.cos(t) + h * np.cos((a - b) / b * t)
    y = (a - b) * np.sin(t) - h * np.sin((a - b) / b * t)

    return add_noise(x, y, 0)
```

9．现在可以定义主函数了：

```
if __name__=='__main__':
    # 生成样本数据
    n_samples = 500
    np.random.seed(2)
    t = 2.5 * np.pi * (1 + 2 * np.random.rand(1, n_samples))
    X = get_spiral(t)

    # 不使用连接性
    connectivity = None
    perform_clustering(X, connectivity, 'No connectivity')

    # 创建 k 近邻图
    connectivity = kneighbors_graph(X, 10, include_self=False)
    perform_clustering(X, connectivity, 'K-Neighbors connectivity')

    plt.show()
```

运行代码，可以看到图 4-7 所示的图形，这里没有用到任何连接特征。

生成的第二幅图如图 4-8 所示，它使用了 *k* 近邻连接。

从图 4-8 中可以看出，使用连接特征可以把连接在一起的数据合成一组，而不是按照它们在螺旋线上的位置进行聚类。

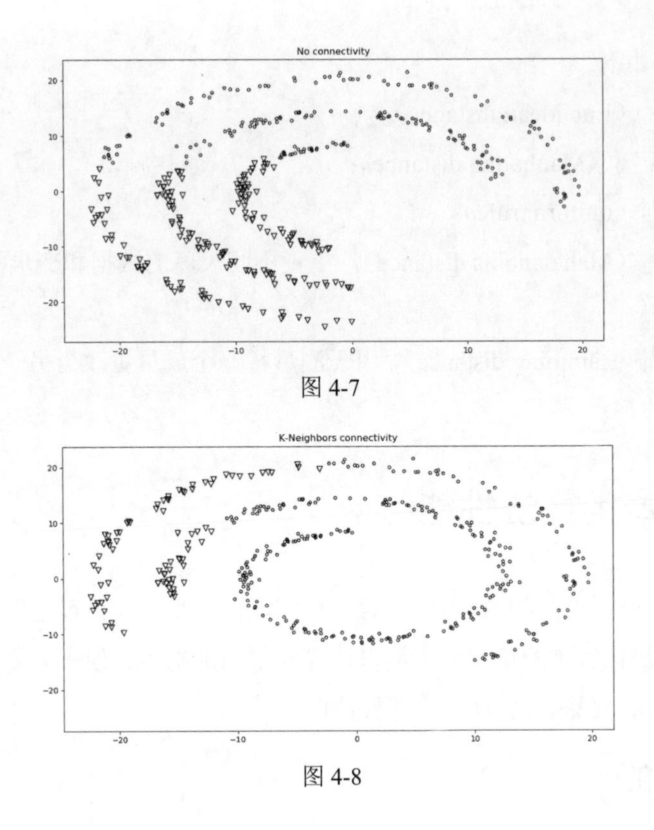

图 4-7

图 4-8

4.5.3 工作原理

在凝聚层次聚类算法中，每次观测都从所在的簇开始，然后再把簇合并在一起。合并簇的策略（或说连接准则）有以下几种：

- ward 聚类，最小化所有簇的方差之和；
- 全连接（maximum linkage/complete linkage），用于最小化两个簇之间的最大距离；
- 平均连接（average linkage），用于最小化两个簇之间的平均距离；
- 单连接（single linkage），用于最小化两个簇之间的最小距离。

4.5.4 更多内容

为了决定哪些簇必须组合到一起，有必要定义出簇之间的相异性度量。大多数层次聚类方法使用特定的指标来量化两组元素之间的距离，并使用一个连接准则，该准则将两组元素（簇）的相异性定义为两组元素之间元素对距离的函数。

常用的指标如下：

- 欧式距离（Euclidean distance）；
- 曼哈顿距离（Manhattan distance）；
- 统一规则（uniform rule）；
- 马氏距离（Mahalanobis distance），更正不同尺度的数据和变量的相关性；
- 向量夹角；
- 汉明距离（Hamming distance），用于测量将一个成员更改为另一个成员所需的最小替换数。

4.6　评估聚类算法性能

目前为止，我们构建了几种不同的聚类算法，但还没有评估过它们的性能。在监督学习中，可以通过比较预测值和真实值来计算模型的准确率。但在无监督学习中，因为没有标签，所以需要找到可以评估算法性能的方法。

4.6.1　准备工作

评估聚类算法性能的一个好方法是观察簇被分离的合理程度，这些簇是不是被分离得很合理？一个类簇中所有的数据点是不是够紧密？需要拟定一个指标来衡量这些特征，于是，我们使用名为轮廓系数（silhouette coefficient）得分的指标。该得分是为每个数据点定义的，计算公式如下：

$$\text{score} = \frac{x - y}{\max(x, y)}$$

其中 x 表示同一个簇中某个数据点与其他数据点的平均距离，y 表示某个数据点与最近的另一个簇中所有点的平均距离。

4.6.2　详细步骤

评估聚类算法性能的方法如下。

1. 完整的代码包含在本书提供的 `performance.py` 文件中。下面看看它是如何实现的，首先创建一个新的 Python 文件，导入下面的程序包：

```
import numpy as np
import matplotlib.pyplot as plt
from sklearn import metrics
from sklearn.cluster import KMeans
```

2．从本书提供的 data_perf.txt 文件中加载输入数据：

```
input_file = ('data_perf.txt')

x = []
with open(input_file, 'r') as f:
    for line in f.readlines():
        data = [float(i) for i in line.split(',')]
        x.append(data)

data = np.array(x)
```

3．为了确定簇的最佳数量，我们在一系列的值上进行迭代，找出其中的峰值：

```
scores = []
range_values = np.arange(2, 10)

for i in range_values:
    # 训练模型
    kmeans = KMeans(init='k-means++', n_clusters=i, n_init=10)
    kmeans.fit(data)
    score = metrics.silhouette_score(data, kmeans.labels_, metric=
'euclidean', sample_size=len(data))

    print("Number of clusters =", i)
    print("Silhouette score =", score)
    scores.append(score)
```

4．画出图形并找出峰值：

```
# 画出得分柱状图
plt.figure()
plt.bar(range_values, scores, width=0.6, color='k', align='center')
plt.title('Silhouette score vs number of clusters')

# 画出数据
plt.figure()
plt.scatter(data[:,0], data[:,1], color='k', s=30, marker='o',
facecolors='none')
x_min, x_max = min(data[:, 0]) - 1, max(data[:, 0]) + 1
y_min, y_max = min(data[:, 1]) - 1, max(data[:, 1]) + 1
plt.title('Input data')
```

```
plt.xlim(x_min, x_max)
plt.ylim(y_min, y_max)
plt.xticks(())
plt.yticks(())

plt.show()
```

5．运行代码，终端上将看到如下输出结果：

```
Number of clusters = 2
Silhouette score = 0.5290397175472954
Number of clusters = 3
Silhouette score = 0.5572466391184153
Number of clusters = 4
Silhouette score = 0.5832757517829593
Number of clusters = 5
Silhouette score = 0.6582796909760834
Number of clusters = 6
Silhouette score = 0.5991736976396735
Number of clusters = 7
Silhouette score = 0.5194660249299737
Number of clusters = 8
Silhouette score = 0.44937089046511863
Number of clusters = 9
Silhouette score = 0.3998899991555578
```

柱状图如图 4-9 所示。

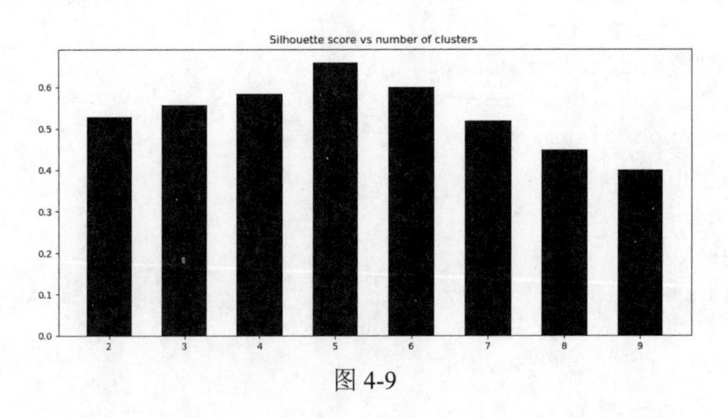

图 4-9

从图 4-9 中可以看出，最好的簇个数配置是 5。实际数据如图 4-10 所示。

从图 4-10 可以直观地看出，数据确实有 5 个类簇。我们这里给出的是一个包含 5 个不同簇的小数据集的例子，而对于包含了高维数据的大型数据集，直接观察出簇的个数并不容易，这时候轮廓系数法就变得非常有用了。

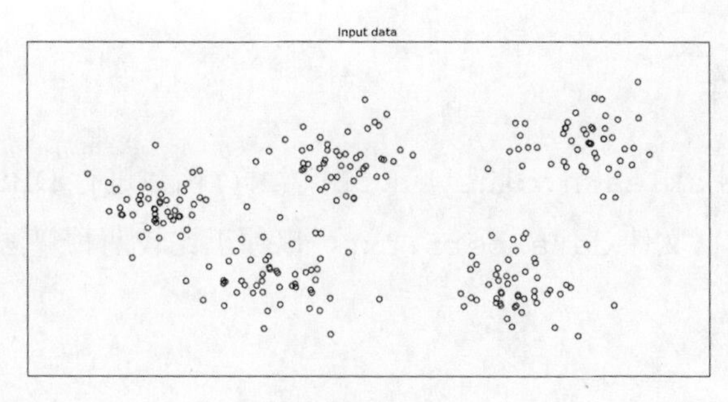

图 4-10

4.6.3 工作原理

`sklearn.metrics.silhouette_score()`函数计算了所有样本点的平均轮廓系数，对于每个样本它都计算出两个距离：簇内平均距离 x 和到最近簇的平均距离 y。单个样本点的轮廓系数得分由下面的方程式给出：

$$\text{score} = \frac{x - y}{\max(x, y)}$$

其中，y 是样本点和不包含此样本点的最近的簇的距离。

4.6.4 更多内容

最高分数是 1，最低分数是−1，0 表示簇之间发生了重叠，而小于 0 意味着样本分错了所属的类簇。

4.7 用 DBSCAN 算法估算簇的个数

介绍 k-means 算法的时候，必须先给出簇的个数以作为输入参数。而在真实世界中，我们并不了解这个信息。当然，可以使用轮廓系数得分技术，通过搜索整个参数空间来找出最优的簇数的个数，但成本却会很高。找到一个可以直接返回样本簇个数的方法，才是有效合理的解决方案，DBSCAN（Density-Based Spatial Clustering of Applications with Noise）的作用正在于此。

4.7.1　准备工作

本节我们将使用 sklearn.cluster.DBSCAN()函数进行 DBSCAN 分析，这里使用 4.6 节中用到的数据文件 data_perf.txt，以便于比较两种算法。

4.7.2　详细步骤

使用 DBSCAN 算法自动估计簇个数的方法如下。

1. 本小节的完整代码包含在本书提供的 estimate_clusters.py 文件中。下面来看看如何实现，首先新建一个 Python 文件，导入必需的包：

```
from itertools import cycle
import numpy as np
from sklearn.cluster import DBSCAN
from sklearn import metrics
import matplotlib.pyplot as plt
```

2. 从 data_perf.txt 文件中加载输入数据。这个文件也在 4.6 节中使用过，这有助于我们比较同一个数据集上的两种方法的效果：

```
# 加载数据
input_file = ('data_perf.txt')

x = []
with open(input_file, 'r') as f:
    for line in f.readlines():
        data = [float(i) for i in line.split(',')]
        x.append(data)

X = np.array(x)
```

3. 在找出最优参数前，先初始化几个变量：

```
# 找出最佳的 epsilon 配置
eps_grid = np.linspace(0.3, 1.2, num=10)
silhouette_scores = []
eps_best = eps_grid[0]
silhouette_score_max = -1
model_best = None
labels_best = None
```

4. 扫描参数空间：

```
for eps in eps_grid:
```

```
    # 训练 DBSCAN 聚类模型
    model = DBSCAN(eps=eps, min_samples=5).fit(X)

    # 提取标签
    labels = model.labels_
```

5. 每次迭代都需要提取出性能指标：

```
    # 提取性能指标
    silhouette_score = round(metrics.silhouette_score(X, labels), 4)
    silhouette_scores.append(silhouette_score)

    print("Epsilon:", eps, " --> silhouette score:", silhouette_score)
```

6. 保存最佳得分和关联的 epsilon 参数值：

```
if silhouette_score > silhouette_score_max:
    silhouette_score_max = silhouette_score
    eps_best = eps
    model_best = model
    labels_best = labels
```

7. 画出柱状图：

```
# 画出不同半径设置下的轮廓系数分
plt.figure()
plt.bar(eps_grid, silhouette_scores, width=0.05, color='k', align=
'center')
plt.title('Silhouette score vs epsilon')

# 最佳参数
print("Best epsilon =", eps_best)
```

8. 保存最佳模型和标签：

```
# 最佳 epsilon 参数对应的模型和标签
model = model_best
labels = labels_best
```

9. 有些数据点可能没被分配给簇，需要找出这些数据点：

```
# 检查标签中有没有未分配过的数据点
offset = 0
if -1 in labels:
    offset = 1
```

10. 提取簇的个数：

```
# 数据中簇的个数
num_clusters = len(set(labels)) - offset

print("Estimated number of clusters =", num_clusters)
```

11．提取出所有的核心样本：

```
# 从已训练的模型中提取出核心样本
mask_core = np.zeros(labels.shape, dtype=np.bool)
mask_core[model.core_sample_indices_] = True
```

12．接下来可视化得到的簇。首先提取出标签集合，然后分配不同的标记样式：

```
# 画出结果
plt.figure()
labels_uniq = set(labels)
markers = cycle('vo^s<>')
```

13．在簇上迭代，并使用不同的标记样式画出数据点：

```
for cur_label, marker in zip(labels_uniq, markers):
    # 用黑点表示未分配的数据点
    if cur_label == -1:
        marker = '.'

    # 为当前标签添加标记的样式
    cur_mask = (labels == cur_label)

    cur_data = X[cur_mask & mask_core]
    plt.scatter(cur_data[:, 0], cur_data[:, 1], marker=marker, edgecolors=
'black', s=96, facecolors='none')
    cur_data = X[cur_mask & ~mask_core]
    plt.scatter(cur_data[:, 0], cur_data[:, 1], marker=marker, edgecolors=
'black', s=32)
plt.title('Data separated into clusters')
plt.show()
```

14．运行代码，终端上将会显示下面的输出结果：

```
Epsilon: 0.3 --> silhouette score: 0.1287
Epsilon: 0.39999999999999997 --> silhouette score: 0.3594
Epsilon: 0.5 --> silhouette score: 0.5134
Epsilon: 0.6 --> silhouette score: 0.6165
Epsilon: 0.7 --> silhouette score: 0.6322
Epsilon: 0.7999999999999999 --> silhouette score: 0.6366
Epsilon: 0.8999999999999999 --> silhouette score: 0.5142
Epsilon: 1.0 --> silhouette score: 0.5629
Epsilon: 1.0999999999999999 --> silhouette score: 0.5629
Epsilon: 1.2 --> silhouette score: 0.5629
Best epsilon = 0.7999999999999999
Estimated number of clusters = 5
```

生成的柱状图如图 4-11 所示。

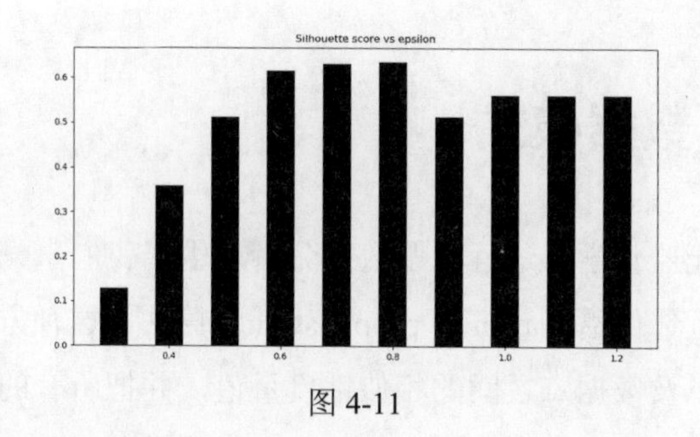

图 4-11

已分组的数据如图 4-12 所示，其中黑点表示未分配的数据。

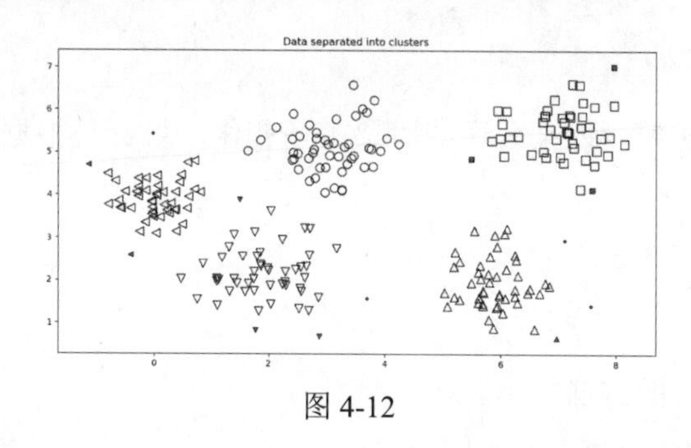

图 4-12

4.7.3 工作原理

DBSCAN 把数据点看作密集簇组，如果有某个点属于某个簇，那么就会有更多的点属于这个簇。我们可以控制的一个参数是这个点到其他点的最大距离，即半径（epsilon）。给定簇的任意两个数据点的距离都不应大于这个半径。DBSCAN 方法的一个主要优点是它可以处理异常数据，如果存在一些低密度的数据区域，DBSCAN 会把它们当作异常值处理，而非强行归入某个簇中。

4.7.4 更多内容

DBSCAN 的优缺点参见表 4-1。

表 4-1

优点	缺点
● 不需要预先知道簇的个数 ● 可以处理任意形式的簇 ● 只需要两个参数	● 簇的质量依赖于距离的度量 ● 不能处理密度差异较大的数据集

4.8 探索股票数据模式

本节介绍如何用无监督学习进行股票数据分析。由于我们事先并不知道簇的个数，所以可以在簇上使用近邻传播（affinity propagation）算法。这种方法会找出数据中每个簇的代表性数据点，以及数据点之间的相似性度量值，并把所有的数据点看成潜在的代表性数据点，它也称为簇的代表样本点（exemplar），即聚类中心。

4.8.1 准备工作

本节将分析特定时间段内某公司的股票市场变化，目标是根据股价的波动找出公司行为的相似性。

4.8.2 详细步骤

找出股市数据模式的方法如下。

1. 本小节的完整代码包含在本书提供的 stock_market.py 文件中。下面看看实现方法，首先新建一个 Python 文件，并导入下列程序包：

```
import json
import sys
import pandas as pd

import numpy as np
from sklearn import covariance, cluster
```

2. 我们需要一个包含所有符号以及对应名称的文件。具体信息在 symbol_map.json 文件中，下面加载这个文件：

```
# 输入符号信息文件
symbol_file = 'symbol_map.json'
```

3. 从 symbol_map.json 文件中读取数据：

```
# 加载符号映射信息
with open(symbol_file, 'r') as f:
    symbol_dict = json.loads(f.read())

symbols, names = np.array(list(symbol_dict.items())).T
```

4. 下面加载数据。这里使用一个包含多张工作表的 Excel 文件 stock_market_

data.xlsx，每个符号一张工作表：

```
quotes = []

excel_file = 'stock_market_data.xlsx'

for symbol in symbols:
    print('Quote history for %r' % symbol, file=sys.stderr)
    quotes.append(pd.read_excel(excel_file, symbol))
```

5. 由于需要分析一些特征点，所以我们将用每天开盘价和收盘价的差异来分析数据：

```
# 提取开盘价和收盘价信息
opening_quotes = np.array([quote.open for quote in quotes]). astype(np
.float)
closing_quotes = np.array([quote.close for quote in quotes]). astype(n
p.float)

# 每日股价波动
delta_quotes = closing_quotes - opening_quotes
```

6. 构建协方差图模型：

```
# 从相关性中构建协方差图模型
edge_model = covariance.GraphicalLassoCV(cv=3)
```

7. 在使用数据前先进行标准化处理：

```
# 标准化数据
X = delta_quotes.copy().T
X /= X.std(axis=0)
```

8. 下面使用数据训练模型：

```
# 训练模型
with np.errstate(invalid='ignore'):
    edge_model.fit(X)
```

9. 可以开始构建聚类模型了：

```
# 用近邻传播算法构建聚类模型
_, labels = cluster.affinity_propagation(edge_model.covariance_)
num_labels = labels.max()

# 打印出聚类结果
for i in range(num_labels + 1):
    print "Cluster", i+1, "-->", ', '.join(names[labels == i])
```

10. 运行代码，终端上可以看到下面的输出：

```
Cluster 1 --> Apple, Amazon, Yahoo
Cluster 2 --> AIG, American express, Bank of America, DuPont de
```

```
Nemours, General Dynamics, General Electrics, Goldman Sachs,
GlaxoSmithKline, Home Depot, Kellogg
Cluster 3 --> Boeing, Canon, Caterpillar, Ford, Honda
Cluster 4 --> Colgate-Palmolive, Kimberly-Clark
Cluster 5 --> Cisco, Dell, HP, IBM
Cluster 6 --> Comcast, Cablevision
Cluster 7 --> CVS
Cluster 8 --> ConocoPhillips, Chevron
```

由上可知，总共识别出了 8 个簇。初步分析可知，同一个组的公司看起来做的是同一类产品：IT、银行、工程、卫生护理和计算机等。

4.8.3　工作原理

近邻传播算法基于数据点之间传递信息的概念，和 k-means 聚类算法不同，近邻传播算法不需要预先知道簇的个数，它会搜索出输入数据集中的代表成员（或称 exemplar），事实上也就是各个簇的代表样本点。

近邻传播算法的核心是 exemplar 子集的识别，从输入数据中获取到数据的两两相似度矩阵，数据将实数值作为消息进行交换，直到出现合适的样本，从而获得良好的聚类。

4.8.4　更多内容

本节使用了 `sklearn.cluster.affinity_propagation()` 函数执行近邻传播聚类。对于具有相近的相似度和参考度的训练样本，聚类中心和标签的分配取决于参考度。如果参考度低于相似度，就会返回唯一的聚类中心，并为每个样本返回标签 0。

4.9　构建市场细分模型

无监督学习的主要应用场景之一就是市场细分。我们获取的市场信息都没有标签，但将市场细分成不同的类型至关重要，这样人们就可以关注各自的市场类型了。市场细分在广告业、库存管理、实施分销策略和大众传媒领域都非常有用。下面就把无监督学习技术应用到其中的一个方面，从而了解市场细分的重要性。

4.9.1　准备工作

我们将与一个批发供应商和他的客户打交道，相应数据的下载地址在 UCI 官网的

Wholesale customers Data Set 网页中。数据电子表格中包含了不同类型商品的客户购买数据，我们的目标是找出数据簇，从而为客户提供最优的销售和分销策略。

4.9.2 详细步骤

下面看看构建市场细分模型的方法。

1．本小节的完整代码包含在本书提供的 customer_segmentation.py 文件中。首先创建一个新的 Python 文件，导入下面的程序包：

```
import csv
import numpy as np
from sklearn.cluster import MeanShift, estimate_bandwidth
import matplotlib.pyplot as plt
```

2．从本书提供的 wholesale.csv 文件中加载输入数据：

```
# 加载输入数据
input_file = 'wholesale.csv'
file_reader = csv.reader(open(input_file, 'rt'), delimiter=',')
X = []
for count, row in enumerate(file_reader):
    if not count:
        names = row[2:]
        continue

    X.append([float(x) for x in row[2:]])

# 把输入数据转换成 numpy 数组
X = np.array(X)
```

3．构建均值漂移模型：

```
# 估计带宽参数 bandwidth
bandwidth = estimate_bandwidth(X, quantile=0.8, n_samples=len(X))

# 用 MeanShift 函数计算聚类
meanshift_estimator = MeanShift(bandwidth=bandwidth, bin_seeding=True)
meanshift_estimator.fit(X)
labels = meanshift_estimator.labels_
centroids = meanshift_estimator.cluster_centers_
num_clusters = len(np.unique(labels))

print("Number of clusters in input data =", num_clusters)
```

4．接下来打印出获取的类簇质心：

```
print("Centroids of clusters:")
print('\t'.join([name[:3] for name in names]))
for centroid in centroids:
    print('\t'.join([str(int(x)) for x in centroid]))
```

5．将两个特征的聚类结果可视化，以获取直观的输出：

```
# 可视化数据

centroids_milk_groceries = centroids[:, 1:3]

# 用 centroids_milk_groceries 中的坐标画出中心点
plt.figure()
plt.scatter(centroids_milk_groceries[:,0],
centroids_milk_groceries[:,1], s=100, edgecolors='k', facecolors='none')

offset = 0.2
plt.xlim(centroids_milk_groceries[:,0].min() - offset * centroids_milk
_groceries[:,0].ptp(), centroids_milk_groceries[:,0].max() + offset *
centroids_milk_groceries[:,0].ptp(),)
plt.ylim(centroids_milk_groceries[:,1].min() - offset * centroids_milk
_groceries[:,1].ptp(), centroids_milk_groceries[:,1].max() + offset *
centroids_milk_groceries[:,1].ptp())

plt.title('Centroids of clusters for milk and groceries')
plt.show()
```

6．运行代码，可以在终端上看到图 4-13 所示的输出结果。

```
Number of clusters in input data = 8
Centroids of clusters:
Fre     Mil     Gro     Fro     Det     Del
9632    4671    6593    2570    2296    1248
40204   46314   57584   5518    25436   4241
16117   46197   92780   1026    40827   2944
22925   73498   32114   987     20070   903
112151  29627   18148   16745   4948    8550
36847   43950   20170   36534   239     47943
32717   16784   13626   60869   1272    5609
8565    4980    67298   131     38102   1215
```

图 4-13

图 4-14 描述的是 milk 和 groceries 两个特征的聚类中心，其中 milk 对应的是 x 轴，groceries 对应的是 y 轴。

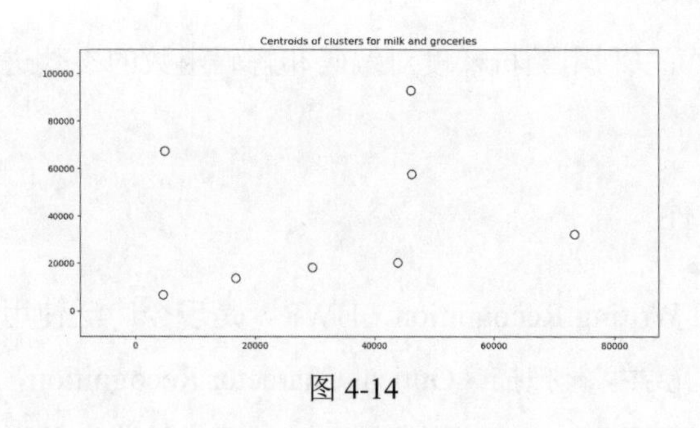

图 4-14

在图 4-14 中，识别出的 8 个聚类中心被清楚地表示出来。

4.9.3 工作原理

本节使用均值漂移算法处理了聚类问题。这种聚类方法以迭代的方式将数据点分配给簇。

算法在迭代过程中将数据点分配给质心最近的簇。最近的簇的质心是具有最多相邻数据点的数据。因而，在每一次迭代中，每个质心都朝着数据点最多的位置即新的聚类中心移动。算法停止时，每个点都分配给了某个簇。和 k-means 算法不同，均值漂移算法不需要提前指定簇的个数，簇的个数由算法自动确认。这种算法广泛用于图像处理和人工视觉领域。

4.9.4 更多内容

本节使用 `sklearn.cluster.MeanShift()`函数来执行均值漂移聚类算法。它使用扁平核函数执行均值偏移聚类，均值偏移聚类让我们可以识别出具有均一密度的聚合样本点，新质心更新为给定范围内的偏移均值位置。后续阶段会对这些点进行筛选，以消除最终的质心集合中可能的重复。

4.10 用自动编码器重构手写数字图像

自动编码器是一个神经网络模型，它把输入数据编码成低维度数据，再从中重构出原始输入数据作为输出结果。自动编码器由编码器和解码器两部分组成，其损失函数可以计算出数据的压缩表示和解压缩表示之间的信息损失量。编码器和解码器相对于距离函数是可微的，因此可以利用随机梯度对编码和解码函数的参数进行优化，以最小化重构的损失。

4.10.1　准备工作

手写识别（Hand Writing Recognition，HWR）是现今广泛使用的技术，手写的文本图像可以通过离线的光学字符扫描（Optical Character Recognition，OCR）从纸上获取。手写识别又称为智能单词识别。笔迹识别展现出计算机接收和解释离线数据资源（如纸质文档、触摸屏、照片或其他设备等）的能力。手写识别包括了多种技术，通常都要用到 OCR。一个完整的脚本识别系统还可以管理格式，进行正确的字符分割，并找到最具可能性的单词。

MNIST（Modified National Institute of Standards and Technology）是一个大型手写数字数据库，共包含 7 万个样本数据，它是一个更大的 MNIST 数据集的子集。每张数字图像由 28 × 28 的像素点构成，并存储成 7 万行 × 785 列的矩阵，其中的 784 列表示 28 × 28 矩阵中的每个像素值，还有一个值表示的是真实的数字。数字图像的大小是经过了归一化处理的：图像大小固定，数字都居于图像的中间位置。

4.10.2　详细步骤

下面看看如何构建出可以重构手写数字图像的自动编码器。

1．完整的代码包含在本书提供的 `AutoencMnist.py` 文件中。首先创建一个新的 Python 文件，导入下面的程序包：

```
from keras.datasets import mnist
```

2．使用下面的代码导入 MNIST 数据集：

```
(XTrain, YTrain), (XTest, YTest) = mnist.load_data()

print('XTrain shape = ',XTrain.shape)
print('XTest shape = ',XTest.shape)
print('YTrain shape = ',YTrain.shape)
print('YTest shape = ',YTest.shape)
```

3．上面的代码在导入数据集后，又打印出了数据形状，返回的结果如下：

```
XTrain shape = (60000, 28, 28)
XTest shape = (10000, 28, 28)
YTrain shape = (60000,)
```

```
YTest shape = (10000,)
```

4．数据库中的 7 万条数据被划分成了两部分，其中 6 万数据用于训练，1 万数据用于测试。输出数据为整数 0～9。下面检查输出数字：

```
import numpy as np
print('YTrain values = ',np.unique(YTrain))
print('YTest values = ',np.unique(YTest))
```

5．打印的结果如下：

```
YTrain values = [0 1 2 3 4 5 6 7 8 9]
YTest values = [0 1 2 3 4 5 6 7 8 9]
```

6．分析数组中两组数据的分布是非常有用的，先来统计下数字出现的频数：

```
unique, counts = np.unique(YTrain, return_counts=True)
print('YTrain distribution = ',dict(zip(unique, counts)))
unique, counts = np.unique(YTest, return_counts=True)
print('YTrain distribution = ',dict(zip(unique, counts)))
```

7．返回的结果如下：

```
YTrain distribution = {0: 5923, 1: 6742, 2: 5958, 3: 6131, 4: 5842,
5: 5421, 6: 5918, 7: 6265, 8: 5851, 9: 5949}
YTrain distribution = {0: 980, 1: 1135, 2: 1032, 3: 1010, 4: 982,
5: 892, 6: 958, 7: 1028, 8: 974, 9: 1009}
```

8．我们也可以查看图形显示结果，代码如下：

```
import matplotlib.pyplot as plt
plt.figure(1)
plt.subplot(121)
plt.hist(YTrain, alpha=0.8, ec='black')
plt.xlabel("Classes")
plt.ylabel("Number of occurrences")
plt.title("YTrain data")

plt.subplot(122)
plt.hist(YTest, alpha=0.8, ec='black')
plt.xlabel("Classes")
plt.ylabel("Number of occurrences")
plt.title("YTest data")
plt.show()
```

9．为了比较从训练集和测试集得到的输出结果，这里并列显示了两个柱状图，如图 4-15 所示。

10．从前面的分析可以看出，两个数据集中的数字分布比例是相同的。事实上，从柱状图看，其范围是一样的，即使纵轴的值域不同。

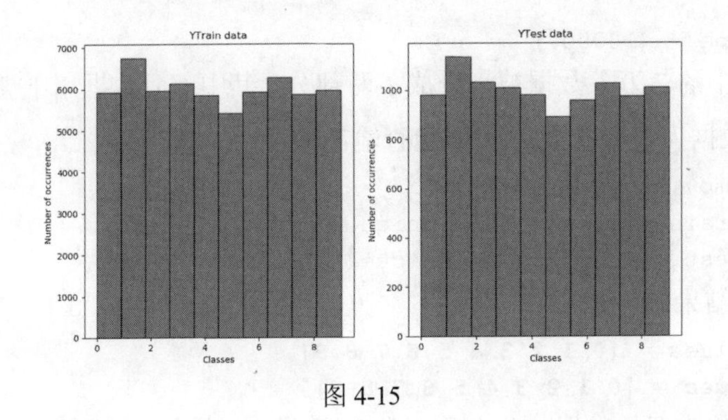

图 4-15

11．现在把所有的值归一化到 0 和 1 之间：

```
XTrain = XTrain.astype('float32') / 255
XTest = XTest.astype('float32') / 255
```

12．把 28×28 的图像扁平化处理，降维成 784 大小的向量：

```
XTrain = XTrain.reshape((len(XTrain), np.prod(XTrain.shape[1:])))
XTest = XTest.reshape((len(XTest), np.prod(XTest.shape[1:])))
```

13．现在使用 Keras 的函数 API 来构建模型，首先导入库：

```
from keras.layers import Input
from keras.layers import Dense
from keras.models import Model
```

14．然后构建 Keras 模型：

```
InputModel = Input(shape=(784,))
EncodedLayer = Dense(32, activation='relu')(InputModel)
DecodedLayer = Dense(784, activation='sigmoid')(EncodedLayer)
AutoencoderModel = Model(InputModel, DecodedLayer)
AutoencoderModel.summary()
```

从图 4-16 所示的输出结果可以看出模型的架构。

```
Layer (type)                 Output Shape              Param #
=================================================================
input_1 (InputLayer)         (None, 784)               0
_________________________________________________________________
dense_1 (Dense)              (None, 32)                25120
_________________________________________________________________
dense_2 (Dense)              (None, 784)               25872
=================================================================
Total params: 50,992
Trainable params: 50,992
Non-trainable params: 0
```

图 4-16

15．接下来配置训练模型，调用 compile()方法：

```
AutoencoderModel.compile(optimizer='adadelta',
```

```
loss='binary_crossentropy')
```

16. 下面可以训练模型了：

```
history = AutoencoderModel.fit(XTrain, XTrain, batch_size=256, epochs=
100, shuffle=True, validation_data=(XTest, XTest))
```

17. 模型已经准备好，可以用它来自动重构手写数字了，这里使用 predict() 方法：

```
DecodedDigits = AutoencoderModel.predict(XTest)
```

18. 现在一切都完成了，模型已经训练好，可以用于预测。我们只需打印出初始的手写数字图像和模型重构得出的结果。当然，我们只处理 6 万条数据中的部分数据，这里只显示前 5 个。本例使用 matplotlib 库：

```
n=5
plt.figure(figsize=(20, 4))
for i in range(n):
 ax = plt.subplot(2, n, i + 1)
 plt.imshow(XTest[i+10].reshape(28, 28))
 plt.gray()
 ax.get_xaxis().set_visible(False)
 ax.get_yaxis().set_visible(False)
 ax = plt.subplot(2, n, i + 1 + n)
 plt.imshow(DecodedDigits[i+10].reshape(28, 28))
 plt.gray()
 ax.get_xaxis().set_visible(False)
 ax.get_yaxis().set_visible(False)
plt.show()
```

返回的结果如图 4-17 所示。

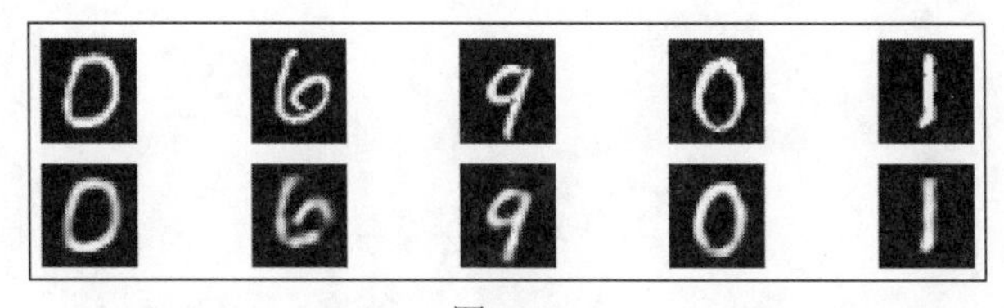

图 4-17

从上面的输出可以看出，重构的结果和初始图像非常近似，说明模型的效果非常好。

4.10.3 工作原理

自动编码器是一个神经网络模型，它把输入数据编码成低维度数据，再从中重构出原始输入数据作为输出结果。自动编码器由两部分子集联合组成，分别是编码器和解码器。

首先是编码器，计算函数如下：

$$z = \phi(x)$$

给定输入 x，编码器把 x 编码成 z 变量，z 变量也称为隐变量，维度通常比 x 小得多。

然后是解码器，计算函数为：

$$x' = \psi(z)$$

因为 z 是编码器对 x 编码生成的，解码器要通过对 z 解码得到和输入变量 x 近似的结果 x'。自动编码器的训练目的就是最小化输入数据和输出数据之间的均方误差。

4.10.4　更多内容

Keras 是一个 Python 库，它提供了一种简单而干净的方式来构建深度学习模型。Keras 代码基于 MIT 许可证发布。它基于简易质朴的原则构建，提供了一个没有任何花样的编程模型。Keras 允许神经网络以模块化方式构建，并把模型看作序列图或者单一的图。

第 5 章
可视化数据

本章将涵盖以下内容：

- 画 3D 散点图；
- 画气泡图；
- 画动态气泡图；
- 画饼图；
- 绘制日期格式的时间序列数据；
- 画直方图；
- 可视化热力图；
- 动态信号的可视化模拟；
- 用 Seaborn 库画图。

5.1 技术需求

本章用到了下列文件（可通过 GitHub 下载）：

- `scatter_3d.py`；
- `bubble_plot.py`；
- `dynamic_bubble_plot.py`；
- `pie_chart.py`；
- `time_series.py`；
- `aapl.py`；

- `heatmap.py`；
- `moving_wave_variable.py`；
- `seaborn.boxplot.py`。

5.2　简介

数据可视化（data visualization）是机器学习的重要支柱，它帮助我们规划出正确的策略来理解数据。数据的可视化有助于我们选择正确的算法。数据可视化的主要目标之一是使用图形和表格进行清晰的信息展示。

在现实世界中总是会遇到各种数值数据，我们想将这些数据编码成图、线、点、条形等，以便直观地显示出这些数值中包含的信息，同时可以使复杂分布的数据更容易被理解和应用。这一过程被广泛地应用于各种场景，包括对比分析、增长率跟踪、市场分布、民意调查等。

我们用不同的图来展示各个变量之间的模式或关系，比如用直方图展示数据的分布，当要查找特定的测量值时，则使用表格展示数据。本章将讨论各种场景下最合适的可视化方式。

5.3　画 3D 散点图

可量化的变量间的关系可以使用散点图表示。散点图的一个版本是三维散点图，用于展示 3 个变量间的关系。

5.3.1　准备工作

本节将学习如何画三维散点图，以及如何在三维空间中可视化这些点。

5.3.2　详细步骤

下面看看如何绘制三维散点图。

1. 本节的完整代码包含在 `scatter_3d.py` 文件中。首先创建一个新的 Python 文件，导入下面的程序包：

```
import numpy as np
import matplotlib.pyplot as plt
```

2. 生成一个空白图像：

```
# 生成空白图像
fig = plt.figure()
ax = fig.add_subplot(111, projection='3d')
```

3. 定义要生成的值的个数：

```
# 定义生成的值的个数
n = 250
```

4. 创建 lambda 函数，用于生成给定范围的数值：

```
# 创建用于生成给定范围随机值的 lambda 函数
f = lambda minval, maxval, n: minval + (maxval - minval) *
np.random.rand(n)
```

5. 使用 lambda 函数生成 x、y 和 z 值：

```
# 生成值
x_vals = f(15, 41, n)
y_vals = f(-10, 70, n)
z_vals = f(-52, -37, n)
```

6. 画出这些值：

```
# 画出值
ax.scatter(x_vals, y_vals, z_vals, c='k', marker='o')
ax.set_xlabel('X axis')
ax.set_ylabel('Y axis')
ax.set_zlabel('Z axis')

plt.show()
```

运行前面的代码，可以得到图 5-1 所示的输出。

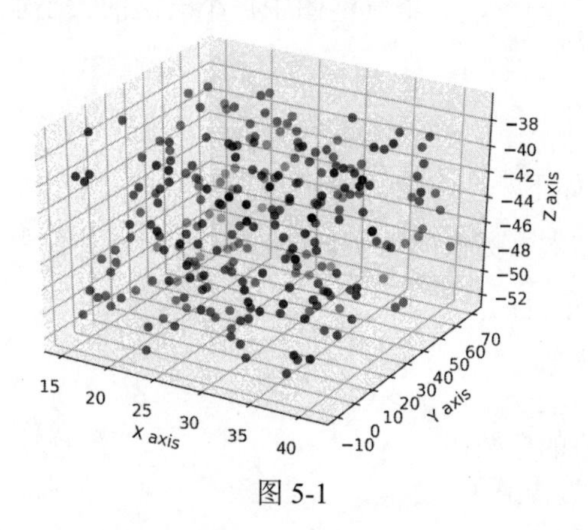

图 5-1

5.3.3 工作原理

散点图有助于理解两个数值变量之间是否存在统计关联。如果随着一个变量的增加，另一个变量趋于减少，那么这两个变量就是反向相关的；如果随着一个变量的增加，另一个变量也趋于增加，那么这两个变量就是正相关的；如果一个变量变化时，另一个变量趋于不变，那么这两个变量不相关。为分析这种趋势，就要对标记点的走向进行分析。如果标记点互相接近，并且形成了三维图形中沿任意方向的直线，那么对应变量间的关联度就高；如果标记点在图中是均匀分布的，关联就低，或者没有关联。

5.3.4 更多内容

三维散点图用于展示 3 个变量间的关系。通过设置标记点的颜色或大小，可以添加第 4 个变量，这样就把另一个变量添到了图中。

5.4 画气泡图

气泡图（bubble plot）中每个被表示的实体都用 3 个不同的数值参数定义。前两个参数用于表示笛卡儿轴数值，第三个参数表示气泡的半径。气泡图用于多个科学领域中的数值关系描述。

5.4.1 准备工作

下面看看如何绘制气泡图，二维气泡图中每个气泡的大小表示特定数据点的幅度。

5.4.2 详细步骤

绘制气泡图的方法如下。

1. 完整代码包含在本书提供的 `bubble_plot.py` 文件中。首先新建一个 Python 文件，并导入下面的程序包：

```
import numpy as np
import matplotlib.pyplot as plt
```

2. 定义要生成的值的个数：

```
# 定义值的个数
```

```
num_vals = 40
```

3．为 x 和 y 生成随机值：

```
# 生成随机值
x = np.random.rand(num_vals)
y = np.random.rand(num_vals)
```

4．定义气泡图中每个点的面积值：

```
# 定义每个点的面积
# 指定最大半径
max_radius = 25
area = np.pi * (max_radius * np.random.rand(num_vals)) ** 2
```

5．定义颜色：

```
# 生成颜色
colors = np.random.rand(num_vals)
```

6．画出这些值：

```
# 画出数据点
plt.scatter(x, y, s=area, c=colors, alpha=1.0)

plt.show()
```

运行代码，可以看到图 5-2 所示的输出结果。

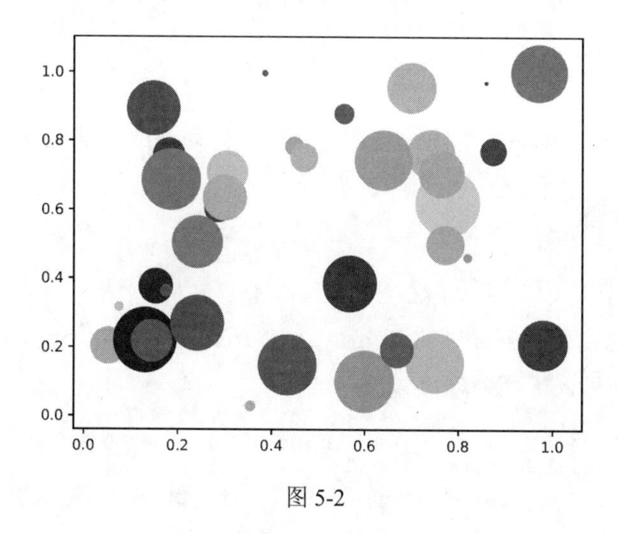

图 5-2

5.4.3 工作原理

图 5-2 展示出的变量可以基于它们的大小和相对数据轴的位置进行比较。实际上，

气泡图的 x 轴和 y 轴都是数值型的，因而数据的位置是由两个数值表示的，而气泡图的面积则取决于第三个参数的值。

当绘制气泡图时，必须注意一个事实，即圆的面积和半径的平方成正比。如果半径取值和第三个参数值成比例，结果就会过分强调第三个参数值。为了得到一个合适的权重尺度，半径应选择第三个参数值的平方根的比例值。在绘制气泡图时经常会发生这类问题。

5.4.4 更多内容

可以把气泡图看作散点图的变异，散点图中的点被气泡所取代。如果数据有 3 个系列，每个系列都包含一组数据，则可以使用这种类型的图来代替散点图。

5.5 画动态气泡图

动态气泡图就是运动中的气泡图，它表示出随时间变化的高效的交互式可视化效果。当需要有效且互动地表示出随着时间变化变量间的关联关系时，动态气泡图就非常有用。

5.5.1 准备工作

下面看看如何画出动态气泡图，这在需要可视化动态改变的数据时非常有用。

5.5.2 详细步骤

绘制动态气泡图的方法如下。

1．完整代码包含在本书提供的 `dynamic_bubble_plot.py` 文件中。首先新建一个 Python 文件，并导入下面的程序包：

```
import numpy as np
import matplotlib.pyplot as plt
from matplotlib.animation import FuncAnimation
```

2．定义 `tracker()` 函数，该函数将动态更新气泡图：

```
def tracker(cur_num):
    # 获取当前索引
    cur_index = cur_num % num_points
```

3．定义颜色：

```
# 设置数据点颜色
datapoints['color'][:, 3] = 1.0
```

4．更新圆圈的大小：

```
# 更新圆圈大小
datapoints['size'] += datapoints['growth']
```

5．更新集合中最老数据点的位置：

```
# 更新最老数据点的位置
datapoints['position'][cur_index] = np.random.uniform(0, 1, 2)
datapoints['size'][cur_index] = 7
datapoints['color'][cur_index] = (0, 0, 0, 1)
datapoints['growth'][cur_index] = np.random.uniform(40, 150)
```

6．更新散点图参数：

```
# 更新散点图的参数
scatter_plot.set_edgecolors(datapoints['color'])
scatter_plot.set_sizes(datapoints['size'])
scatter_plot.set_offsets(datapoints['position'])
```

7．定义main()函数并生成一个空白图：

```
if __name__=='__main__':
    # 创建图形
    fig = plt.figure(figsize=(9, 7), facecolor=(0,0.9,0.9))
    ax = fig.add_axes([0, 0, 1, 1], frameon=False)
    ax.set_xlim(0, 1), ax.set_xticks([])
    ax.set_ylim(0, 1), ax.set_yticks([])
```

8．定义任意给定时间点上图中数据点的个数：

```
# 在随机位置以随机增长率创建和初始化数据点
num_points = 20
```

9．用随机值定义数据点：

```
datapoints = np.zeros(num_points, dtype=[('position', float, 2),
('size', float, 1), ('growth', float, 1), ('color', float, 4)])
datapoints['position'] = np.random.uniform(0, 1, (num_points, 2))
datapoints['growth'] = np.random.uniform(40, 150, num_points)
```

10．创建散点图，每一帧都随时间变化而更新：

```
# 创建每帧更新的散点图
    scatter_plot = ax.scatter(datapoints['position'][:, 0], datapoints
['position'][:, 1],s=datapoints['size'], lw=0.7, edgecolors=datapoints
['color'],facecolors='none')
```

11．使用tracker()函数开启动画效果：

```
# 使用tracker()函数开启动画效果
animation = FuncAnimation(fig, tracker, interval=10)
```

```
plt.show()
```

运行代码，将看到图 5-3 所示的输出。

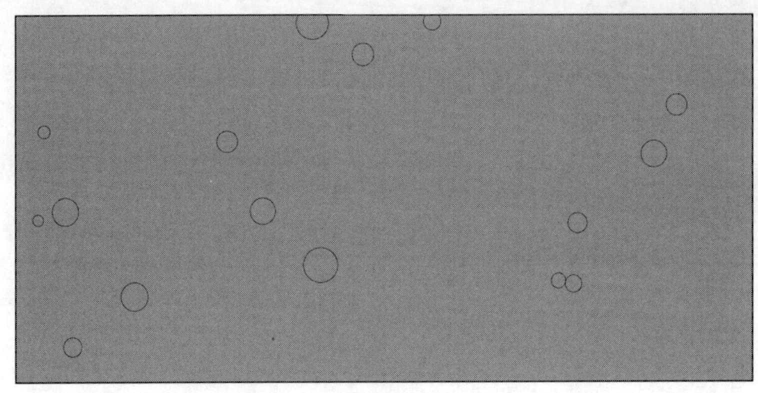

图 5-3

5.5.3　工作原理

本节简单使用了随时间变化的一系列散点图来构建动画效果。首先构造了一个更新这些图的参数的函数，然后，定义了当前参数下气泡图的跟踪代码，最后，使用 `FuncAnimation()` 函数从个体气泡图创建出动画效果。

5.5.4　更多内容

Matplotlib 中的 `FuncAnimation()` 函数，通过重复调用特定函数来创建动画效果。

5.6　画饼图

圆图，通常也被称为饼图，可用于描述统计中基于类别名称的数值变量的图形化展示。当类别间不存在顺序关系时，饼图可以避免给出任何哪怕是无意的顺序信息。

5.6.1　准备工作

下面看看如何绘制饼图，它可以有效地展示组内各标签样本的百分比。

5.6.2 详细步骤

绘制饼图的方法如下。

1．创建一个新的 Python 文件，导入下面的程序包，完整的代码包含在本书提供的 pie_chart.py 文件中：

```
import matplotlib.pyplot as plt
```

2．定义标签和标签的值：

```
# 按顺时针方向定义各标签和对应的值
data = {'Apple': 26, 'Mango': 17, 'Pineapple': 21, 'Banana': 29,
'Strawberry': 11}
```

3．定义可视化使用的颜色：

```
# 定义相应的颜色
colors = ['orange', 'lightgreen', 'lightblue', 'gold', 'cyan']
```

4．定义一个变量，以突出饼图的一部分，将其与其他部分分开。如果不想突出任何部分，将所有值设置为 0：

```
# 根据需要定义要突出显示的部分
explode = (0, 0, 0, 0, 0)
```

5．下面画出饼图。需要注意，如果使用的是 Python 3 版本，应该在下面的函数调用中使用 list(data.values())方法：

```
# 绘制饼图
plt.pie(data.values(), explode=explode, labels=data.keys(), colors=
colors, autopct='%1.1f%%', shadow=False, startangle=90)

# 设置饼图的宽高比，"equal"表示圆形
plt.axis('equal')

plt.show()
```

运行代码，可以看到图 5-4 所示的输出图形。

6．如果把 explode 数组设置为(0, 0.2, 0, 0, 0)，将突出显示出 Mango 部分，如图 5-5 所示。

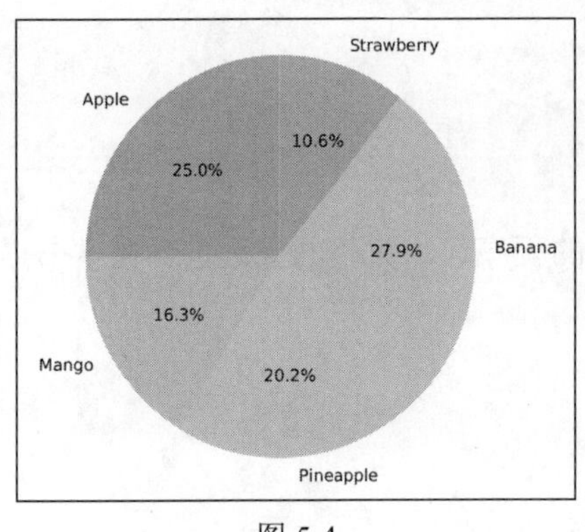

图 5-4

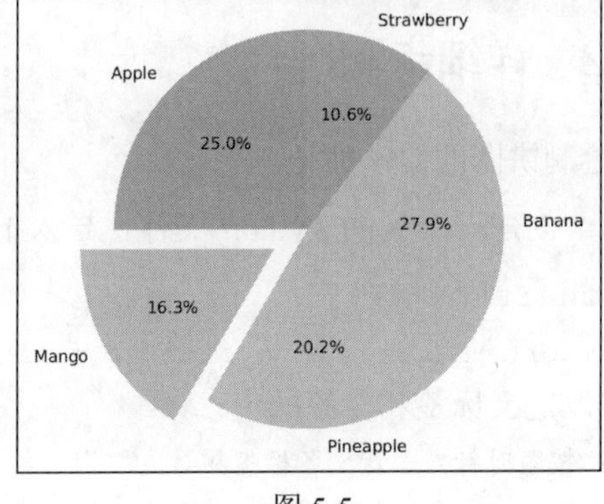

图 5-5

5.6.3　工作原理

饼图根据类别样本的比例把圆形切分成具有不同夹角的扇形部分，扇形面积和样本数成正比。为使图形更清晰，不同的扇形以不同的颜色进行填充。

5.6.4　更多内容

饼图在需要展示产品或品牌的市场份额时非常有用，它也可以用于显示各方在选举中的得票百分比。饼图不适用于比值差异较大或元素过多的情况，因为这会使饼图看起来并不那么清晰美观。

5.7　绘制日期格式的时间序列数据

时间序列（time series）数据记录了连续时间或连续时间间隔上的一系列观测值。通常，哪怕没有必要，时序数据也是均匀间隔的或者具有相同的时间长度。商品价格趋势、股市指数、政府债券息差和失业率等，都是时序数据的例子。

5.7.1　准备工作

下面看看如何使用日期格式来绘制时间序列数据。我们可以在可视化股票时序数据时使用这种方法。

5.7.2　详细步骤

绘制日期格式的时间序列数据的方法如下。

1．创建一个新的 Python 文件，并导入下面的程序包，完整的代码包含在本书提供的 time_series.py 文件里：

```
import numpy
import matplotlib.pyplot as plt
from matplotlib.mlab import csv2rec
from matplotlib.ticker import Formatter
```

2．定义一个用于格式化日期的类，__init__()函数用于设置类变量：

```
# 定义用于日期格式化的类
class DataFormatter(Formatter):
    def __init__(self, dates, date_format='%Y-%m-%d'):
        self.dates = dates
        self.date_format = date_format
```

3．提取任意给定时间点的值，并以下面的格式返回：

```
# 提取"position"位置在时间点 t 处的值
def __call__(self, t, position=0):
    index = int(round(t))
    if index >= len(self.dates) or index < 0:
        return ''

    return self.dates[index].strftime(self.date_format)
```

4．定义 main()函数，这里使用本书提供的苹果公司的股票报价文件 aapl.csv。下面加载这个 CSV 文件：

```
# 把 CSV 文件数据加载到 numpy 数组中
data = csv2rec('aapl.csv')
```

5．提取部分数据进行绘制：

```
# 提取部分绘图数据
data = data[-70:]
```

6．创建日期格式（formatter）对象，并将日期数据格式化：

```
# 创建日期格式对象
formatter = DataFormatter(data.date)
```

7．定义 x 轴和 y 轴：

```
# x 轴
x_vals = numpy.arange(len(data))

# y 轴表示收盘价
y_vals = data.close
```

8．画出数据：

```
# 画出数据
```

```
fig, ax = plt.subplots()
ax.xaxis.set_major_formatter(formatter)
ax.plot(x_vals, y_vals, 'o-')
fig.autofmt_xdate()
plt.show()
```

运行代码，得到的输出结果如图 5-6 所示。

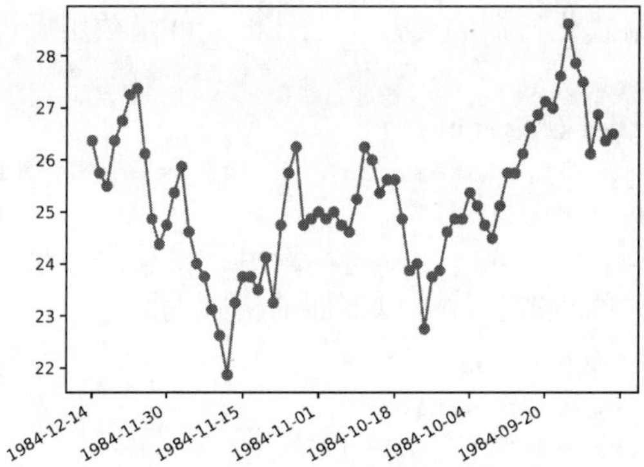

图 5-6

5.7.3　工作原理

本节使用日期格式绘制了时间序列数据。首先我们定义了一个格式化日期的类，并提取出某一特定位置在给定时间点 t 处的值，然后把 CSV 文件加载到 NumPy 数组中。其后取出用于绘制的数据子集并创建了用于格式化日期的 `formatter` 对象，最后设置 x 轴和 y 轴并画出数据。

5.7.4　更多内容

可视化是时序数据分析的基础。原始数据可视化是识别时间结构数据（比如趋势、周期性和季节性等）的有力工具。而为了得到正确的可视化图形，必须了解如何对日期进行格式化处理。

5.8　画直方图

直方图（histogram）用于展示数值分布中的分布形状，它由底边对齐的、表示定量数据的矩形组成。

更多信息，请参考朱塞佩·查博罗（Giuseppe Ciaburro）所著 *MATLAB for Machine Learning* 一书。

5.8.1 准备工作

本节将介绍绘制直方图的方法，并构建出用于对比两组数据的比较直方图。

5.8.2 详细步骤

绘制直方图的方法如下。

1. 创建一个新的 Python 文件，并导入下面的程序包，完整的代码包含在本书提供的 histogram.py 文件中：

```
import numpy as np
import matplotlib.pyplot as plt
```

2. 本节对苹果和橘子的产量进行对比。定义如下数据：

```
# 输入数据
apples = [30, 25, 22, 36, 21, 29]
oranges = [24, 33, 19, 27, 35, 20]

# 设置组数
num_groups = len(apples)
```

3. 创建图形并定义参数：

```
# 创建图形
fig, ax = plt.subplots()

# 定义 x 轴
indices = np.arange(num_groups)

# 设置柱子宽度和不透明性
bar_width = 0.4
opacity = 0.6
```

4. 画出直方图数据：

```
# 画出数值
hist_apples = plt.bar(indices, apples, bar_width, alpha=opacity, color=
'g', label='Apples')

hist_oranges = plt.bar(indices + bar_width, oranges, bar_width, alpha=
opacity, color='b', label='Oranges')
```

5．设置图形参数：

```
plt.xlabel('Month')
plt.ylabel('Production quantity')
plt.title('Comparing apples and oranges')
plt.xticks(indices + bar_width, ('Jan', 'Feb', 'Mar', 'Apr', 'May',
'Jun'))
plt.ylim([0, 45])
plt.legend()
plt.tight_layout()

plt.show()
```

运行代码，得到的输出如图 5-7 所示。

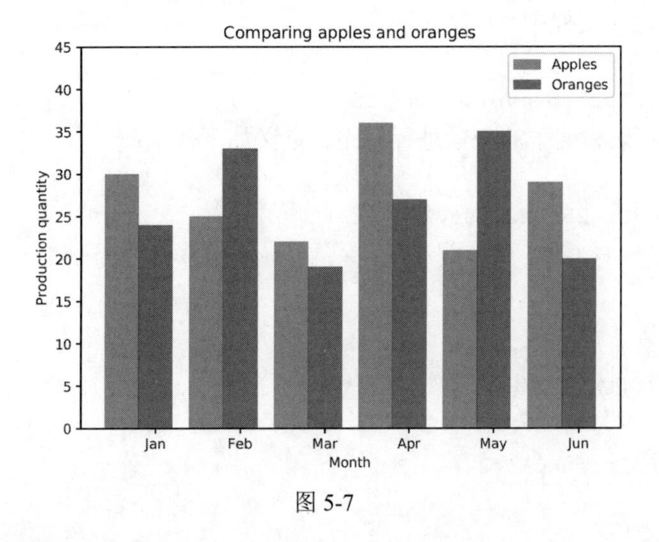

图 5-7

5.8.3　工作原理

直方图是一种特殊的笛卡儿图，它的横坐标是离散的数据值，纵坐标上柱形的高度表示数量，每个柱子就是一个 bin（即一个直条或组距）。在物理学中，可以通过直方图来研究实验结果。根据所研究的离散数据值，直方图可以图形化地展示出其频数的分布。

创建一个直方图的步骤如下。

1．首先确定测试的个数。

2．然后，选择并定义 bin，即横坐标上变量定义域的间隔划分，因而必须定义出组数，其中第 j 个 bin 的宽度是预定义好的。

3．最后，计算各个 bin 关联的次数。

5.8.4 更多内容

可能用到直方图的场景如下。

- 要展示的数据是数值类型。
- 需要对数据分布进行可视化，进而了解数据是否正常，并分析处理过程是否可以满足自身需求。
- 需要对比两个或更多个处理过程的输出结果的不同。
- 需要快速表示数据分布。
- 需要确认一个过程中某个时间段内是否有变化发生。

5.9 可视化热力图

热力图（heat map）是通过渐变的颜色来表示矩阵所包含的不同数值，而分形图和树状图通常使用相同的颜色编码系统来表示变量的层次结构。举例来讲，如果我们要测量出一个网页的点击次数或鼠标指针最经常划过的区域，就会使用以暖色突出显示某些区域的热力图，这是因为暖色会更加吸引我们的注意力。

5.9.1 准备工作

本节将学习如何可视化热力图。热力图是数据的形象化表示，其中两组数据中的数据点彼此相关。矩阵中包含的各个值被表示成图中不同的颜色值。

5.9.2 详细步骤

下面看看可视化热力图的方法。

1．本小节的完整代码包含在本书提供的 `heatmap.py` 文件中。首先创建一个新的 Python 文件，导入下面的程序包：

```
import numpy as np
import matplotlib.pyplot as plt
```

2．定义两组数据：

```
# 定义两组数据
```

```
group1 = ['France', 'Italy', 'Spain', 'Portugal', 'Germany']
group2 = ['Japan', 'China', 'Brazil', 'Russia', 'Australia']
```

3．生成一个随机的二维矩阵：

```
# 生成一些随机数
data = np.random.rand(5, 5)
```

4．创建图形：

```
# 创建图形
fig, ax = plt.subplots()
```

5．创建热力图:

```
# 创建热力图
heatmap = ax.pcolor(data, cmap=plt.cm.gray)
```

6．画出这些值：

```
# 在每个单元格中间加入标记
ax.set_xticks(np.arange(data.shape[0]) + 0.5, minor=False)
ax.set_yticks(np.arange(data.shape[1]) + 0.5, minor=False)

# 显示成表
ax.invert_yaxis()
ax.xaxis.tick_top()

# 为标记增加标签
ax.set_xticklabels(group2, minor=False)
ax.set_yticklabels(group1, minor=False)

plt.show()
```

运行代码，可以看到图 5-8 所示的图形。

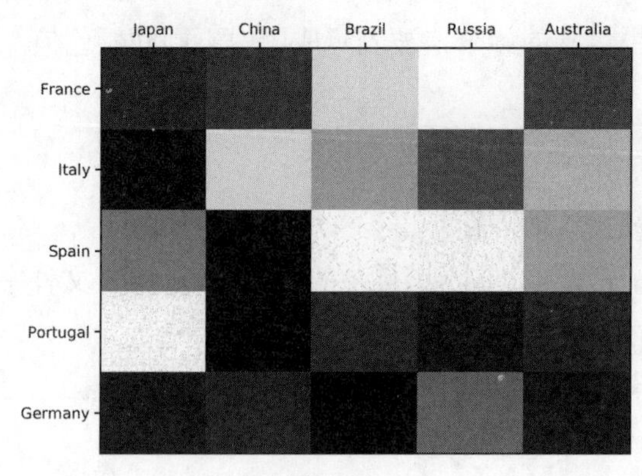

图 5-8

5.9.3　工作原理

我们已经绘制出了一个表示地理数据的热力图，其中的值通过不同的颜色表示。颜色表示通常包含以下几种。

- 暖色：红色、橙色和黄色，表示最关注的部分。
- 冷色：绿色或蓝色，表示结果不理想的部分。

通常，热力图需要大量的样本数据，它的主要目标是获取有关某一特定变量趋势的有用信息。这种分析方式让我们可以评估分析内容中所关注的变量的分布。因此，对那些变量值较高的区域，程序就会以暖色突出显示，而这正是我们关注的内容。

5.9.4　更多内容

热力图是在 1995 年前后由科马克・金尼（Cormac Kinney）发明的，这个方案为股市运营商提供了一个快速收集财务数据变化的工具。

5.10　动态信号的可视化模拟

如果要将实时信号可视化，最好的方式是查看波形是如何逐步产生的。动态系统（dynamic system）是一个数学模型，可以表示出观察对象在有限数量的自由度下依确定规律随时间的变化情况。动态系统由相空间（phase space）中的向量进行识别，也就是说，在系统状态空间中，状态（state）这个术语指的是一组物理量的集合，这组物理量称为描述系统动力学的状态变量（state variable）。

5.10.1　准备工作

本节将讲解如何对动态信号进行可视化模拟，就像它们是正在实时发生的一样。

5.10.2　详细步骤

下面看看如何可视化动态信号。

1．创建一个新的 Python 文件，并导入下面的程序包，完整的代码包含在本书提供的 `moving_wave_variable.py` 文件中：

```
import numpy as np
import matplotlib.pyplot as plt
import matplotlib.animation as animation
```

2．创建一个函数，用于生成阻尼正弦信号：

```
# 生成信号数据
def generate_data(length=2500, t=0, step_size=0.05):
    for count in range(length):
        t += step_size
        signal = np.sin(2*np.pi*t)
        damper = np.exp(-t/8.0)
        yield t, signal * damper
```

3．定义 initializer() 函数，用于初始化图形参数：

```
# 定义初始化函数
def initializer():
    peak_val = 1.0
    buffer_val = 0.1
```

4．设置这些参数：

```
    ax.set_ylim(-peak_val * (1 + buffer_val), peak_val * (1 +
buffer_val))
    ax.set_xlim(0, 10)
    del x_vals[:]
    del y_vals[:]
    line.set_data(x_vals, y_vals)
    return line
```

5．定义一个函数，以画出这些值：

```
def draw(data):
    # 更新数据
    t, signal = data
    x_vals.append(t)
    y_vals.append(signal)
    x_min, x_max = ax.get_xlim()
```

6．当数据值超出 x 轴最大值时，更新并扩展图像：

```
if t >= x_max:
    ax.set_xlim(x_min, 2 * x_max)
    ax.figure.canvas.draw()

line.set_data(x_vals, y_vals)

return line
```

7．定义 main() 函数：

```
if __name__=='__main__':
    # 创建图形
    fig, ax = plt.subplots()
    ax.grid()
```

8. 提取线：

```
# 提取线
line, = ax.plot([], [], lw=1.5)
```

9. 创建变量，并将其初始化为空列表：

```
# 创建变量
x_vals, y_vals = [], []
```

10. 用 animator 对象定义并启动动画：

```
# 定义动画器对象
animator = animation.FuncAnimation(fig, draw, generate_data, blit=False,
interval=10, repeat=False, init_func=initializer)

plt.show()
```

运行代码，可以看到图 5-9 所示的图形。

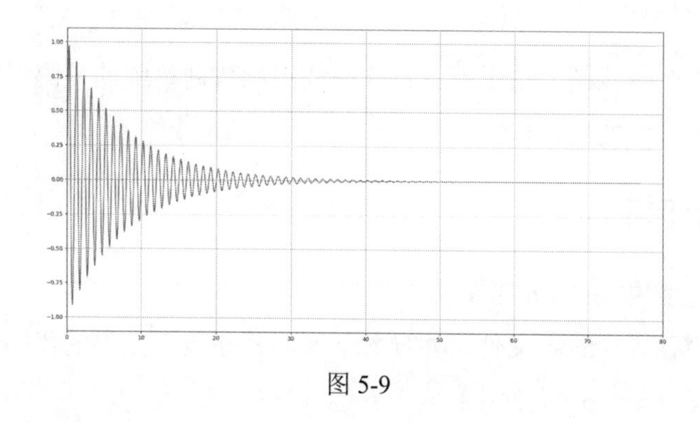

图 5-9

5.10.3 工作原理

本节对动态信号进行了动画模拟和可视化，就如同实时发生的一样。为此，我们用到了阻尼正弦波。动画模拟启动后，波形在上下波动了一段时间后停止。这是一个钟摆的例子，运动用阻尼正弦波表示。阻尼正弦波（damped sine wave）是一个正弦函数，随着时间的增加，振幅渐渐变成 0。

5.10.4　更多内容

正弦波（sinusoidal wave）用来描述很多周期性的振动现象。当正弦波减弱时，后续的峰值也随时间减小。最常见的阻尼形式是指数阻尼，其后续峰值的外缘是指数衰减曲线。

5.11　用 seaborn 库画图

箱线图（box plot）又称箱须图（whiskers chart），它使用简单的分段和位置索引来描述样本数据的分布。箱线图把一个矩形分成两段，这个矩形可以是水平的，也可以是垂直的。矩形的两端由第一个四分位数和第三个四分位数限定，并被中位数（即第二个四分位数）分成两段。

5.11.1　准备工作

本节将绘制一个箱线图，用于展示包含在波士顿数据集中的预测因子的分布。这个数据集在第 1 章中已经使用过。

5.11.2　详细步骤

下面看看如何使用 seaborn 库。

1. 创建一个新的 Python 文件，并导入下面的程序包，完整的代码包含在本书提供的 `seaborn.boxplot.py` 文件中：

```
import pandas as pd
from sklearn import datasets
import seaborn as sns
```

2. 加载 sklearn.datasets 库包含的数据集：

```
boston = datasets.load_boston()
```

3. 把数据转换成 pandas 库的 `DataFrame`：

```
BostonDF = pd.DataFrame(boston.data, columns=boston.feature_names)
```

4. 抽取前 12 个特征作为预测因子：

```
Predictors = BostonDF[BostonDF.columns[0:12]]
```

5. 使用 seaborn 库画出箱线图：

```
sns.set(style="ticks")
sns.boxplot(data = Predictors)
```

得到的输出结果如图 5-10 所示。

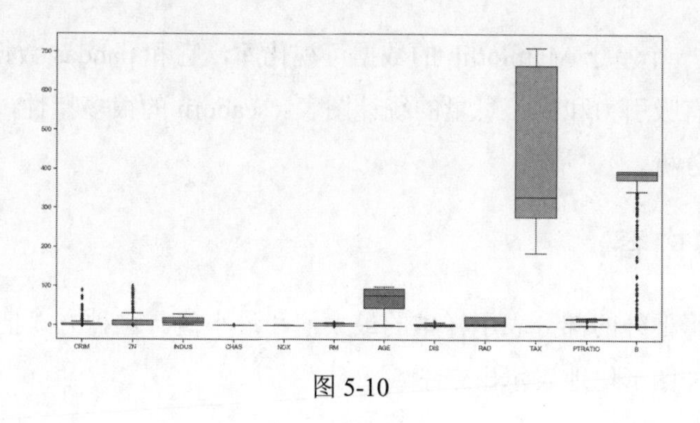

图 5-10

可以看出各个因子具有不同的值域，这使得图形变得很不易读。一些因子的变化性也没有得到突出显示，因此，有必要对数据进行伸缩处理。

6．导入 sklearn.preprocessing.MinMaxScaler 库并伸缩数据:

```
from sklearn.preprocessing import MinMaxScaler

scaler = MinMaxScaler()
DataScaled = scaler.fit_transform(Predictors)
```

7．现在再来画出箱线图，看看这次有什么不同：

```
sns.set(style="ticks")
sns.boxplot(data = DataScaled)
```

输出结果如图 5-11 所示。

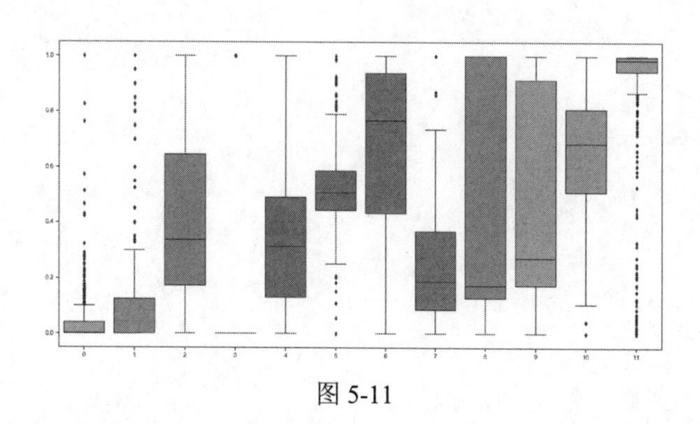

图 5-11

在上例中，我们的数据都在 0 和 1 之间，这样，所有因子数据的变化都清晰地显示出来了。

5.11.3　工作原理

seaborn 库是一个基于 Matplotlib 的数据可视化库，它和 pandas 数据结构紧密集成，可以绘制出非常有吸引力和高信息量的统计图表。seaborn 的很多特性，可以帮我们进行数据源的可视化分析。

5.11.4　更多内容

箱线图中矩形框外的部分表示样本的最大值和最小值。这种方式把分位数给出的 4 个相等容量的部分图形化地表示出来了。

第 6 章 构建推荐引擎

本章将涵盖以下内容：

- 为数据处理构建函数组合；
- 构建机器学习管道；
- 构建最近邻分类器；
- 构建 KNN 分类器；
- 构建 KNN 回归器；
- 计算欧式距离分数；
- 计算皮尔逊相关系数；
- 查找数据集中的相似用户；
- 生成电影推荐；
- 实现排序算法；
- 用 TensorFlow 构建过滤器模型。

6.1 技术要求

本章用到了下列文件（可通过 GitHub 下载）：

- `function_composition.py`；
- `pipeline.py`；
- `knn.py`；
- `nn_classification.py`；

- nn_regression.py；
- euclidean_score.py；
- pearson_score.py；
- find_similar_users.py；
- movie_recommendations.py；
- LambdaMARTModel.py；
- train.txt；
- vali.txt；
- test.txt；
- TensorFilter.py。

6.2　简介

推荐引擎是一个能预测用户兴趣点的模型，将之应用到电影业，就构成了电影推荐引擎。我们通过预测当前用户可能会喜欢的内容，过滤出数据集中的相应数据，从而将用户和数据集的合适数据关联起来。为什么推荐引擎这么重要？设想你有一个很庞大的商品目录，用户有可能会找出，也有可能找不出他们感兴趣的部分。推荐合适的内容，可以增加用户消费的机会。有些公司，如Netflix，就大大依赖推荐系统来保证用户的参与度。

推荐引擎通常会使用协同过滤或基于内容的过滤来生成一组推荐结果。协同过滤和内容过滤的不同之处在于推荐数据挖掘的方式。协同过滤依据当前用户过去的行为和其他用户给出的评分来构建模型，然后使用这个模型预测用户可能感兴趣的内容。而基于内容的过滤则使用商品本身的特征来给用户推荐更多的商品，商品间的相似度是模型的主要关注点。本章将重点介绍协同过滤。

6.3　为数据处理构建函数组合

机器学习系统中的主要组成部分是数据处理管道，在数据被输入到机器学习算法中进行训练之前，需要对数据进行各种方式的处理，从而使数据适用于算法。一个健壮的数据处理管道，对于构建准确的可扩展的机器学习系统非常重要。有很多基本的函数可以用于数据处理，数据处理管道通常组合使用多个这样的基本函数。不推荐使用嵌套或循环的方式来调用这些函数，最好使用函数式编程来创建函数组合。

6.3.1 准备工作

下面就来看看如何把这些基本函数组合成一个可重用的函数组合。本节将创建 3 个基本函数，并介绍如何将这 3 个函数组合成数据处理管道。

6.3.2 详细步骤

构建用于数据处理的函数组合的方法如下。

1．创建一个新的 Python 文件，并加入下面的代码。完整的代码包含在本书提供的 `function_composition.py` 文件中：

```
import numpy as np
from functools import reduce
```

2．定义第一个函数，将数组的每个元素加上 3：

```
def add3(input_array):
    return map(lambda x: x+3, input_array)
```

3．定义第二个函数，将数组的每一个元素乘以 2：

```
def mul2(input_array): return map(lambda x: x*2, input_array)
```

4．定义第三个函数，将数组的每一个元素减去 5：

```
def sub5(input_array):
    return map(lambda x: x-5, input_array)
```

5．定义一个函数组合器，把这些函数作为输入参数，并返回一个组合函数。这个组合函数对输入函数按序执行：

```
def function_composer(*args):
    return reduce(lambda f, g: lambda x: f(g(x)), args)
```

`reduce()`函数依次执行所有函数，也就是将所有的输入函数合并。

6．接下来可以做函数组合了，首先定义一些数据和一组操作：

```
if __name__=='__main__':
    arr = np.array([2,5,4,7])

    print("Operation: add3(mul2(sub5(arr)))")
```

7．如果使用常规方法依次执行各函数，代码如下：

```
arr1 = add3(arr)
arr2 = mul2(arr1)
arr3 = sub5(arr2)
print("Output using the lengthy way:", list(arr3))
```

8. 现在，使用函数组合器可以用一行代码完成同样的任务：

```
    func_composed = function_composer(sub5, mul2, add3)
    print("Output using function composition:",
list(func_composed(arr)))
```

9. 使用常规方法时也可以用单行代码实现整个操作，不过代码会有多个嵌套，可读性很差，而且不可重用。当再次用到这组操作时，还需要重写整个代码：

```
    print("Operation: sub5(add3(mul2(sub5(mul2(arr)))))\nOutput:", \
list(function_composer(mul2, sub5, mul2, add3, sub5)(arr)))
```

10. 运行代码，终端上显示的输出结果如下：

```
Operation: add3(mul2(sub5(arr)))
Output using the lengthy way: [5, 11, 9, 15]
Output using function composition: [5, 11, 9, 15]
Operation: sub5(add3(mul2(sub5(mul2(arr)))))
Output: [-10, 2, -2, 10]
```

6.3.3 工作原理

本节创建了 3 个基本函数，并使用 reduce() 函数把它们组合成一个管道。reduce() 函数接收一个函数和一个序列，并返回一个值。

reduce() 函数计算返回值的过程如下：

- 开始，函数计算出序列中前两个元素的结果；
- 然后，函数使用上一步获得的结果和序列中的下一个值进行计算；
- 不断重复这个过程，直到序列的最后一个元素。

6.3.4 更多内容

本节开头使用的 3 个基本函数用到了 map() 函数，这个函数在所有元素上应用函数，并返回一个 map 对象。返回的 map 对象是一个迭代器，可以对它包含的元素进行迭代，为了打印出这个对象，我们把 map 对象转换成了序列化对象：列表。

6.4 构建机器学习管道

scikit-learn 库包含了构建机器学习管道的方法。当我们定义好函数，scikit-learn 库就会构建出一个组合对象，使数据通过整个管道。管道可以包括的函数有预处理、特征选择、监督学习和无监督学习等。

6.4.1 准备工作

本节将构建一个管道，它将获取一个特征向量，选出最好的 *k* 个特征，然后使用随机森林分类器进行分类。

6.4.2 详细步骤

构建机器学习管道的方法如下。

1. 创建一个新的 Python 文件，并导入下面的程序包（完整的代码包含在本书提供的 pipeline.py 文件中）：

```
from sklearn.datasets import samples_generator
from sklearn.ensemble import RandomForestClassifier
from sklearn.feature_selection import SelectKBest, f_regression
from sklearn.pipeline import Pipeline
```

2. 生成一些用到的样本数据：

```
# 生成样本数据
X, y = samples_generator.make_classification(n_informative=4, n_features
=20, n_redundant=0, random_state=5)
```

这行代码生成了一个 20 维的特征向量，这里的 20 是默认值，可以通过修改 n_features 参数来改变特征向量的维数。

3. 构建管道的第一步是在数据被进一步使用前选出最好的 *k* 个特征。这里我们把 *k* 设成 10：

```
# 特征选择器
selector_k_best = SelectKBest(f_regression, k=10)
```

4. 下一步使用随机森林分类器对数据进行分类：

```
# 随机森林分类器
classifier = RandomForestClassifier(n_estimators=50, max_depth=4)
```

5．接下来可以构建管道了，Pipeline()方法允许使用预定义对象来构建管道：

```
# 构建机器学习管道
pipeline_classifier = Pipeline([('selector', selector_k_best),
('rf', classifier)])
```

还可以为管道中的模块指定名称，前面的代码将特征选择器命名为 selector，将随机森林分类器命名为 rf。你也可以任意选用其他名称。

6．也可以在后面更新这些参数，此时可以使用上一步中设置的名称来进行更新。例如，如果想将特征选择器的参数 k 设为 6，将随机森林选择器的参数 n_estimators 设为 25，可以用下面的代码实现。注意，这些变量名称已在上一步给出：

```
pipeline_classifier.set_params(selector__k=6, rf__n_estimators=25)
```

7．接下来训练分类器：

```
# 训练分类器
pipeline_classifier.fit(X, y)
```

8．下面为训练数据预测输出：

```
# 预测输出结果
print("Predictions:\n", prediction)
```

9．评估分类器性能：

```
# 打印分数
print("Score:", pipeline_classifier.score(X, y))
```

10．也可以查看选出的特征有哪些，下面将这些特征打印出来：

```
# 打印出选择器选取的特征
features_status = pipeline_classifier.named_steps['selector'].get_support()
selected_features = [] for count, item in
enumerate(features_status): if item:
selected_features.append(count)print("Selected features (0- indexed):",
', '.join([str(x) for x in selected_features]))
```

11．运行代码，终端上将显示下面的输出结果：

```
Predictions:
 [1 1 0 1 0 0 0 0 1 1 1 1 0 1 1 0 0 1 0 0 0 0 0 1 0 1 0 0 1 1 0 0 0
1 0 0 1
 1 1 1 1 1 1 1 1 0 0 1 1 0 1 1 0 1 0 1 1 0 0 0 1 1 1 0 0 1 0 0 0 1
1 0 0 1
 1 1 0 0 0 1 0 1 0 1 0 0 1 1 1 0 1 0 1 1 1 0 1 1 0 1]
```

```
Score: 0.95
Selected features (0-indexed): 0, 5, 9, 10, 11, 15
```

6.4.3 工作原理

选出 k 个最好的特征，其好处是让我们可以处理较低维度的数据，这可以有效降低计算复杂度。选择 k 个最优特征的方法是基于单变量特征选择的，即先进行单变量统计测试，然后从特征向量中抽取出最优的 k 个特征。单变量统计测试指的是只涉及一个变量的分析技术。

6.4.4 更多内容

执行了这些测试后，特征向量中的每个特征都分配了一个评价分数，基于这些分数可以选出最优的 k 个特征。这一步是分类器管道的预处理步骤。抽取出 k 个特征后，就形成了一个 k 维特征向量，我们把这个 k 维特征向量用作随机森林分类器输入的训练数据。

6.5 构建最近邻分类器

最近邻模型是一类通用算法，其目标是根据训练数据集中的最近邻数量来做出决策。最近邻方法要找出和新的数据点距离最近的预定义个数的训练样本，并预测标签。样本数可以是用户定义的一个常数，也可以是依据局部密度的不同给出的不同数值。距离可使用任意的度量指标计算，其中标准欧式距离是最常用的方法。基于近邻（neighbor-based）的算法只需记住所有的训练数据。

6.5.1 准备工作

本节将使用笛卡儿平面上的一系列数据点找出最近邻。

6.5.2 详细步骤

找出最近邻的方法如下。

1．创建一个新的 Python 文件，并导入下面的程序包（完整的代码包含在已给出的

knn.py 文件中）：

```
import numpy as np
import matplotlib.pyplot as plt
from sklearn.neighbors import NearestNeighbors
```

2．创建一些二维的样本数据：

```
# 输入数据
X = np.array([[1, 1], [1, 3], [2, 2], [2.5, 5], [3, 1], [4, 2], [2, 3.5],
[3, 3], [3.5, 4]])
```

3．我们的目标是对于任意给定数据点，找出 3 个最近邻。先定义参数：

```
# 寻找最近邻的个数
num_neighbors = 3
```

4．定义一个输入数据之外的随机数据点：

```
# 输入数据点
input_point = [2.6, 1.7]
```

5．画出数据点，以查看其分布情况：

```
# 画出数据点
plt.figure()
plt.scatter(X[:,0], X[:,1], marker='o', s=25, color='k')
```

6．为找出最近邻，需要定义一个带有合适参数的 NearestNeighbors 对象，并在输入数据上进行训练：

```
# 构建最近邻模型
knn = NearestNeighbors(n_neighbors=num_neighbors, algorithm='ball_tree').
fit(X)
```

7．计算输入数据点和所有数据点之间的距离：

```
distances, indices = knn.kneighbors(input_point)
```

8．打印 k 个最近邻：

```
# 打印 k 个最近邻
print("k nearest neighbors")
for rank, index in enumerate(indices[0][:num_neighbors]):
    print(str(rank+1) + " -->", X[index])
```

indices 数组是一个已排序的数组，因此仅需要解析它并打印出数据点。

9．接下来画出输入数据点，并突出显示 k 个最近邻：

```
# 画出最近邻
plt.figure()
plt.scatter(X[:,0], X[:,1], marker='o', s=25, color='k')
plt.scatter(X[indices][0][:][:,0], X[indices][0][:][:,1], marker='o',
s=150, color='k', facecolors='none')
```

```
plt.scatter(input_point[0], input_point[1], marker='x', s=150, color=
'k', facecolors='none')

plt.show()
```

10. 运行代码，终端上将显示如下结果：[①]

```
k nearest neighbors
1 --> [2. 2.]
2 --> [3. 1.]
3 --> [3. 3.]
```

输入数据点的显示如图 6-1 所示。

图 6-2 展示了测试数据点和其 3 个最近邻。

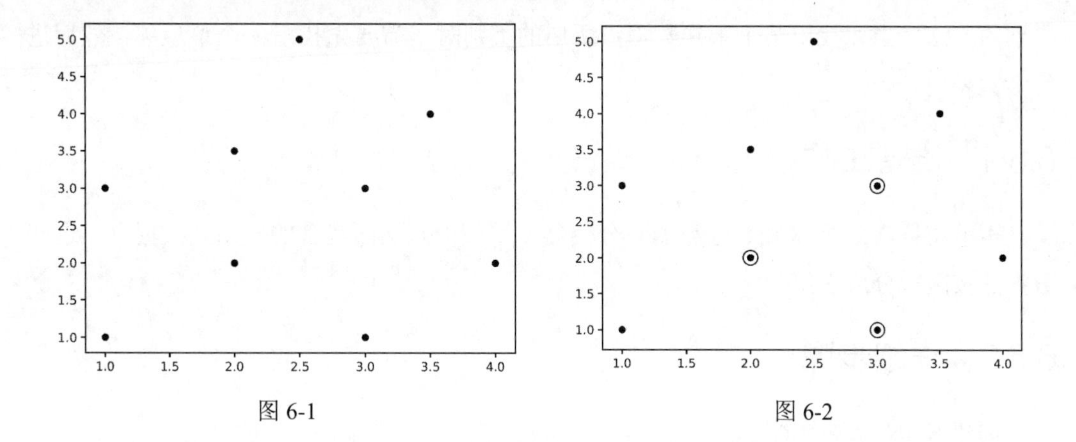

图 6-1　　　　图 6-2

6.5.3 工作原理

本节使用位于笛卡儿平面的一系列数据点找出了最近邻。为此，我们根据训练对象的位置和特征把空间划分成不同的区域。可以把它们看作算法的训练集，即使这并非初始条件所显式需要的。为了计算距离，对象被表示成多维空间中的位置向量。最后，把数据点类别记为和它最近的 k 个样本所属类别的众数。接近度通过数据点之间的距离度量，近邻从已被正确分类的一组对象中选取。

① 译者注：上面 facecolors='none'这个参数要删除，否则运行结果无法显示出输入数据点。

6.5.4　更多内容

为了构建最近邻模型，我们使用了 BallTree 算法。BallTree 是把数据点映射到多维空间的数据结构，算法之所以叫这个名字，是因为它把数据点划分到了一组嵌套的超球面（即 ball）。这一算法有很多应用，其中最值得关注的就是最近邻搜索。

6.6　构建 KNN 分类器

KNN（k-nearest neighbor）算法是使用训练数据集的 k 个最近邻找出未知对象所属类别的算法。当要找出某个未知数据点所属的类别时，需要先找出 k 个最近邻，然后进行多数表决。

6.6.1　准备工作

本节将创建一个 KNN 分类器。分类器使用笛卡儿平面包含的一系列数据点，这些数据点按区域分成 3 组。

6.6.2　详细步骤

构建 KNN 分类器的方法如下。

1. 创建一个新的 Python 文件，导入下面的程序包（完整的代码包含在本书提供的 nn_classification.py 文件中）：

```
import numpy as np
import matplotlib.pyplot as plt
import matplotlib.cm as cm
from sklearn import neighbors, datasets

from utilities import load_data
```

2. 这里使用 data_nn_classifier.txt 文件中的输入数据，首先加载输入数据：

```
# 加载输入数据
input_file = 'data_nn_classifier.txt'
data = load_data(input_file)
X, y = data[:,:-1], data[:,-1].astype(np.int)
```

前两列包含输入数据，最后一列是标签，分别用 X 和 y 两个变量表示。

3．将输入数据可视化：

```
# 画出输入数据
plt.figure()
plt.title('Input datapoints')
markers = '^sov<>hp'
mapper = np.array([markers[i] for i in y])
for i in range(X.shape[0]):
    plt.scatter(X[i, 0], X[i, 1], marker=mapper[i],
            s=50, edgecolors='black', facecolors='none')
```

迭代所有的数据点，并使用不同的标记样式来区分不同类别。

4．为了构建分类器，需要指定要考虑的最近邻的个数：

```
# 要考虑的最近邻个数
num_neighbors = 10
```

5．为了可视化出边界，需要定义一个网格，并用这个网格评估分类器。下面定义网格的步长:

```
# 网格步长
h = 0.01
```

6．接下来创建 KNN 分类器并进行训练：

```
# 创建 KNN 分类器模型并进行训练
classifier = neighbors.KNeighborsClassifier(num_neighbors,
weights='distance')
classifier.fit(X, y)
```

7．生成网格并画出边界，网格定义如下：

```
# 生成网格并画出边界
x_min, x_max = X[:, 0].min() - 1, X[:, 0].max() + 1
y_min, y_max = X[:, 1].min() - 1, X[:, 1].max() + 1
x_grid, y_grid = np.meshgrid(np.arange(x_min, x_max, h),
np.arange(y_min, y_max, h))
```

8．为所有点估计分类器的输出结果：

```
# 计算网格中所有点的输出
predicted_values = classifier.predict(np.c_[x_grid.ravel(),
y_grid.ravel()])
```

9．画出计算结果：

```
# 在图中画出计算结果
predicted_values = predicted_values.reshape(x_grid.shape)
plt.figure()
plt.pcolormesh(x_grid, y_grid, predicted_values, cmap=cm.Pastel1)
```

10．上面已经画出了彩色网格，现在将训练数据点画在网格上，看看这些点与边界的关系：

```
# 在图上画出训练数据点
for i in range(X.shape[0]):
    plt.scatter(X[i, 0], X[i, 1], marker=mapper[i],
            s=50, edgecolors='black', facecolors='none')

plt.xlim(x_grid.min(), x_grid.max())
plt.ylim(y_grid.min(), y_grid.max())
plt.title('k nearest neighbors classifier boundaries')
```

11．接下来测试一个数据点，看看分类器是否可以正确分类。定义并画出数据点：

```
# 测试输入数据点
test_datapoint = [4.5, 3.6]
plt.figure()
plt.title('Test datapoint')
for i in range(X.shape[0]):
    plt.scatter(X[i, 0], X[i, 1], marker=mapper[i],
            s=50, edgecolors='black', facecolors='none')

plt.scatter(test_datapoint[0], test_datapoint[1], marker='x',
        linewidth=3, s=200, facecolors='black')
```

12．使用下面的模型提取 KNN 分类器：

```
# 提取 KNN
dist, indices = classifier.kneighbors(test_datapoint)
```

13．画出 KNN 分类结果并突出显示：

```
# 画出 KNN 分类结果
plt.figure()
plt.title('k nearest neighbors')

for i in indices:
    plt.scatter(X[i, 0], X[i, 1], marker='o',
            linewidth=3, s=100, facecolors='black')

plt.scatter(test_datapoint[0], test_datapoint[1], marker='x',
        linewidth=3, s=200, facecolors='black')

for i in range(X.shape[0]):
    plt.scatter(X[i, 0], X[i, 1], marker=mapper[i],
            s=50, edgecolors='black', facecolors='none')

plt.show()
```

14．在终端上打印出分类器的输出结果：

```
print("Predicted output:", classifier.predict(test_datapoint)[0])
```

打印出的结果如下：

```
Predicted output: 2
```

另外，还打印出了几张图。其中图 6-3 展示了输入数据点的分布。

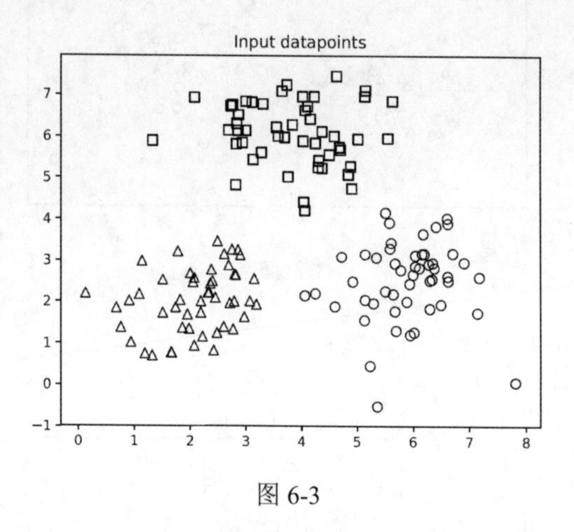

图 6-3

图 6-4 展示了使用 KNN 分类器获得的边界。

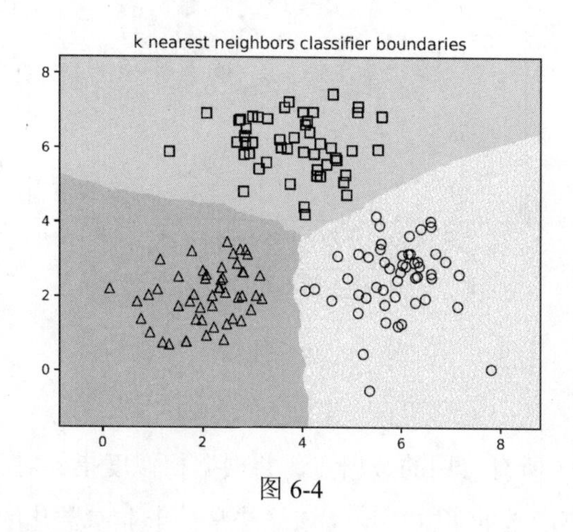

图 6-4

图 6-5 展示了测试数据点的位置。

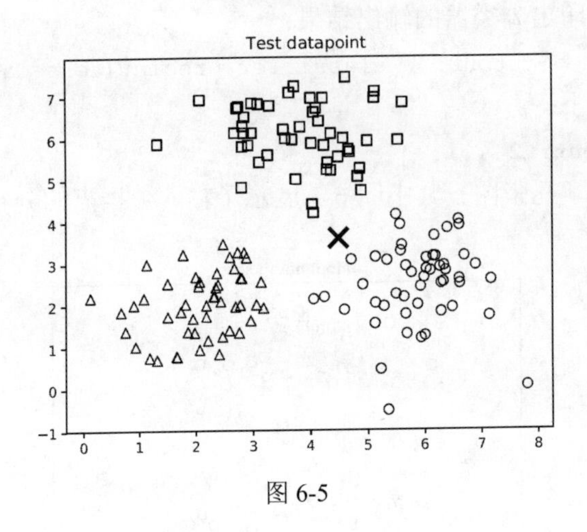

图 6-5

图 6-6 展示出了 10 个最近邻的位置。

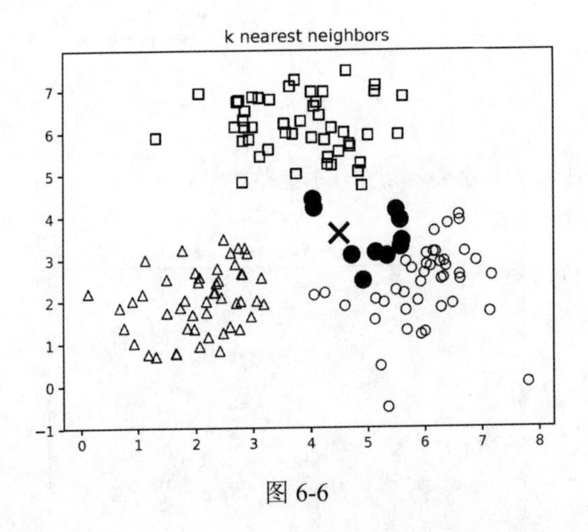

图 6-6

6.6.3 工作原理

KNN 分类器存储了所有可用的数据点，并根据相似度指标对新的数据点进行分类。相似度指标通常以距离函数的形式出现。该算法是一个非参数化的技术，也就是说它在进行计算前不需要找出任何隐含参数，我们只需要选择出一个可行的 k 值即可。

构造出 KNN 分类器后，我们就会做一个多数表决，新的数据点通过 KNN 的多数表决来进行分类，这个数据点会被归入 k 个最近邻中最常见的那个类别。如果把 k 设成 1，那么这就是一个最简单的 KNN 分类器，数据点所属的类别就是它在数据集中的最近邻的类别。

6.6.4 更多内容

KNN 算法基于的思路是，参照训练集中 k 个最近样本的类别对未知样本进行归类。新样本将被归类成 k 个最近邻样本所属最多的类别。因而 k 值的选择对于样本的正确分类就很重要。如果 k 太小，分类就会对噪声比较敏感；如果 k 太大，分类的计算成本就会增大，近邻数据点可能包含了属于其他类别的样本。

6.7 构建 KNN 回归器

我们已经了解了如何使用 KNN 算法构建分类器，这个算法还可用于构建回归器。对象的输出结果用属性的值表示，即所有 k 近邻数据点的平均值。

6.7.1 准备工作

本节就来看看如何使用 KNN 算法构建回归器。

6.7.2 详细步骤

构建 KNN 回归器的方法如下。

1. 创建一个新的 Python 文件，并导入下面的程序包（完整的代码包含在已给出的 `nn_regression.py` 文件中）：

```
import numpy as np
import matplotlib.pyplot as plt
from sklearn import neighbors
```

2. 生成一些高斯分布的样本数据：

```
# 生成样本数据
amplitude = 10
num_points = 100
X = amplitude * np.random.rand(num_points, 1) - 0.5 * amplitude
```

3. 下面在数据中加入一些噪声，从而引入一定的随机性。加入噪声的目的在于测试算法是否可以绕过噪声，保持很好的健壮性（鲁棒性）：

```
# 计算目标并添加噪声
y = np.sinc(X).ravel()
y += 0.2 * (0.5 - np.random.rand(y.size))
```

4．可视化数据：

```
# 画出输入数据
plt.figure()
plt.scatter(X, y, s=40, c='k', facecolors='none')
plt.title('Input data')
```

5．我们生成了一些数据，并在所有的这些点上估计了连续值函数，接下来定义一个更密集的数据网格：

```
# 用输入数据 10 倍的密度创建一维网格
x_values = np.linspace(-0.5*amplitude, 0.5*amplitude, 10*num_points)[:,
np.newaxis]
```

定义密集网格是因为想在所有这些数据点上评估回归器，以查看回归器对函数的逼近程度。

6．下面定义要考虑的最近邻的个数：

```
# 考虑的最近邻个数
n_neighbors = 8
```

7．使用之前定义的参数初始化并训练 KNN 回归器：

```
# 定义并训练回归器
knn_regressor = neighbors.KNeighborsRegressor(n_neighbors, weights=
'distance')
y_values = knn_regressor.fit(X, y).predict(x_values)
```

8．下面把输入数据和输出数据重叠在一起，看看回归器的表现：

```
plt.figure()
plt.scatter(X, y, s=40, c='k', facecolors='none', label='input data')
plt.plot(x_values, y_values, c='k', linestyle='--', label='predicted
values')
plt.xlim(X.min() - 1, X.max() + 1)
plt.ylim(y.min() - 0.2, y.max() + 0.2)
plt.axis('tight')
plt.legend()
plt.title('K Nearest Neighbors Regressor')

plt.show()
```

9．运行代码，得到的图 6-7 展示了输入数据的分布。

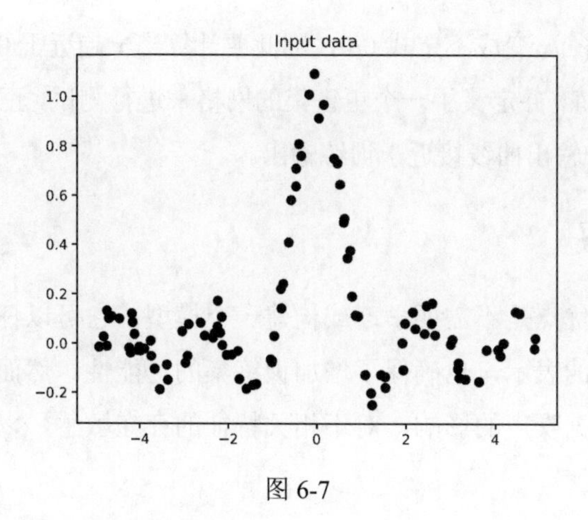

图 6-7

图 6-8 展示了回归器的预测值。

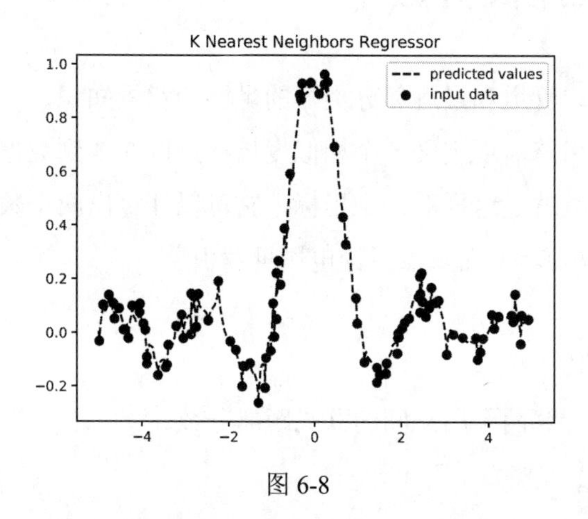

图 6-8

6.7.3 工作原理

回归器的目标是预测连续值的输出。这个例子中并没有固定数量的输出类别，仅有一组实数类型的输出值。我们希望回归器可以为未知数据点预测输出值。本例中使用了 sinc 函数来演示 KNN 回归器，这个函数也称为基本正弦函数（cardinal sine function）。sinc 函数的定义如下：

$$\operatorname{sinc}(x)=\begin{cases}\sin(x)/x & x\neq 0\\ 1 & x=0\end{cases}$$

当 x 为 0 时，$\sin(x)/x$ 变成不定式 0/0，因此要计算当 x 趋近于 0 时函数的极限。我们使用了一组值进行训练，并定义了一个更密集的网格来进行测试，正如在之前的图（图 6-7 和图 6-8）中看到的，输出曲线接近于训练输出。

6.7.4　更多内容

这种方法的主要优点是不需要学习或构建一个模型：它可以任意地调整决策边界，产生一个最灵活模型的表示，也确保了增加训练集的可能性。然而，这种算法也有许多缺点，包括容易受数据噪声的影响，对不相关特征的存在敏感，以及需要一个相似性度量来评估逼近程度。

6.8　计算欧式距离分数

现在有了机器学习管道和最近邻分类器的足够的背景知识，可以开始关于推荐引擎的探讨了。构建推荐引擎需要定义一个相似度指标，以便找到数据库中和特定用户相似的用户。欧式距离分数就是这样的一个指标，它可以计算出两个数据点之间的欧几里得距离（后简称欧式距离）。下面重点讨论电影推荐引擎。

6.8.1　准备工作

本节将介绍如何计算两个用户间的欧式距离分数。

6.8.2　详细步骤

计算欧式距离分数的方法如下。

1. 创建一个新的 Python 文件并导入下面的程序包（完整的代码包含在本书提供的 euclidean_score.py 文件中）：

```
import json
import numpy as np
```

2. 定义一个用于计算两个用户之间欧式距离分数的函数，首先检查用户是否存在于数据库中：

```
# 返回用户 user1 和 user2 之间的欧式距离分数
def euclidean_score(dataset, user1, user2):
```

```
    if user1 not in dataset:
        raise TypeError('User ' + user1 + ' not present in the dataset')

    if user2 not in dataset:
        raise TypeError('User ' + user2 + ' not present in the dataset')
```

3．计算分数前，需要先提取出两个用户都参与过打分的电影：

```
# 用户 user1 和 user2 都评过分的电影
rated_by_both = {}

for item in dataset[user1]:
if item in dataset[user2]:
    rated_by_both[item] = 1
```

4．如果没有两个用户共同评过分的电影，则说明这两个用户间不存在相似度（至少根据数据库中的评分信息无法计算出来）：

```
# 如果没有共同评过分的电影，则分数为 0
if len(rated_by_both) == 0:
    return 0
```

5．对于共同评过分的电影，计算出平方差之和的平方根并归一化，使分数在 0 和 1 之间：

```
    squared_differences = []

    for item in dataset[user1]:
        if item in dataset[user2]:
squared_differences.append(np.square(dataset[user1][item] -
dataset[user2][item]))
    return 1 / (1 + np.sqrt(np.sum(squared_differences)))
```

如果评分差不多，平方差之和就会很小，因此，求得的分数就很大，这也正是我们对该指标所预期的结果。

6．我们会用到 movie_ratings.json 文件，下面加载这个文件：

```
if __name__=='__main__':
    data_file = 'movie_ratings.json'

    with open(data_file, 'r') as f:
        data = json.loads(f.read())
```

7．考虑两个随机用户，计算出它们的欧式距离分数：

```
user1 = 'John Carson'
user2 = 'Michelle Peterson'
```

```
print("Euclidean score:")
print(euclidean_score(data, user1, user2))
```

8．运行代码，终端上显示出的欧式距离分数如下：

```
0.29429805508554946
```

6.8.3　工作原理

在大多数情况下，最近邻算法中用到的距离定义为两点之间的欧式距离，欧式距离的计算公式如下：

$$\text{distance} = \sqrt{\sum_{i=0}^{n}(x_i - y_i)^2}$$

在二维平面中，欧式距离表示的是两个点之间的最短距离，即连接这两点的线段的长度。如上面的公式所示，距离通过两个向量元素间平方差总和的平方根进行计算。

6.8.4　更多内容

还有其他几种计算距离的度量指标。所有这些指标都尽量避免去计算平方根，因为这会极大地增加计算成本，并可能引发其他的错误。这些指标包括闵氏距离、曼哈顿距离和余弦距离等。

6.9　计算皮尔逊相关系数

欧式距离分数是一个不错的指标，但也有它的缺点，相比之下，皮尔逊相关系数在推荐引擎中使用的更多。两个统计变量之间的皮尔逊相关系数可以表示出它们之间可能的线性关系，它度量的是两个数值变量间共同变化的趋势。

6.9.1　准备工作

本节就来看看如何计算皮尔逊相关系数。

6.9.2　详细步骤

计算皮尔逊相关系数的方法如下。

1．创建一个新的 Python 文件，并导入下面的程序包（完整代码包含在本书提供的

pearson_score.py 文件中）：

```
import json
import numpy as np
```

2. 定义一个用于计算数据库中两个用户间皮尔逊相关系数的函数，首先要确认用户在数据库中是否存在：

```
# 返回用户 user1 和 user2 之间的皮尔逊相关系数
def pearson_score(dataset, user1, user2):
    if user1 not in dataset:
        raise TypeError('User ' + user1 + ' not present in the dataset')

    if user2 not in dataset:
        raise TypeError('User ' + user2 + ' not present in the dataset')
```

3. 下一步找出两个用户共同参与评分的电影：

```
# 用户 user1 和 user2 共同参与评分的电影
rated_by_both = {}

for item in dataset[user1]:
    if item in dataset[user2]:
        rated_by_both[item] = 1

num_ratings = len(rated_by_both)
```

4. 如果不存在共同评过分的电影，则用户间没有可识别的相似度信息，因而返回 0：

```
# 如果没有共同评过分的电影，分数为 0
if num_ratings == 0:
    return 0
```

5. 计算共同评分电影的分数总和：

```
# 计算评分总和
user1_sum = np.sum([dataset[user1][item] for item in rated_by_both])
user2_sum = np.sum([dataset[user2][item] for item in rated_by_both])
```

6. 接下来计算共同评分电影的平方和：

```
    # 计算评分平方和
    user1_squared_sum = np.sum([np.square(dataset[user1][item]) for
item in rated_by_both])
    user2_squared_sum = np.sum([np.square(dataset[user2][item]) for
item in rated_by_both])
```

7. 计算乘积之和：

```
    # 计算乘积总和
    product_sum = np.sum([dataset[user1][item] * dataset[user2][item]
for item in rated_by_both])
```

8．接下来可以计算求取皮尔逊相关系数需要的各个因子了：

```
# 计算皮尔逊相关系数
Sxy = product_sum - (user1_sum * user2_sum / num_ratings)
Sxx = user1_squared_sum - np.square(user1_sum) / num_ratings
Syy = user2_squared_sum - np.square(user2_sum) / num_ratings
```

9．处理分母为 0 的情况：

```
if Sxx * Syy == 0:
    return 0
```

10．如果一切正常，返回皮尔逊相关系数：

```
return Sxy / np.sqrt(Sxx * Syy)
```

11．下面定义 main 函数并计算两个用户间的皮尔逊相关系数：

```
if __name__=='__main__':
    data_file = 'movie_ratings.json'

    with open(data_file, 'r') as f:
        data = json.loads(f.read())

    user1 = 'John Carson'
    user2 = 'Michelle Peterson'

    print("Pearson score:")
    print(pearson_score(data, user1, user2))
```

12．运行代码，终端上打印出的皮尔逊相关系数如下：

```
Pearson score:
0.39605901719066977
```

6.9.3　工作原理

皮尔逊相关系数 r 衡量的是定距或等比率变量间的相关性，它由两个变量的标准分乘积之和再除以对象个数 N 得出，公式如下：

$$r=\frac{\sum z_x \times z_y}{N}$$

系数的取值范围在−1.00（两个变量完美负相关）和 1.00 之间（两个变量完美正相关），相关系数为 0 表示两个变量间没有关系。

6.9.4 更多内容

有必要记住的是皮尔逊公式是用于计算线性关系的，因此，所有其他形式的关系都可能生成不合理的结果。

6.10 查找数据集中的相似用户

构建推荐引擎的一个最重要的任务就是查找出相似的用户，这在为这些用户创建推荐内容时非常有用。

6.10.1 准备工作

本节介绍如何构建用于查找相似用户的模型。

6.10.2 详细步骤

在数据集中查找相似用户的方法如下。

1．创建一个新的 Python 文件，并导入下面的程序包（完整的代码包含在本书提供的 find_similar_users.py 文件中）：

```
import json
import numpy as np

from pearson_score import pearson_score
```

2．定义一个函数，该函数用于查找与输入用户相似的用户。该函数有 3 个输入参数：数据库、输入用户和要查找的相似用户的个数。首先验证用户是否存在于数据库中，如果用户存在，则计算出这个用户和数据库中所有其他用户间的皮尔逊相关系数：

```
# 找出和输入用户相似的指定个数的用户
def find_similar_users(dataset, user, num_users):
    if user not in dataset:
        raise TypeError('User ' + user + ' not present in the dataset')

    # 为所有用户计算皮尔逊相关系数
    scores = np.array([[x, pearson_score(dataset, user, x)] for x
in dataset if user != x])
```

3．下面把这些分数按照降序排列：

```
# 评分基于第二列排序
scores_sorted = np.argsort(scores[:, 1])

# 评分按照降序排列（高分在前）
scored_sorted_dec = scores_sorted[::-1]
```

4. 提取出 k 个最高分并返回：

```
# 提取出 k 个最高分
top_k = scored_sorted_dec[0:num_users]

return scores[top_k]
```

5. 定义 main 函数并加载输入数据库：

```
if __name__=='__main__':
    data_file = 'movie_ratings.json'

    with open(data_file, 'r') as f:
        data = json.loads(f.read())
```

6. 假如要查找出和 John Carson 相似的 3 个用户，步骤如下：

```
user = 'John Carson'
print("Users similar to " + user + ":\n")
similar_users = find_similar_users(data, user, 3)
print("User\t\t\tSimilarity score\n")
for item in similar_users:
    print(item[0], '\t\t', round(float(item[1]), 2))
```

7. 运行代码，终端上将显示下面的输出结果：

```
Users similar to John Carson:

User                Similarity score
Michael Henry                   0.99
Alex Roberts                    0.75
Melissa Jones                   0.59
```

6.10.3　工作原理

本节为输入用户查找出了相似用户。给定数据库、输入用户和要查找的相似用户个数，先确认输入用户是否在数据库中存在，如果用户存在，则计算出这个用户和数据库中所有其他用户间的皮尔逊相关系数。

6.10.4 更多内容

本节使用了 `pearson_score()` 函数计算皮尔逊相关系数，这个函数是在 6.9 节中定义的。

6.11 生成电影推荐

本节看看如何生成电影推荐内容。

6.11.1 准备工作

在这一节，我们将使用前面小节所创建的代码来构建一个电影推荐引擎，下面看看如何实现。

6.11.2 详细步骤

生成电影推荐的步骤如下。

1. 创建一个新的 Python 文件，并导入下面的程序包（完整的代码包含在本书提供的 `movie_recommendations.py` 文件中）：

```
import json
import numpy as np

from pearson_score import pearson_score
```

2. 定义函数，为给定用户生成电影推荐，首先验证用户在数据库集中是否存在：

```
# 为给定用户生成推荐内容
def generate_recommendations(dataset, user):
    if user not in dataset:
    raise TypeError('User ' + user + ' not present in the dataset')
```

3. 计算该用户和数据集中所有其他用户的皮尔逊相关系数：

```
total_scores = {}
similarity_sums = {}

for u in [x for x in dataset if x != user]:
    similarity_score = pearson_score(dataset, user, u)
```

```
    if similarity_score <= 0:
        continue
```

4. 找出用户未曾参与评分的电影：

```
    for item in [x for x in dataset[u] if x not in dataset[user] or
dataset[user][x] == 0]:
        total_scores.update({item: dataset[u][item] * similarity_score})
        similarity_sums.update({item: similarity_score})
```

5. 如果用户已经看过了数据库中的每一部电影，那就没有什么可以为该用户推荐的了。这部分代码如下：

```
if len(total_scores) == 0:
    return ['No recommendations possible']
```

6. 现在有了皮尔逊相关系数列表，下面创建一个电影评分的标准化列表：

```
# 创建电影评分的标准化列表
movie_ranks = np.array([[total/similarity_sums[item], item]
        for item, total in total_scores.items()])
```

7. 根据评分让列表降序排列：

```
# 根据第一列的值把列表按降序排列
movie_ranks = movie_ranks[np.argsort(movie_ranks[:, 0])[::-1]]
```

8. 下面可以提取出要推荐的电影了：

```
# 提取出推荐的电影
recommendations = [movie for _, movie in movie_ranks]

return recommendations
```

9. 定义 main 函数并加载数据集：

```
if __name__=='__main__':
    data_file = 'movie_ratings.json'

    with open(data_file, 'r') as f:
        data = json.loads(f.read())
```

10. 接下来为用户 Michael Henry 生成推荐内容，代码如下：

```
user = 'Michael Henry'
print("Recommendations for " + user + ":")
movies = generate_recommendations(data, user)
for i, movie in enumerate(movies):
    print(str(i+1) + '. ' + movie)
```

11. 用户 John Carson 已经看过所有电影，因此，如果我们尝试给他生成推荐内容时，得到的结果会是 0 个推荐。来看看代码执行的结果：

```
user = 'John Carson'
print("Recommendations for " + user + ":")
movies = generate_recommendations(data, user)
for i, movie in enumerate(movies):
    print(str(i+1) + '. ' + movie)
```

12. 运行代码，终端上将显示如下输出：

```
Recommendations for Michael Henry:
1. Jerry Maguire
2. Inception
3. Anger Management
Recommendations for John Carson:
1. No recommendations possible
```

6.11.3　工作原理

本节我们构建了一个电影推荐引擎，用于为给定用户生成推荐内容。代码需要执行下面这些步骤：

1. 首先，验证用户在数据库中是否存在；
2. 其次，计算皮尔逊相关系数；
3. 然后，创建标准化评分列表；
4. 再后，根据第一列的值把列表按降序排列；
5. 最后，提取出推荐的电影。

6.11.4　更多内容

本例使用了 `pearson_score()` 函数来构建电影推荐引擎，该函数是在 6.9 节中定义的。

6.12　实现排序算法

排序学习（Learning To Rank，LTR）是在信息检索系统中构建分类模型的一种方法，训练数据包括一个归纳好的偏序文档列表，其中每个文档都带有一个数值或序数分，或是一个二元判断结果。模型的目标是根据文档中需要纳入判断的各个特征的分数，把元素排序成新的列表。

6.12.1　准备工作

这一节将用到 pyltr 程序包，它是 Python 中一个带有排序模型、评估指标和数据征用助手的 LTR 工具包。

6.12.2　详细步骤

实现排序算法的步骤如下。

1. 创建一个新的 Python 文件，并导入下面的程序包（完整的代码包含在本书提供的 LambdaMARTModel.py 文件中）：

```
import pyltr
```

2. 加载包含在 Letor 数据集中的数据，相关文件（train.txt、vali.txt 和 test.txt）已给出：

```
with open('train.txt') as trainfile, \ open('vali.txt') as valifile, \
open('test.txt') as testfile:
    TrainX, Trainy, Trainqids, _ = pyltr.data.letor.read_dataset
(trainfile)
    ValX, Valy, Valqids, _ = pyltr.data.letor.read_dataset(valifile)
    TestX, Testy, Testqids, _ = pyltr.data.letor.read_dataset(testfile)
    metric = pyltr.metrics.NDCG(k=10)
```

3. 进行数据验证：

```
monitor = pyltr.models.monitors.ValidationMonitor(ValX, Valy, Valqids,
metric=metric, stop_after=250)
```

4. 构建模型：

```
model = pyltr.models.LambdaMART(
    metric=metric,
    n_estimators=1000,
    learning_rate=0.02,
    max_features=0.5,
    query_subsample=0.5,
    max_leaf_nodes=10,
    min_samples_leaf=64,
    verbose=1,
)
```

5. 下面使用文本数据来拟合模型：

```
model.fit(TestX, Testy, Testqids, monitor=monitor)
```

6．接下来测试数据：

```
Testpred = model.predict(TestX)
```

7．最后，打印出结果：

```
print('Random ranking:', metric.calc_mean_random(Testqids, Testy))
print('Our model:', metric.calc_mean(Testqids, Testy, Testpred))
```

打印出的结果显示如下：

```
Early termination at iteration 480
Random ranking: 0.27258472902087394
Our model: 0.5487673789992693
```

6.12.3 工作原理

LambdaMART 是 LambdaRank 的增强树版本，相应的，它也是基于 RankNet 的。RankNet、LambdaRank 和 LambdaMART 都是用于解决许多情况下分类问题的算法，这 3 种算法都是微软研究院的克里斯·伯格斯和他的团队开发的，最先开发出来的是 RankNet 算法，然后是 LambdaRank，最后是 LambdaMART。

RankNet 是基于神经网络的，但基础模型并不仅仅局限于神经网络。RankNet 的成本函数旨在最小化错误排序的数量，RankNet 还使用随机梯度递减优化了成本函数。

研究人员发现，在 RankNet 的训练过程中，不需要使用成本，只需要将成本的梯度 (λ)和模型分数进行比较。可以把梯度想象成分类列表中附加到每个文档上的小箭头，这些箭头指明了文档在列表中移动的方向。LambdaRank 即基于这种假设。

6.12.4 更多内容

LambdaMART 组合了 LambdaRank 和多重累加回归树（Multiple Regression Additive Tree，MART）中的方法。MART 使用具有增强梯度的决策树进行预测，而 LambdaMART 不仅使用了增强梯度决策树，同时还使用了源自 LambdaRank 的成本函数来解决问题。LambdaMART 证实比 LambdaRank 和最初的 RankNet 更加高效。

6.13 用 TensorFlow 构建过滤器模型

协同过滤指的是针对一组给定的用户，从大量没有差别区分过的知识中检索出关于用户喜好的预测性信息的一类工具或系统。协同过滤广泛用于各种推荐系统中。协同过滤最有名的一个算法类别是矩阵分解。

协同过滤背后的基本假设是，每个用户都表现出一定的喜好，并且将来还会继续表现出同样的喜好。协同过滤的一个流行的例子是电影推荐系统，它根据当前用户的品位和喜好这些基本信息来进行电影推荐。应当注意的是尽管推荐内容是针对单个用户的，但这些信息来自整个系统的所有用户。

6.13.1　准备工作

这一节将介绍如何使用 TensorFlow 构建出一个个性化推荐的协同过滤模型。本例将使用 MovieLens 1M 数据集，它包含来自大约 6 000 个用户的对约 4 000 部电影的 100 万条评分数据。

6.13.2　详细步骤

下面看看如何使用 TensorFlow 来构建过滤器模型。

1. 创建一个新的 Python 文件，并导入下面的程序包（完整的代码包含在本书提供的 `TensorFilter.py` 文件中）：

```
import numpy as np
import pandas as pd
import tensorflow as tf
```

2. 加载包含在 MovieLens 1M 数据集中的数据，数据文件为本书提供的 `ratings.csv`：

```
Data = pd.read_csv('ratings.csv', sep=';', names=['user', 'item',
'rating', 'timestamp'], header=None)

Data = Data.iloc[:,0:3]

NumItems = Data.item.nunique()
NumUsers = Data.user.nunique()

print('Item: ', NumItems)
print('Users: ', NumUsers)
```

返回的结果如下：

```
Item: 3706
Users: 6040
```

3．对数据进行伸缩处理：

```
from sklearn.preprocessing import MinMaxScaler
scaler = MinMaxScaler()
Data['rating'] = Data['rating'].values.astype(float)
DataScaled = pd.DataFrame(scaler.fit_transform(Data['rating'].values.
reshape(-1,1)))
Data['rating'] = DataScaled
```

4．构建用户项目矩阵：

```
UserItemMatrix = Data.pivot(index='user', columns='item', values='rating')
UserItemMatrix.fillna(0, inplace=True)

Users = UserItemMatrix.index.tolist()
Items = UserItemMatrix.columns.tolist()

UserItemMatrix = UserItemMatrix.as_matrix()
```

5．接下来设置一些网络参数：

```
NumInput = NumItems
NumHidden1 = 10
NumHidden2 = 5
```

6．下面初始化 TensorFlow 占位符，然后随机初始化权重和偏差：

```
X = tf.placeholder(tf.float64, [None, NumInput])

weights = {
'EncoderH1': tf.Variable(tf.random_normal([NumInput, NumHidden1],
dtype=tf.float64)),
'EncoderH2': tf.Variable(tf.random_normal([NumHidden1, NumHidden2],
dtype=tf.float64)),
'DecoderH1': tf.Variable(tf.random_normal([NumHidden2, NumHidden1],
dtype=tf.float64)),
'DecoderH2': tf.Variable(tf.random_normal([NumHidden1, NumInput],
dtype=tf.float64)),
}

biases = {
'EncoderB1': tf.Variable(tf.random_normal([NumHidden1],
dtype=tf.float64)),
'EncoderB2': tf.Variable(tf.random_normal([NumHidden2],
dtype=tf.float64)),
'DecoderB1': tf.Variable(tf.random_normal([NumHidden1],
dtype=tf.float64)),
'DecoderB2': tf.Variable(tf.random_normal([NumInput],
```

```
dtype=tf.float64)),
}
```

7. 构建编码器和解码器模型：

```
def encoder(x):
    Layer1 = tf.nn.sigmoid(tf.add(tf.matmul(x, weights['EncoderH1']),
biases['EncoderB1']))
    Layer2 = tf.nn.sigmoid(tf.add(tf.matmul(Layer1, weights['EncoderH2']),
biases['EncoderB2']))
    return Layer2

def decoder(x):
    Layer1 = tf.nn.sigmoid(tf.add(tf.matmul(x, weights['DecoderH1']),
biases['DecoderB1']))
    Layer2 = tf.nn.sigmoid(tf.add(tf.matmul(Layer1, weights['DecoderH2']),
biases['DecoderB2']))
    return Layer2
```

8. 构建模型并进行预测：

```
EncoderOp = encoder(X)
DecoderOp = decoder(EncoderOp)

YPred = DecoderOp

YTrue = X
```

9. 现在来定义函数和优化器，并最小化平方误差和评估指标：

```
loss = tf.losses.mean_squared_error(YTrue, YPred)
Optimizer = tf.train.RMSPropOptimizer(0.03).minimize(loss)
EvalX = tf.placeholder(tf.int32, )
EvalY = tf.placeholder(tf.int32, )
Pre, PreOp = tf.metrics.precision(labels=EvalX, predictions=EvalY)
```

10. 初始化变量：

```
Init = tf.global_variables_initializer()
LocalInit = tf.local_variables_initializer()
PredData = pd.DataFrame()
```

11. 最后，开始训练模型：

```
with tf.Session() as session:
    Epochs = 120
    BatchSize = 200

    session.run(Init)
    session.run(LocalInit)
```

```
    NumBatches = int(UserItemMatrix.shape[0] / BatchSize)
    UserItemMatrix = np.array_split(UserItemMatrix, NumBatches)
    for i in range(Epochs):
        AvgCost = 0

        for batch in UserItemMatrix:
            _, l = session.run([Optimizer, loss], feed_dict={X:
batch})
            AvgCost += l

        AvgCost /= NumBatches

        print("Epoch: {} Loss: {}".format(i + 1, AvgCost))

    UserItemMatrix = np.concatenate(UserItemMatrix, axis=0)

    Preds = session.run(DecoderOp, feed_dict={X: UserItemMatrix})

    PredData = PredData.append(pd.DataFrame(Preds))

    PredData = PredData.stack().reset_index(name='rating')
    PredData.columns = ['user', 'item', 'rating']
    PredData['user'] = PredData['user'].map(lambda value: Users[value])
    PredData['item'] = PredData['item'].map(lambda value: Items[value])
    keys = ['user', 'item']
    Index1 = PredData.set_index(keys).index
    Index2 = Data.set_index(keys).index

    TopTenRanked = PredData[~Index1.isin(Index2)]
    TopTenRanked = TopTenRanked.sort_values(['user', 'rating'],
ascending=[True, False])
    TopTenRanked = TopTenRanked.groupby('user').head(10)
    print(TopTenRanked.head(n=10))
```

返回的结果如下：

```
    user item rating
2651 1 2858 0.295800
1106 1 1196 0.278715
1120 1 1210 0.251717
2203 1 2396 0.227491
1108 1 1198 0.213989
579  1 593  0.201507
```

```
802  1 858  0.196411
2374 1 2571 0.195712
309  1 318  0.191919
2785 1 2997 0.188679
```

这是为用户 1 返回的前 10 条结果。

6.13.3　工作原理

协同过滤方法的重点在于找出对相同对象做出过类似判断的用户，这样便在用户间建立了联系，当二者之一给出积极评价后，就会为另一个用户推荐这个对象，或者直接推荐他们交流过的对象。这样，我们查找的就是用户之间的关联，而非对象之间的关联。

6.13.4　更多内容

用户对象矩阵表示的是用户对对象的偏好，如果竖着看，突出的信息就是谁喜欢某部电影，谁又不喜欢。使用这种表示方式，在不使用对象矩阵的情况下，也可以看出对象间的相似度，只需观察同样的人喜欢哪些电影，这些电影就可能在某个方面是类似的。

第 7 章 文本数据分析

本章将涵盖以下内容：

- 用标记解析的方法预处理数据；
- 提取文本数据的词干；
- 用词形还原的方法还原文本的基本形式；
- 用分块的方法划分文本；
- 构建词袋模型；
- 构建文本分类器；
- 识别名字性别；
- 语句情感分析；
- 用主题建模识别文本模式；
- 用 spaCy 进行词性标注；
- 用 gensim 构建 Word2Vec；
- 用浅层学习检测垃圾信息。

7.1 技术要求

本章中用到了下列文件（可通过 GitHub 下载）：

- `tokenizer.py`；
- `stemmer.py`；
- `lemmatizer.py`；

- chunking.py;
- bag_of_words.py;
- tfidf.py;
- gender_identification.py;
- sentiment_analysis.py;
- topic_modeling.py;
- data_topic_modeling.txt;
- PosTagging.py;
- GensimWord2Vec.py;
- LogiTextClassifier.py;
- spam.csv。

7.2 简介

文本分析和自然语言处理（Natural Language Processing，NLP）是现在人工智能系统不可分割的一部分。计算机擅长理解具有有限变化性的严格结构化数据，当用计算机处理非结构化的自由格式的文本数据时，就变得比较困难。开发 NLP 应用程序之所以具有挑战性，是因为计算机很难理解隐含的概念，而且语言交流方式也存在很多细微的变化，比如方言、语境、俚语等。

为了解决这类问题，基于机器学习的 NLP 应运而生。算法通过检测文本数据中的模式，让我们可以提取出有用的信息。人工智能公司大量使用了 NLP 和文本分析技术来发布相关成果。最常见的 NLP 应用包括搜索引擎、情感分析、主题建模、词性标注、实体识别等。NLP 的目标是开发出一套算法，让我们可以简单地用英语和计算机交流。如果这个目标可以实现的话，就不再需要使用编程语言来给计算机发出操作指令。本章将讨论几种文本分析技术，并看看如何从文本数据中提取出有价值的信息。

本章将会频繁用到 Python 中的 NLTK（Natural Language Toolkit）工具包，在继续下面的内容之前，请确保你已经安装了这个 NLTK 工具包和 NLTK 数据。

7.3　用标记解析的方法预处理数据

标记解析（tokenization）是将文本分割成一组有意义的片段的过程，这些片段称为标记（token）。例如，可以将一整段文字分割成单词或者句子。根据任务需要，可以自定义把输入文本划分成有意义的标记的方式。接下来介绍标记分割的方法。

7.3.1　准备工作

标记解析是文本计算分析的第一步，它把字符组成的句子划分成更小的可分析单位，即标记。标记包含不同的文本部分（比如单词、标点符号、数字等），也可能是很复杂的单元（比如日期），本节将演示如何把一个复杂的句子解析成多个标记。

7.3.2　详细步骤

用标记解析进行数据预处理的方法如下。

1．创建一个新的 Python 文件，并加入下面的代码（完整的代码包含在本书提供的 `tokenizer.py` 文件中），以导入程序包和语料库：

```
import nltk
nltk.download('punkt')
```

2．定义一些分析用的示例文本：

```
text = "Are you curious about tokenization? Let's see how it works!
We need to analyze a couple of sentences with punctuations to see
it in action."
```

3．接下来做句子解析。NLTK 提供了一个句子解析器，首先加载该解析器：

```
# 句子解析
from nltk.tokenize import sent_tokenize
```

4．在输入文本上运行句子解析器，提取出标记：

```
sent_tokenize_list = sent_tokenize(text)
```

5．打印出句子解析结果列表，以查看解析是否准确：

```
print("Sentence tokenizer:")
print(sent_tokenize_list)
```

6．单词解析在 NLP 中非常常用，NLTK 附带了几种不同的单词解析器，这里先从最基本的单词解析器开始：

```
# 创建一个新的单词解析器
from nltk.tokenize import word_tokenize

print("Word tokenizer:")
print(word_tokenize(text))
```

7. 如果要把标点符号划分成单独的标记，就要用到 WordPunct 分词器：

```
# 创建一个新的 WordPunct 分词器
from nltk.tokenize import WordPunctTokenizer

word_punct_tokenizer = WordPunctTokenizer()
print("Word punct tokenizer:")
print(word_punct_tokenizer.tokenize(text))
```

8. 运行代码，终端上将显示如下输出：

```
Sentence tokenizer:
['Are you curious about tokenization?', "Let's see how it works!", 'We need
to analyze a couple of sentences with punctuations to see it in action.']

Word tokenizer:
['Are', 'you', 'curious', 'about', 'tokenization', '?', 'Let', "'s", 'see',
'how', 'it', 'works', '!', 'We', 'need', 'to', 'analyze', 'a', 'couple',
'of', 'sentences', 'with', 'punctuations', 'to', 'see', 'it', 'in',
'action', '.']

Word punct tokenizer:
['Are', 'you', 'curious', 'about', 'tokenization', '?', 'Let', "'", 's',
'see', 'how', 'it', 'works', '!', 'We', 'need', 'to', 'analyze', 'a',
'couple', 'of', 'sentences', 'with', 'punctuations', 'to', 'see', 'it',
'in', 'action', '.']
```

7.3.3　工作原理

本节演示了如何将复杂的句子解析成多个标记。我们使用了 nltk.tokenize 包中的 3 个方法：`sent_tokenize`、`word_tokenize` 和 `WordPunctTokenizer`，具体如下。

- `sent_tokenize` 使用 NLTK 推荐的句子解析器，返回了文本的一个句子标记副本。
- `word_tokenize` 解析字符串，并按标点分隔，句号除外。
- `WordPunctTokenizer` 使用正则表达式`\w+|[^\w\s]+` 把文本解析成字母字符和非字母字符的序列。

7.3.4　更多内容

根据分析语言的不同，标记解析过程可能是一个极端复杂的任务。在英语中，我们通常用到的解析结构是一个没有空格和标点符号的字符序列。其他语言，如汉语和日语，单词间不是空格分隔，而是通过不同符号的组合分隔，不同的字词组合会完全改变语句含义，因而解析任务就复杂得多。但通常来说，即使是通过空格分隔单词的语言，也要定义精确的标准，因为标点经常会引发歧义。

7.4　提取文本数据的词干

处理文本文档时，可能会碰到单词的不同形式。以单词“play”为例，这个单词可能以多种形式出现，比如 play、plays、player、playing 等，这些单词属于具有类似含义的同一单词家族。在文本分析过程中，提取这些单词的原形非常有用，它有助于我们提取出用于分析整个文本的统计信息。词干提取（stemming）的目标是把不同形式的单词转换成其基本形式。它使用启发式过程截去单词尾部，以提取出单词的基本形式。

7.4.1　准备工作

本节将使用 nltk.stem 程序包，这个包提供了移除单词形态词缀的处理接口，并为不同的语言提供了不同的提取器。对于英语，我们使用的词干提取器有 PorterStemmer、LancasterStemmer 和 SnowballStemmer。

7.4.2　详细步骤

提取文本词干的方法如下。

1．创建一个新的 Python 文件并导入下面的程序包（完整的代码包含在本书提供的 stemmer.py 文件中）：

```
from nltk.stem.porter import PorterStemmer
from nltk.stem.lancaster import LancasterStemmer
from nltk.stem.snowball import SnowballStemmer
```

2．定义要处理的单词：

```
words = ['table', 'probably', 'wolves', 'playing', 'is', 'dog', 'the',
```

```
'beaches', 'grounded', 'dreamt', 'envision']
```

3．定义一个稍后会用到的词干提取器列表：

```
# 对比不同的词干提取方法
stemmers = ['PORTER', 'LANCASTER','SNOWBALL']
```

4．初始化 3 个提取器对象：

```
stemmer_porter = PorterStemmer()
stemmer_lancaster = LancasterStemmer()
stemmer_snowball = SnowballStemmer('english')
```

5．为了将输出数据打印成整齐的表格，需要正确地进行格式化：

```
formatted_row = '{:>16}' * (len(stemmers) + 1)
print('\n', formatted_row.format('WORD', *stemmers), '\n')
```

6．迭代列表中的单词，并用 3 个词干提取器分别进行词干提取：

```
for word in words: stemmed_words = [stemmer_porter.stem(word),
stemmer_lancaster.stem(word), stemmer_snowball.stem(word)]
print(formatted_row.format(word, *stemmed_words))
```

7．运行代码，终端上将显示图 7-1 所示的输出，请观察 LANCASTER 提取器和其他两个有什么不同。

WORD	PORTER	LANCASTER	SNOWBALL
table	tabl	tabl	tabl
probably	probabl	prob	probabl
wolves	wolv	wolv	wolv
playing	play	play	play
is	is	is	is
dog	dog	dog	dog
the	the	the	the
beaches	beach	beach	beach
grounded	ground	ground	ground
dreamt	dreamt	dreamt	dreamt
envision	envis	envid	envis

图 7-1

7.4.3 工作原理

3 种词干提取算法的目标基本是相同的，不同之处在于操作的严格程度。观察图 7-1 的输出可以看出，LANCASTER 提取器比其他两个更加严格，POSTER 提取器的严格程度最低，LANCASTER 的最高。从 LANCASTER 提取器得到的词干往往比较模糊，难以理解。这个算法的运行速度很快，但它会截取单词的很大部分，因而比较好的做法是使用 SNOWBALL 提取器。

7.4.4 更多内容

词干是将一个词的变化形式简化为其词根形式的过程。词干不一定对应于单词的形态词根（原形）：通常情况下，相关的词被映射到同一个词干就足够了，即使词干并不是单词真正的词根。创建词干提取算法一直是计算机科学中的常见问题。词干提取过程可用于对搜索引擎进行查询扩展，以及进行其他自然语言处理的问题。

7.5 用词形还原的方法还原文本的基本形式

词形还原的目标也是把单词缩减成其基本形式，但这是一个更结构化的方法。7.4 节可以看到用词干提取的方法得到的基本单词并无意义，例如，单词 wolves 被缩减成了 wolv，而 wolv 不是一个真正的单词。词形还原通过使用词典和对单词进行形态学分析解决了这个问题，它移除了变形词的后缀，比如-ing 和-ed，并返回单词的基础形式，这个基础形式就称为单词的原形。如果把 wolves 还原，得到的输出结果是 wolf。输出结果取决于标记本身是动词还是名词。

7.5.1 准备工作

本节使用 nltk.stem 包将单词的变化形式缩减成其规范形式，即原形（lemma）。

7.5.2 详细步骤

用词形还原的方法把文本还原成其基本形式的步骤如下。

1．创建一个新的 Python 文件并导入下面的程序包（完整的代码包含在本书提供的 `lemmatizer.py` 文件中）：

```
import nltk
nltk.download('wordnet')
from nltk.stem import WordNetLemmatizer
```

2．定义词干提取例子中使用的相同单词：

```
words = ['table', 'probably', 'wolves', 'playing', 'is', 'dog', 'the',
'beaches', 'grounded', 'dreamt', 'envision']
```

3．这里将对比两个不同的词形还原器，即 NOUN 词形还原器和 VERB 词形还原器：

```
# 对比不同的词形还原器
lemmatizers = ['NOUN LEMMATIZER', 'VERB LEMMATIZER']
```

4．基于 WordNet 词形还原器创建一个对象：

```
lemmatizer_wordnet = WordNetLemmatizer()
```

5．为了以表格形式打印数据，需要用正确的方式格式化数据：

```
formatted_row = '{:>24}' * (len(lemmatizers) + 1)
print('\n', formatted_row.format('WORD', *lemmatizers), '\n')
```

6．迭代列表中的单词，并进行还原：

```
for word in words:
    lemmatized_words = [lemmatizer_wordnet.lemmatize(word,
pos='n'),lemmatizer_wordnet.lemmatize(word, pos='v')]
    print(formatted_row.format(word, *lemmatized_words))
```

7．运行代码，显示的输出结果如图 7-2 所示。

WORD	NOUN LEMMATIZER	VERB LEMMATIZER
table	table	table
probably	probably	probably
wolves	wolf	wolves
playing	playing	play
is	is	be
dog	dog	dog
the	the	the
beaches	beach	beach
grounded	grounded	ground
dreamt	dreamt	dream
envision	envision	envision

图 7-2

观察图 7-2，就可以看出 NOUN 词形还原器和 VERB 词形还原器对于单词还原的处理有什么不同。

7.5.3　工作原理

词形还原是把单词的变化形式缩减成其基本形式（即原形）的过程。在自然语言处理中，词形还原是自动确定给定单词的原形的算法过程，这个过程可能会涉及其他的语言处理方法，如形态分析和语法分析。在很多语言中，单词都以不同的变化的形式出现。单词原形和词性一起，就构成了这个单词的词素（lexeme）。词素是指结构化词汇学中，构成一门语言的词汇的最小单位。因此，每种语言的词汇都可以在字典中对应到一个原形形式。

7.5.4　更多内容

用NLTK作词形还原时，是可以使用WordNet的，但它仅限于对英语的处理。WordNet是一个大型的英语词汇数据库。在WordNet中，名词、动词、形容词和副词被各自分组成同义词集合（即synset），每个synset表达一个不同的概念，synset之间通过语义和词汇概念关系相连接，同义词网络中显著相关的单词和概念可以通过浏览器导航。WordNet根据词条的意义将它们分组，不仅关联了单词的不同形式（字母组成的字符串），还连接了具体的词条。因此，网络中距离彼此较近的词就不容易混淆语义。另外，WordNet还标记了词条间的语义关系。

7.6　用分块的方法划分文本

分块指的是基于任意给定条件将输入文本进行分块划分。与标记解析不同的是，分块没有条件约束，分块的结果也可以没有实际意义。分块技术在文本分析中经常使用，当处理大型文本文档时，最好对文本进行分块处理。

7.6.1　详细步骤

下面看看如何使用分块法分割文本。

1．创建一个新的Python文件，导入下面的程序包（完整的代码包含在本书提供的`chunking.py`文件中）：

```
import numpy as np
nltk.download('brown')
from nltk.corpus import brown
```

2．定义一个将文本分块的函数，首先基于空格对文本进行划分：

```
# 把文本分块
def splitter(data, num_words):
    words = data.split(' ')
    output = []
```

3．初始化两个后面要用到的变量：

```
cur_count = 0
cur_words = []
```

4．对这些单词进行迭代：

```
for word in words:
    cur_words.append(word)
    cur_count += 1
```

5．单词达到需要的个数时，重置变量：

```
if cur_count == num_words:
    output.append(' '.join(cur_words))
    cur_words = []
    cur_count = 0
```

6．把分好的块添加到输出变量并返回：

```
output.append(' '.join(cur_words) )

return output
```

7．接下来定义 main 函数，从布朗语料库加载数据。我们将使用前 1 万个单词：

```
if __name__=='__main__':
    # 从布朗语料库加载数据
    data = ' '.join(brown.words()[:10000])
```

8．定义每个块中的单词个数：

```
# 设置每个块的单词个数
num_words = 1700
```

9．初始化两个相关的变量：

```
chunks = []
counter = 0
```

10．在文本数据上调用 splitter()函数，并打印出输出结果：

```
text_chunks = splitter(data, num_words)

print("Number of text chunks =", len(text_chunks))
```

11．运行代码，终端上可以看到生成的块的个数：

```
Number of text chunks = 6
```

7.6.2　工作原理

分块（也叫浅层句法分析，shallow parsing）是对句法的分析，它由主语和谓语这种简单的形式组成。主语通常是一个名词短语，而谓语是带有 0 个或多个补语或谓语的动词短语。语块由相邻的一个或多个标记组成。

处理分块问题的方法有很多种，比如，在分配好的任务中，语块表示成方括号分隔的一组单词，用标注表示每个语块的类型。本节使用的数据集来自给定的语料库，选用的是和期刊文章相关的部分，并从语料的句法树中提取出信息块。

7.6.3 更多内容

布朗大学当代美国英语标准语料库（或简称为布朗语料库），美国罗得岛普罗维登斯布朗大学的亨利·库塞拉和 W.尼尔森·弗朗西斯于 20 世纪 60 年代编制而成，它收集了从美国 1961 年发表的文章中抽取出的 500 份文本，共包含了约 100 万个单词。

7.7 构建词袋模型

如果需要处理包含数以百万计单词的文本文档，那么将它们转换成数值表示形式就很有必要了，这样机器学习算法才可以分析并处理这些数据。算法需要使用数值类型的数据才能进行分析并输出有意义的信息，这时就要用到词袋（bag of words）模型。词袋模型从所有文档的所有单词中学习出词汇表的模型，通过创建出文档中所有单词的直方图来对文档建模。

7.7.1 准备工作

本节将构建一个用来提取文档词矩阵的词袋模型，使用的工具包是 sklearn.feature_extraction.text。

7.7.2 详细步骤

构建词袋模型的方法如下。

1. 创建一个新的 Python 文件，并导入下面的程序包（完整的代码包含在本书提供的 bag_of_words.py 文件中）：

```
import numpy as np
from nltk.corpus import brown
from chunking import splitter
```

2. 定义 main 函数，从布朗语料库中加载输入数据：

```
if __name__=='__main__':
    # 读取布朗语料库数据
    data = ' '.join(brown.words()[:10000])
```

3. 把数据划分成 5 个块：

```
# 每个块中的单词个数
```

```
num_words = 2000

chunks = []
counter = 0

text_chunks = splitter(data, num_words)
```

4．创建一个基于这些文本块的字典：

```
for text in text_chunks:
    chunk = {'index': counter, 'text': text}
    chunks.append(chunk)
    counter += 1
```

5．下一步提取文档的词矩阵，这个矩阵记录了文档中每个单词出现的频次。下面用 scikit-learn 来构建矩阵，就本次任务而言，相比 NLTK，scikit-learn 用起来更加方便。导入下面的程序包：

```
from sklearn.feature_extraction.text import CountVectorizer
```

6．定义对象，并提取文档的词矩阵：

```
vectorizer = CountVectorizer(min_df=5, max_df=.95)
doc_term_matrix = vectorizer.fit_transform([chunk['text'] for chunk in
chunks])
```

7．从 vectorizer 对象中提取词汇并打印：

```
vocab = np.array(vectorizer.get_feature_names())
print("Vocabulary:")
print(vocab)
```

8．打印出文档的词矩阵：

```
print("Document term matrix:")
chunk_names = ['Chunk-0', 'Chunk-1', 'Chunk-2', 'Chunk-3', 'Chunk-4']
```

9．格式化数据，并将其打印成表格形式：

```
formatted_row = '{:>12}' * (len(chunk_names) + 1)
print('\n', formatted_row.format('Word', *chunk_names), '\n')
```

10．在单词上迭代，并打印出不同的块中每个单词出现的次数：

```
for word, item in zip(vocab, doc_term_matrix.T):
    # 'item'是'csr_matrix'数据结构
    output = [str(x) for x in item.data]
    print(formatted_row.format(word, *output))
```

11．运行代码，终端上将显示两部分输出，第一部分输出的是词汇，如图 7-3 所示。

```
Vocabulary:
['about' 'after' 'against' 'aid' 'all' 'also' 'an' 'and' 'are' 'as' 'at'
 'be' 'been' 'before' 'but' 'by' 'committee' 'congress' 'did' 'each'
 'education' 'first' 'for' 'from' 'general' 'had' 'has' 'have' 'he'
 'health' 'his' 'house' 'in' 'increase' 'is' 'it' 'last' 'made' 'make'
 'may' 'more' 'no' 'not' 'of' 'on' 'one' 'only' 'or' 'other' 'out' 'over'
 'pay' 'program' 'proposed' 'said' 'similar' 'state' 'such' 'take' 'than'
 'that' 'the' 'them' 'there' 'they' 'this' 'time' 'to' 'two' 'under' 'up'
 'was' 'were' 'what' 'which' 'who' 'will' 'with' 'would' 'year' 'years']
```

图 7-3

12．第二部分输出的是文档词矩阵，这个矩阵非常大，这里仅显示前面几行，如图 7-4 所示。

Document term matrix:

Word	Chunk-0	Chunk-1	Chunk-2	Chunk-3	Chunk-4
about	1	1	1	1	3
after	2	3	2	1	3
against	1	2	2	1	1
aid	1	1	1	3	5
all	2	2	5	2	1
also	3	3	3	4	3
an	5	7	5	7	10
and	34	27	36	36	41
are	5	3	6	3	2
as	13	4	14	18	4
at	5	7	9	3	6
be	20	14	7	10	18
been	7	1	6	15	5
before	2	2	1	1	2
but	3	3	2	9	5
by	8	22	15	14	12
committee	2	10	3	1	7
congress	1	1	3	3	1
did	2	1	1	2	2

图 7-4

7.7.3 工作原理

以下面的句子为例。

- 句子 1：The brown dog is running.。
- 句子 2：The black dog is in the black room.。
- 句子 3：Running in the room is forbidden.。

上面的 3 个句子中，共有 9 个单词。

- the
- brown
- dog
- is
- running

- black
- in
- room
- forbidden

接下来按照每个句子中单词出现的次数，把句子转换成直方图，因为有 9 个单词，所以特征向量都是九维的。

- 句子 1：[1, 1, 1, 1, 1, 0, 0, 0, 0]。
- 句子 2：[2, 0, 1, 1, 0, 2, 1, 1, 0]。
- 句子 3：[0, 0, 0, 1, 1, 0, 1, 1, 1]。

提取出特征向量后，就可以用机器学习算法进行分析了。

7.7.4　更多内容

词袋模型是信息检索和自然语言处理中表示文档的方法，它不考虑单词的顺序。在词袋模型中，每个文档都包含了单词。这使得我们可以基于列表管理单词，其中每个文档都包含了这个列表中的某些单词。

7.8　构建文本分类器

文本分类器的目的是把文本文档分成不同的类别，这是 NLP 中一项很重要的分析技术。我们将使用一种基于 TF-IDF 统计的技术，TF-IDF 指的是词频-逆文本频率指数（term frequency-inverse document frequency），该分析技术可以帮助我们理解一个单词对于一组文档中的某个文档的重要性。它可以作为特征向量使用，对文档进行分类。

7.8.1　准备工作

本节将使用词频-逆文本频率指数方法来评估单词对语料集中某一文档的重要性，并构建一个文本分类器。

7.8.2　详细步骤

构建文本分类器的方法如下。

1．创建一个新的 Python 文件并导入下面的程序包（完整的代码包含在本书提供的 tfidf.py 文件中）：

```
from sklearn.datasets import fetch_20newsgroups
```

2．选择一个类型列表，并用字典映射给这些类型命名。这些类型是导入的新闻组数据集的一部分：

```
category_map = {'misc.forsale': 'Sales', 'rec.motorcycles':'Motorcycles',
'rec.sport.baseball': 'Baseball', 'sci.crypt': 'Cryptography',
'sci.space': 'Space'}
```

3．基于定义好的类型加载训练数据：

```
training_data = fetch_20newsgroups(subset='train', categories=category
_map.keys(), shuffle=True, random_state=7)
```

4．导入特征提取器：

```
# 特征提取
from sklearn.feature_extraction.text import CountVectorizer
```

5．使用训练数据提取特征：

```
vectorizer = CountVectorizer() X_train_termcounts = vectorizer.fit_
transform(training_data.data)
print("Dimensions of training data:", X_train_termcounts.shape)
```

6．现在可以训练分类器了，这里使用多项式朴素贝叶斯分类器：

```
# 训练分类器
from sklearn.naive_bayes import MultinomialNB
from sklearn.feature_extraction.text import TfidfTransformer
```

7．定义一些随机输入的句子：

```
input_data = [ "The curveballs of right handed pitchers tend to
curve to the left", "Caesar cipher is an ancient form of
encryption", "This two-wheeler is really good on slippery roads"
]
```

8．定义 tfidf_transformer 对象并进行训练：

```
# TF-IDF 变换器
tfidf_transformer = TfidfTransformer()
X_train_tfidf = tfidf_transformer.fit_transform(X_train_termcounts)
```

9．有了特征向量后，就可以使用该数据训练多项式朴素贝叶斯分类器了：

```
# 多项式朴素贝叶斯分类器
classifier = MultinomialNB().fit(X_train_tfidf, training_data.target)
```

10．使用词频统计转换输入数据：

```
X_input_termcounts = vectorizer.transform(input_data)
```

11．使用 TF-IDF 转换器转换输入数据：

```
X_input_tfidf = tfidf_transformer.transform(X_input_termcounts)
```

12．使用训练好的分类器预测这些输入句子的输出类型：

```
# 预测输出类型
predicted_categories = classifier.predict(X_input_tfidf)
```

13．打印输出结果：

```
# 打印输出
for sentence, category in zip(input_data, predicted_categories):
    print('\nInput:', sentence, '\nPredicted category:', \ category_map
[training_data.target_names[category]])
```

14．运行代码，终端上将显示如下输出结果：

```
Dimensions of training data: (2968, 40605)

Input: The curveballs of right handed pitchers tend to curve to the left
Predicted category: Baseball

Input: Caesar cipher is an ancient form of encryption
Predicted category: Cryptography

Input: This two-wheeler is really good on slippery roads
Predicted category: Motorcycles
```

7.8.3　工作原理

TF-IDF 技术常用于信息检索领域，目的是了解文档中每个单词的重要性。我们希望可以识别出文档中多次出现的单词，但“is”和“be”这样的常用词汇又无法反映出内容的实质，因而，我们需要提取出真正的单词指标。词频越大，单词的重要性越高，同时，单词出现的越多，这个词的词频也就越大，这两个指标相互平衡。我们从句子中提取出词频，并将其转换成特征向量后，就可以训练分类器对句子进行分类了。

词频（term frequency）表示一个单词在给定文档中出现的频繁程度。由于不同文档的长度不同，直方图也会相差很大，因而，需要将其标准化后再进行公平的比较。词频的计算方式是用单词在给定文档中出现的次数除以这个文档的单词总数。逆文本指数（Inverse Document Frequency，IDF）表示了给定单词的重要性，计算词频（tf）时，假定了所有单词都具有相同的重要性。为了平衡那些经常出现的普通词，需要降低它们的权重，并提高相对少见的单词的权重。我们要先求出文档总数和该单词出现过的文档数目的比值，最后对这个比值取对数就是 IDF。

7.8.4 更多内容

简单的词，如“is”和“the”，在不同的文档中出现的次数都比较多，但这并不意味着可以基于这些单词了解文档的特征。同时，如果一个单词仅出现了一次，也没有什么意义。因而，我们要找出的是那些出现了一定次数，但又没有频繁到成为了噪声的单词。TF-IDF 技术可以帮我们挑选出符合要求的单词，并用它们对文档进行分类。搜索引擎经常使用 TF-IDF 工具来对搜索结果的相关度进行排序。

7.9 识别名字性别

在自然语言处理中，通过姓名识别性别是一个很有趣的任务。这里我们将使用一个探索式的方法，即通过名字中后面的几个字母来界定性别特征。例如，如果一个名字以“la”结尾，就很可能是个女性的名字，比如 Angela 或 Layla。另外，如果一个名字以“im”结尾，那么它很有可能是一个男性的名字，比如 Tim 或 Jim。由于我们并不确定这种判断需要使用几个字符，就需要通过实验确定。

7.9.1 准备工作

本节将使用姓名语料库提取出已打过标签的姓名，然后基于名字尾部来判断性别。

7.9.2 详细步骤

识别的方法如下。

1．创建一个新的 Python 文件，并导入下面的程序包（完整的代码包含在本书提供的 `gender_identification.py` 文件中）：

```
import nltk
nltk.download('names')

import random from nltk.corpus import names from nltk import
NaiveBayesClassifier from nltk.classify import accuracy as
nltk_accuracy
```

2．定义一个从输入的单词中提取特征的函数：

```
    # 从输入单词中提取特征
    def gender_features(word,num_letters=2): return {'feature': word[-num_
letters:].lower()}
```

3．定义 main 函数，这里要用到一些带标签的训练数据：

```
if __name__=='__main__':
    # 提取有标签的姓名
    labeled_names = ([(name, 'male') for name in names.words('male.txt')]
 + [(name, 'female') for name in names.words('female.txt')])
```

4．设置随机生成树的种子值，并打乱训练数据：

```
random.seed(7)
random.shuffle(labeled_names)
```

5．定义几个用作输入数据的姓名：

```
input_names = ['Leonardo', 'Amy', 'Sam']
```

6．因为不知道要用到几个末尾字符，所以要为这个参数设置范围 1～5，并为每个值都提取特征：

```
    # 定义参数空间
    for i in range(1, 5):
        print('\nNumber of letters:', i)
        featuresets = [(gender_features(n, i), gender) for (n, gender)
 in labeled_names]
```

7．将数据分为训练数据集和测试数据集：

```
train_set, test_set = featuresets[500:], featuresets[:500]
```

8．使用朴素贝叶斯分类器进行训练：

```
classifier = NaiveBayesClassifier.train(train_set)
```

9．为参数空间中的每个值评估分类器效果：

```
        # 打印出分类器准确率
        print('Accuracy ==>', str(100 * nltk_accuracy(classifier,
test_set)) + str('%'))

# 预测输出
        for name in input_names:
            print(name, '==>', classifier.classify(gender_features(name,
 i)))
```

10．运行代码，终端上将显示下面的输出结果：

```
Number of letters: 1
Accuracy ==> 76.2%
Leonardo ==> male
```

```
Amy ==> female
Sam ==> male

Number of letters: 2
Accuracy ==> 78.6%
Leonardo ==> male
Amy ==> female
Sam ==> male

Number of letters: 3
Accuracy ==> 76.6%
Leonardo ==> male
Amy ==> female
Sam ==> female

Number of letters: 4
Accuracy ==> 70.8%
Leonardo ==> male
Amy ==> female
Sam ==> female
```

7.9.3 工作原理

本节使用了姓名语料库，提取出了有标签的姓名，然后基于姓名的尾部字符对性别进行判断。贝叶斯分类器基于贝叶斯理论构建有监督学习分类器模型。这个主题在 2.5 节中已经探讨过。

7.9.4 更多内容

贝叶斯分类器之所以是朴素的，是因为它假设在给定的关注类别中某个特征是否存在和其他特征是否存在没有关系，这极大地简化了计算过程。

7.10 语句情感分析

情感分析（sentiment analysis）是自然语言处理中最受欢迎的应用之一。情感分析指的是判断一段给定的文本是消极的还是积极的。在某些场景中，还可以将中性作为第三个选项。情感分析常用于发现人们对一个特定主题的看法，可以用于很多场景下的用户情感分析，如营销活动、社交媒体、电子商务等。

7.10.1　准备工作

本节使用朴素贝叶斯分类器对句子的情感进行分析，使用的是包含在 movie_reviews 语料中的数据。

7.10.2　详细步骤

句子情感分析的方法如下。

1．创建一个新的 Python 文件，并导入下面的程序包（完整的代码包含在本书提供的 sentiment_analysis.py 文件中）：

```
import nltk.classify.util
from nltk.classify import NaiveBayesClassifier
from nltk.corpus import movie_reviews
```

2．定义一个用于提取特征的函数：

```
def extract_features(word_list):
    return dict([(word, True) for word in word_list])
```

3．需要对数据进行训练，这里使用 NLTK 中的电影评论数据：

```
if __name__=='__main__':
    # 加载积极评论和消极评论
    positive_fileids = movie_reviews.fileids('pos')
    negative_fileids = movie_reviews.fileids('neg')
```

4．将这些评论数据分成积极评论和消极评论：

```
    features_positive = [(extract_features(movie_reviews.words(fields =
[f])), 'Positive') for f in positive_fileids]
    features_negative = [(extract_features(movie_reviews.words(fields =
[f])), 'Negative') for f in negative_fileids]
```

5．将数据分成训练数据集和测试数据集：

```
    # 按 80/20 比例划分训练数据和测试数据
    threshold_factor = 0.8
    threshold_positive = int(threshold_factor * len(features_positive))
    threshold_negative = int(threshold_factor * len(features_negative))
```

6．提取特征：

```
    features_train = features_positive[:threshold_positive] +
features_negative[:threshold_negative]
    features_test = features_positive[threshold_positive:] +
```

```
features_negative[threshold_negative:]
    print("Number of training datapoints:", len(features_train))
    print("Number of test datapoints:", len(features_test))
```

7. 这里使用朴素贝叶斯分类器，定义分类器对象并进行训练：

```
    # 训练朴素贝叶斯分类器
classifier = NaiveBayesClassifier.train(features_train)
print("Accuracy of the classifier:", nltk.classify.util.accuracy
(classifier, features_test))
```

8. 分类器对象包含了从分析中获取的最具信息性的单词，通过这些单词可以判定哪些评论是积极的，哪些评论是消极的。打印出这些单词：

```
print("Top 10 most informative words:")
for item in classifier.most_informative_features()[:10]:
    print(item[0])
```

9. 创建几个随机输入的语句：

```
# 输入评论示例
input_reviews = [
    "It is an amazing movie",
    "This is a dull movie. I would never recommend it to anyone.",
    "The cinematography is pretty great in this movie",
    "The direction was terrible and the story was all over the place"
]
```

10. 对这些输入的句子运行分类器，得到预测结果：

```
print("Predictions:")
for review in input_reviews:
    print("Review:", review)
    probdist = classifier.prob_classify(extract_features(review
.split()))
        pred_sentiment = probdist.max()
```

11. 打印输出结果：

```
print("Predicted sentiment:", pred_sentiment)
print("Probability:", round(probdist.prob(pred_sentiment), 2))
```

12. 运行代码，终端上将显示 3 部分的主要输出，第一部分是准确度，如图 7-5 所示。

```
Number of training datapoints: 1600
Number of test datapoints: 400
Accuracy of the classifier: 0.735
```

图 7-5

13. 第二部分显示的是最具信息性的单词，如图 7-6 所示。

```
Top 10 most informative words:

outstanding
insulting
vulnerable
ludicrous
uninvolving
astounding
avoids
fascination
seagal
anna
```

图 7-6

14．最后一部分是对输入句子的预测结果列表，如图 7-7 所示。

```
Predictions:

Review: It is an amazing movie
Predicted sentiment: Positive
Probability: 0.61

Review: This is a dull movie. I would never recommend it to anyone.
Predicted sentiment: Negative
Probability: 0.77

Review: The cinematography is pretty great in this movie
Predicted sentiment: Positive
Probability: 0.67

Review: The direction was terrible and the story was all over the
place
Predicted sentiment: Negative
Probability: 0.63
```

图 7-7

7.10.3　工作原理

在处理本节的任务时使用的是 NLTK 的朴素贝叶斯分类器。通过特征提取函数，我们基本提取出了所有的唯一词。但是 NLTK 分类器需要的是字典格式的数据，因此，我们把数据转换成 NLTK 分类器能使用的形式。在把数据分成训练数据集和测试数据集后，我们训练了分类器，从而把句子分成积极的或消极的类别。

通过最具信息性的单词列表可以发现，outstanding 这样的单词表达是积极的评论，insulting 这样的单词表达的则是消极的评论。这个信息很有趣，因为它让我们了解到什么样的单词可以用于表示强反馈信息。

7.10.4 更多内容

情感分析指的是使用 NLP 技术、文本分析和计算语言学来发现书面或口语文本数据源中的信息。如果这个主观信息来自大量数据，也就是说来自大量人群的意见，情感分析也可以称为意见挖掘（opinion mining）。

7.11 用主题建模识别文本模式

主题建模（topic modeling）指的是识别文本数据隐藏模式的过程，其目标是发现一组文档中隐藏的主题结构。主题建模可以帮我们更好地组织文档，以对文档进行分析。主题建模是 NLP 研究中的一个活跃领域。

7.11.1 准备工作

本节将使用 gemsim 库，用主题建模的方法识别文本模式。

7.11.2 详细步骤

使用主题建模识别文本模式的方法如下。

1. 创建一个新的 Python 文件，并导入下面的程序包（完整的代码包含在已给出的 `topic_modeling.py` 文件中）：

```
from nltk.tokenize import RegexpTokenizer
from nltk.stem.snowball import SnowballStemmer
from gensim import models, corpora
from nltk.corpus import stopwords
```

2. 定义函数来加载输入数据，本例将使用本书提供的 `data_topic_modeling.txt` 文本文件：

```
# 加载输入数据
def load_data(input_file):
    data = []
    with open(input_file, 'r') as f:
        for line in f.readlines():
            data.append(line[:-1])
```

```
        return data
```

3. 定义一个预处理文本的类，预处理器将负责创建必需的对象并从输入文本中提取相关的特征：

```
# 定义用于预处理文本的类
class Preprocessor(object):
    # 初始化运算符
    def __init__(self):
        # 创建正则表达式解析器
        self.tokenizer = RegexpTokenizer(r'\w+')
```

4. 我们需要一个停用词列表，在分析过程中可以将这些停用词排除。这些停用词都是常用词，例如 in、the、is 等：

```
# 获取停用词列表
self.stop_words_english = stopwords.words('english')
```

5. 定义 SnowballStemmer 模块：

```
# 创建 Snowball 词干提取器
self.stemmer = SnowballStemmer('english')
```

6. 定义一个处理函数，负责标记解析、停用词去除和词干还原：

```
# 标记解析、停用词去除和词干还原
def process(self, input_text):
    # 解析字符串
    tokens = self.tokenizer.tokenize(input_text.lower())
```

7. 从文本中去除停用词：

```
    # 去除停用词
    tokens_stopwords = [x for x in tokens if not x in self.stop_words_
english]
```

8. 对标记进行词干还原：

```
    # 词干提取
    tokens_stemmed = [self.stemmer.stem(x) for x in tokens_stopwords]
```

9. 返回处理过的标记：

```
    return tokens_stemmed
```

10. 接下来定义 main 函数，从文本文件中加载输入数据：

```
if __name__=='__main__':
    # 输入数据文件
    input_file = 'data_topic_modeling.txt'

    # 加载数据
    data = load_data(input_file)
```

11. 基于定义好的类创建对象：

```
# 创建预处理器对象
preprocessor = Preprocessor()
```

12. 处理文件中的文本，并提取处理好的标记：

```
# 创建处理好的标记列表
processed_tokens = [preprocessor.process(x) for x in data]
```

13. 创建基于标记文档的字典，用于主题建模：

```
# 创建基于标记文档的字典
dict_tokens = corpora.Dictionary(processed_tokens)
```

14. 使用预处理的标记创建文档词矩阵：

```
# 创建文档词矩阵
corpus = [dict_tokens.doc2bow(text) for text in processed_tokens]
```

15. 假设知道文档可以分成两个主题，那么我们可以使用隐狄利克雷分布（Latent Dirichlet Allocation，LDA）技术进行主题建模。定义用到的参数并初始化 LdaModel 对象：

```
# 基于刚刚创建的语料库生成 LDA 模型
num_topics = 2
num_words = 4

ldamodel = models.ldamodel.LdaModel(corpus, num_topics=num_topics,
id2word=dict_tokens, passes=25)
```

16. 识别出两个主题后，可以看到这两个主题是如何被主题相关性最强的词汇分开的：

```
print("Most contributing words to the topics:")
for item in ldamodel.print_topics(num_topics=num_topics, num_words=
num_words):
print ("Topic", item[0], "==>", item[1])
```

17. 完整的代码包含在 `topic_modeling.py` 文件中，运行代码，终端上将显示如下输出：

```
Most contributing words to the topics:
Topic 0 ==> 0.057*"need" + 0.034*"order" + 0.034*"work" +
0.034*"modern"
Topic 1 ==> 0.057*"need" + 0.034*"train" + 0.034*"club" +
0.034*"develop"
```

7.11.3 工作原理

主题建模（topic modeling）通过识别文档中最重要或最能表征主题的词来实现，

这些词通常可以确定主题的内容。我们使用正则表达式解析器来去除不需要用到的标点符号或其他标记，并用它来提取标记。停用词移除是另一个重要步骤，它可以帮助我们消除由 is 或 the 这些词引起的噪声。之后，对单词进行词干提取，得到它们的基本形式。上述步骤被打包成文本分析工具中的预处理部分，也就是本例的代码实现的这些功能。

我们使用 LDA 技术进行主题建模。LDA 基本上表示了由不同主题混合成的文档，这些主题可以生成和主题相关的单词，生成的单词遵循一定的概率分布。LDA 的目标是找到这些主题，它是一个用于发现给定文档集合主题的生成模型。

7.11.4　更多内容

从输出结果可以看到，talent 和 train 表示了运动主题特征，encrypt 表示了密码主题的特征。由于我们处理的文本内容较少，所以有些词可能看起来相关性不大。显然，使用的数据集越庞大，最后的准确率就会越高。

7.12　用 spaCy 进行词性标注

词性标注（parts of speech tagging, PoS tagging）是为单词标注对应的词汇类别的过程。常见的语言学上的词性类别有名词、动词、形容词、冠词、代词、副词、连词等。

7.12.1　准备工作

这一节将使用 spaCy 库进行词性标注。

7.12.2　详细步骤

使用 spaCy 进行词性标注的方法如下。

1. 创建一个新的 Python 文件，并导入下面的程序包（完整的代码包含在本书提供的 `PosTagging.py` 文件中）：

```
import spacy
```

2. 加载 `en_core_web_sm` 模型：

```
nlp = spacy.load('en_core_web_sm')
```

3. 定义一段输入文本：

```
Text = nlp('We catched fish, and talked, and we took a swim now
and then to keep off sleepiness')
```

这段作为数据源的文本来自马克·吐温的《哈克贝利·费恩历险记》。

4. 下面进行词性标注：

```
for token in Text:
    print(token.text, token.lemma_, token.pos_, token.tag_, token.dep_,
token.shape_, token.is_alpha, token.is_stop)
```

5. 返回的结果如图 7-8 所示。

```
We -PRON- PRON PRP nsubj Xx True False
catched catch VERB VBD ROOT xxxx True False
fish fish NOUN NN dobj xxxx True False
, , PUNCT , punct , False False
and and CCONJ CC cc xxx True True
talked talk VERB VBD conj xxxx True False
, , PUNCT , punct , False False
and and CCONJ CC cc xxx True True
we -PRON- PRON PRP nsubj xx True True
took take VERB VBD conj xxxx True False
a a DET DT det x True True
swim swim NOUN NN dobj xxxx True False
now now ADV RB advmod xxx True True
and and CCONJ CC cc xxx True True
then then ADV RB advmod xxxx True True
to to PART TO aux xx True True
keep keep VERB VB conj xxxx True True
off off PART RP prt xxx True True
sleepiness sleepiness NOUN NN dobj xxxx True False
```

图 7-8

7.12.3 工作原理

词性标注为文档或语料中的每个单词分配一个词性标注，具体的词性集合取决于处理的语言。输入是单词组成的字符串和用到的词性集合，输出是每个单词最佳的词性标注选项。一个单词可能会有多个兼容的词性标注（歧义），词性标注器的目标是基于单词所处的上下文选择出单词最合适的词性，从而消除歧义。

7.12.4 更多内容

本节用 spaCy 库执行词性标注任务。这个库提取语言学相关的特征，如词性标注、依存标记、命名实体等，可以自定义标记解析器并使用规则的匹配器。

安装 en_core_web_sm 模型的代码如下：

```
$ python -m spacy download en
```

7.13　用 gensim 构建 Word2Vec 模型

词嵌入（word embedding）让我们从一个未知语料库开始构造一个向量空间，该向量空间可以同时记录单词的语义和句法信息，在相同的语言环境中向量空间中的单词越靠近，就认为它们的语义越相似。Word2Vec 是用于生成词嵌入的一组模板，这个程序包最初由托马斯·米科洛夫用 C 写成，之后又分别使用 Python 和 Java 实现。

7.13.1　准备工作

本节将使用 gensim 库构建 Word2Vec 模型。

7.13.2　详细步骤

使用 gensim 库执行词嵌入任务的方法如下。

1．创建一个新的 Python 文件，并导入下面的程序包（完整的代码包含在本书提供的 GensimWord2Vec.py 文件中）：

```
import gensim
from nltk.corpus import abc
```

2．构建一个基于 Word2Vec 方法论的模型：

```
model= gensim.models.Word2Vec(abc.sents())
```

3．从数据中提取词汇表并将其放入一个列表：

```
X= list(model.wv.vocab)
```

4．找出和单词“science”类似的单词：

```
data=model.wv.most_similar('science')
```

5．最后打印出结果：

```
print(data)
```

返回的结果如图 7-9 所示。

```
[('law', 0.938495397567749), ('general', 0.9232532382011414), ('policy',
0.9198083877563477), ('agriculture', 0.918685793876648), ('media',
0.9151924252510071), ('discussion', 0.9143469929695129), ('practice',
0.9138249754905701), ('reservoir', 0.9102856516838074), ('board',
0.9069126844406128), ('tight', 0.9067160487174988)]
```

图 7-9

7.13.3　工作原理

Word2Vec 是用于自然语言处理的一个简单的两层人工神经网络；算法输入的数据是一个语料库，返回的是表示文本中单词语义学分布的一组向量。语料中包含的每个单词都被构造成一个唯一的向量，并表示成所创建的多维空间中的一个点。如果单词的语义越相似，它们在空间中也就更靠近。

7.13.4　更多内容

本节使用了澳大利亚国家语料库（Australian National Corpus，abc），这个语料库是基于文本和数字的语言数据的集合。使用这个语料库前，请使用下面的代码进行下载：

```
import nltk
nltk.download('abc')
```

7.14　用浅层学习检测垃圾信息

垃圾信息指的是大量用户不想看到的信息（通常是广告）。这些垃圾信息可以通过多种媒介实现，但最常见的是使用电子邮件和短信。垃圾信息的目的是打广告，从最常见的商业报价到物品的推销，从有问题的理财产品到真正的欺诈企图等。

7.14.1　准备工作

本节将使用一个逻辑回归模型进行垃圾信息检测，使用的数据是用于手机垃圾信息研究的打过标签的短信息集合。数据集包含 5574 条未编码的英语短信息，根据信息是正规的还是垃圾信息分别标记成“ham”和“spam”。

7.14.2　详细步骤

使用浅层学习进行垃圾信息检测的方法如下。

1．创建一个新的 Python 文件，并导入下面的程序包（完整的代码包含在本书提供的 LogiTextClassifier.py 文件中）：

```
import pandas as pd
from sklearn.feature_extraction.text import TfidfVectorizer
from sklearn.linear_model.logistic import LogisticRegression
from sklearn.model_selection import train_test_split
```

2．加载本书提供的 spam.csv 文件：

```
df = pd.read_csv('spam.csv', sep=',',header=None, encoding='latin-1')
```

3．提取训练和测试用的数据：

```
X_train_raw, X_test_raw, y_train, y_test = train_test_split(df[1],df[0])
```

4．将输入的文本数据向量化：

```
vectorizer = TfidfVectorizer()
X_train = vectorizer.fit_transform(X_train_raw)
```

5．构建逻辑回归模型：

```
classifier = LogisticRegression(solver='lbfgs', multi_class='multinomial')
classifier.fit(X_train, y_train)
```

6．定义两个短信息，用作测试数据：

```
X_test = vectorizer.transform( ['Customer Loyalty Offer:The NEW
Nokia6650 Mobile from ONLY å£10 at TXTAUCTION!', 'Hi Dear how long
have we not heard.'] )
```

7．最后使用模型进行预测：

```
predictions = classifier.predict(X_test)
print(predictions)
```

8．返回的结果如下：

```
['spam' 'ham']
```

结果显示第一条短信息被识别为垃圾信息“spam”，第二条短信息被识别为正规的“ham”。

7.14.3　工作原理

逻辑回归分析是用于估计回归函数的方法，它使用一组解释变量找出最佳的二分属性的概率。逻辑回归模型是当因变量为二分变量时使用的非线性回归模型。这个模型的目标是确认一次观测中因变量的值可能为其一或另一个的概率，也可以根据特征对观测进行二分类归类。

7.14.4 更多内容

除了依赖变量的度量尺度不同，逻辑回归分析和线性回归分析的不同还在于它假定 y 值是正态分布的，然而如果 y 是二值的，那么分布显然是二项式分布。类似地，在线性回归分析中，回归模型获取的 y 估计值为 $-\infty \sim +\infty$，而逻辑回归分析中的 y 估计值是 0 或 1。

第 8 章 语音识别

本章将涵盖以下内容：

- 读取和绘制音频数据；
- 将音频信号转换为频域；
- 用自定义参数生成音频信号；
- 合成音乐；
- 提取频域特征；
- 构建隐马尔可夫模型；
- 构建语音识别器；
- 构建文本转语音系统。

8.1 技术要求

本章中用到了下列文件（可通过 GitHub 下载）：

- `read_plot.py`；
- `input_read.wav`；
- `freq_transform.py`；
- `input_freq.wav`；
- `generate.py`；
- `synthesize_music.py`；
- `extract_freq_features.py`；

- `input_freq.wav`;
- `speech_recognizer.py`;
- `tts.py`。

8.2 简介

语音识别（speech recognition）是指识别和理解口语的过程。音频数据输入后，语音识别器将处理这些数据，并从中提取出有用的信息。语音识别有很多实际应用，如声音控制设备、语音转文本和安全系统等。

自然界的声音信号多种多样，同一种语言也有很多不同的语音，语音又包含不同的元素，如语言、情绪、语调、噪声、口音等。很难定义出一组构成语音的规则。但尽管语音有这么多变量，人类还是可以很轻松地理解语音。现在，我们希望机器也可以以同样的方式理解语音。

在过去的几十年里，研究人员研究了语音的很多方面，如识别说话人、理解单词、识别口音、翻译语音等。在所有这些任务中，自动语音识别成为了很多研究人员关注的方向。本章将学习如何构建语音识别器。

8.3 读取和绘制音频数据

本节将介绍如何读取音频文件并将该信号进行可视化展现。这是一个好的起点，可以让我们很好地理解音频信号的基本结构。在开始前，我们需要了解的是，音频文件是实际音频信号的数字化形式，实际音频信号是复杂的连续波形。为了保存数字形式的音频信号，需要对音频信号进行采样并将其转换成数字。例如，通常以 44100Hz 的频率对语音进行采样，就是说每秒的信号被分解成 44100 份，并将这些时间戳上的数据储存起来。换言之，每 1/44100 秒存储一次。如果采样率很高，用媒体播放器播放音频时，就会感觉到信号是连续的。

8.3.1 准备工作

本节将使用 wavfile 包从输入的.wav 文件中读取音频数据，并绘制信号图。

8.3.2　详细步骤

使用 wavfile 程序包读取并绘制音频数据的步骤如下。

1．创建一个新的 Python 文件并导入下面的程序包（完整的代码包含在本书提供的 read_plot.py 文件中）：

```
import numpy as np
import matplotlib.pyplot as plt
from scipy.io import wavfile
```

2．使用 wavfile 程序包从 input_read.wav 中读取音频文件：

```
# 读取音频文件
sampling_freq, audio = wavfile.read('input_read.wav')
```

3．打印出信号的参数：

```
# 打印参数
print('Shape:', audio.shape)
print('Datatype:', audio.dtype)
print('Duration:', round(audio.shape[0] / float(sampling_freq), 3),
'seconds')
```

4．音频信号被保存成了 16 位的有符号整型数据，标准化这些值：

```
# 标准化数值
audio = audio / (2.**15)
```

5．提取出前 30 个数据值，并将其画出：

```
# 提取前 30 个值并画出
audio = audio[:30]
```

6．x 轴是时间轴。创建 x 轴，使用频率采样因子对 x 轴进行缩放：

```
# 构建时间轴
x_values = np.arange(0, len(audio), 1) / float(sampling_freq)
```

7．把单位转换成秒：

```
# 把单位转成秒
x_values *= 1000
```

8．绘制音频数据：

```
# 绘制采样的音频信号
plt.plot(x_values, audio, color='black')
plt.xlabel('Time (ms)')
plt.ylabel('Amplitude')
plt.title('Audio signal')
plt.show()
```

9. 完整的代码包含在 read_plot.py 文件中。运行代码，可以看到如图 8-1 所示的信号图。

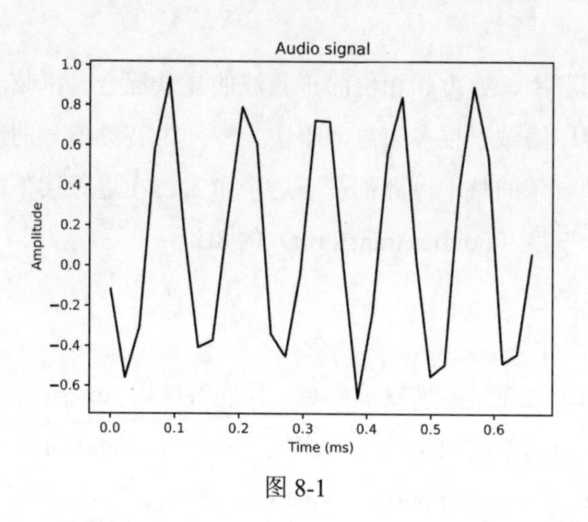

图 8-1

终端上还将显示下面的输出：

```
Shape: (132300,)
Datatype: int16
Duration: 3.0 seconds
```

8.3.3 工作原理

波音频文件是非压缩文件，这种文件格式在 Windows 3.1 中作为多媒体应用的标准语音格式被引入。它的技术规范和描述可以参考文档“Multimedia Programming Interface and Data Specifications 1.0”。波音频文件是基于资源交换文件格式（Resource Interchange File Format，RIFF）的。RIFF 于 1991 年引入，它构成了运行在 Windows 环境中的多媒体文件的元数据格式。RIFF 结构把数据块组织成名为块（chunk）的部分。每个 chunk 描述 WAV 文件的一个特征（比如采样率、比特率和音频通道数）或包含了样本值（这种情况指的是 chunk 数据）。chunk 通常是 32 位的（有些例外）。

8.3.4 更多内容

本节使用 scipy.io.wavfile.read() 函数读取 WAV 文件，函数返回带有采样率的 WAV 文件数据。返回的采样率是一个 Python 整数，该数据以文件对应数据类型的 NumPy 数组的形式返回。

8.4　将音频信号转换为频域

音频信号是不同频率、幅度和相位的正弦波的复杂混合。正弦波也称作正弦曲线。音频信号的频率内容中隐藏了很多信息，事实上，一个音频信号的绝大部分特性由其频率内容确定。语音和音乐的整个世界都基于这个事实。在进行接下来的学习之前，我们需要了解一些傅里叶变换（Fourier transform）的知识。

8.4.1　准备工作

本节将介绍如何把音频信号转换成频域。我们将使用 `numpy.fft.fft()` 函数执行这个任务。这个函数用高效的快速傅里叶变换（Fast Fourier Transform，FFT）来计算一维的 *n* 点离散傅里叶（Discrete Fourier Transform，DFT）变换。

8.4.2　详细步骤

将音频信号转换成频域的方法如下。

1．创建一个新的 Python 文件并导入下面的程序包（完整的代码包含在本书提供的 `freq_transform.py` 文件中）：

```
import numpy as np
from scipy.io import wavfile
import matplotlib.pyplot as plt
```

2．读取本书提供的 `input_freq.wav` 文件：

```
# 读取输入文件
sampling_freq, audio = wavfile.read('input_freq.wav')
```

3．对信号进行标准化：

```
# 标准化信号
audio = audio / (2.**15)
```

4．音频信号是一个 NumPy 数组，使用下面的代码提取数组长度：

```
# 提取数组长度
len_audio = len(audio)
```

5．接下来应用傅里叶变换。傅里叶变换的信号是中心对称的，因此只需要转换信号的前半部分。由于我们的最终目标是提取出功率信号，因此需要先将信号的值平方：

```
# 应用傅里叶变换
```

```
transformed_signal = np.fft.fft(audio)
half_length = np.ceil((len_audio + 1) / 2.0)
transformed_signal = abs(transformed_signal[0:int(half_length)])
transformed_signal /= float(len_audio)
transformed_signal **= 2
```

6. 提取信号的长度：

```
# 提取转换信号的长度
len_ts = len(transformed_signal)
```

7. 根据信号的长度将信号乘以 2：

```
# 处理奇数/偶数的情况
if len_audio % 2:
    transformed_signal[1:len_ts] *= 2
else:
    transformed_signal[1:len_ts-1] *= 2
```

8. 使用下面的公式提取功率信号：

```
# 提取以 dB 为单位的功率
power = 10 * np.log10(transformed_signal)
```

9. x 轴是时间轴，接下来需要根据采样频率对其进行缩放，并将其转换成秒：

```
# 构建时间轴
x_values = np.arange(0, half_length, 1) * (sampling_freq /
len_audio) / 1000.0
```

10. 绘制信号图：

```
# 画图
plt.figure()
plt.plot(x_values, power, color='black')
plt.xlabel('Freq (in kHz)')
plt.ylabel('Power (in dB)')
plt.show()
```

11. 运行代码，得到的输出结果如图 8-2 所示。

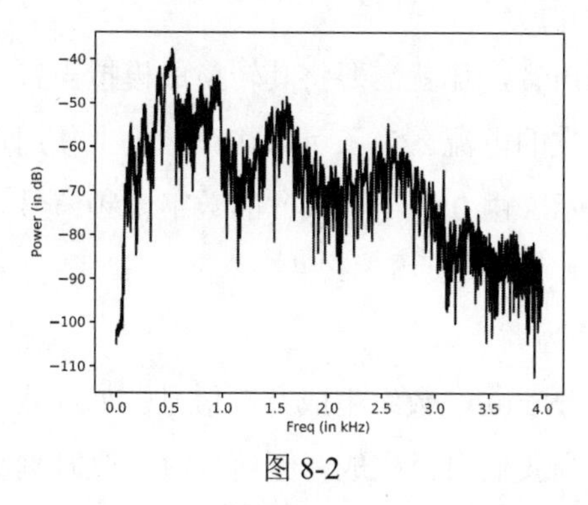

图 8-2

8.4.3 工作原理

声谱是声级的图形表示，通常以分贝（dB）为单位，并依赖于以赫兹（Hz）为单位的频率。如果被分析的声音是纯音（声音频率随时间变化是固定的），例如，一个完美的正弦波，它的信号频谱将具有在某个正弦波频率上特定分贝等级的唯一波形组件。在现实中，任何真实的声音信号都包含了随时间变化而持续变化的大量不同幅值的正弦曲线组件。对这些信号来讲，是不可能进行纯音调分析的，因为总是存在很难用正弦曲线表示的信号能量的部分。事实上，根据傅里叶变换的理论，把信号表示成正弦波组件的相加，只对不变的信号有效，而通常并不适用于真实的声音。

8.4.4 更多内容

声音的频率分析基于傅里叶变换理论，也就是说，任何周期信号都可以通过将周期信号（称为基频）频率的多个全频率的正弦信号（称为谐波）相加而产生。

8.5 用自定义参数生成音频信号

声音是一种特殊类型的波。声波是振动物体（即声源）引起的压力变化在周围介质（通常是空气）中的传播。声源的例子如下所列。

- 乐器类，它们的振动可以是击弦（比如吉他）或弓弦摩擦（比如小提琴）引起的。
- 声带，通过肺部呼出的空气引起振动并发声。
- 任何可以引起空气运动的现象（如鸟儿拍动翅膀、飞机打破超音速屏障、炸弹爆炸、铁锤敲打铁砧等）。

要通过电子设备还原声音，那就需要将其转换成模拟声音，模拟声音是通过将声波的机械能转化为电能而产生的电流。为了可以在计算机上使用声音信号，我们必须将模拟信号转换为由比特流表示（由 0 和 1 组成）的数字音频信号。

8.5.1 准备工作

这一节，我们将使用 NumPy 数组生成音频信号。如同我们之前讨论的，音频信号是正弦曲线的复杂混合。当我们自己生成音频信号时，要时刻牢记这一点。

8.5.2 详细步骤

用自定义参数生成音频信号的方法如下。

1．创建一个新的 Python 文件并导入下面的程序包（完整的代码包含在本书提供的 generate.py 文件中）：

```
import numpy as np
import matplotlib.pyplot as plt
from scipy.io.wavfile import write
```

2．定义用于保存所生成的音频信号的输出文件：

```
# 用于保存输出的文件
output_file = 'output_generated.wav'
```

3．接着声明生成音频所需的参数，要生成的是一段采样频率为 44 100kHz、音调频率为 587Hz 的 3s 长的音频，时间轴的数值范围为-2π到 2π：

```
# 声明音频参数
duration = 3 # 秒
sampling_freq = 44100 # Hz
tone_freq = 587
min_val = -2 * np.pi
max_val = 2 * np.pi
```

4．接下来生成音频信号。音频信号是前面已定义好的参数的简单正弦曲线：

```
# 生成音频信号
t = np.linspace(min_val, max_val, duration * sampling_freq)
audio = np.sin(2 * np.pi * tone_freq * t)
```

5．现在往信号中加一些噪声：

```
# 加入噪声
noise = 0.4 * np.random.rand(duration * sampling_freq)
audio += noise
```

6．在存储数据前将数据调整为 16 位整型值：

```
# 调整为16位整型值
scaling_factor = pow(2,15) - 1
audio_normalized = audio / np.max(np.abs(audio))
audio_scaled = np.int16(audio_normalized * scaling_factor)
```

7．把信号写入输出文件：

```
# 写入输入文件
write(output_file, sampling_freq, audio_scaled)
```

8．使用前 100 个数值绘制信号图：

```
# 提取前 100 个数值进行绘制
audio = audio[:100]
```

9．生成时间轴：

```
# 创建时间轴
x_values = np.arange(0, len(audio), 1) / float(sampling_freq)
```

10．把时间轴的单位转换成秒：

```
# 转换为秒
x_values *= 1000
```

11．画出信号图:

```
# 画出音频信号
plt.plot(x_values, audio, color='black')
plt.xlabel('Time (ms)')
plt.ylabel('Amplitude')
plt.title('Audio signal')
plt.show()
```

运行代码，得到的输出结果如图 8-3 所示。

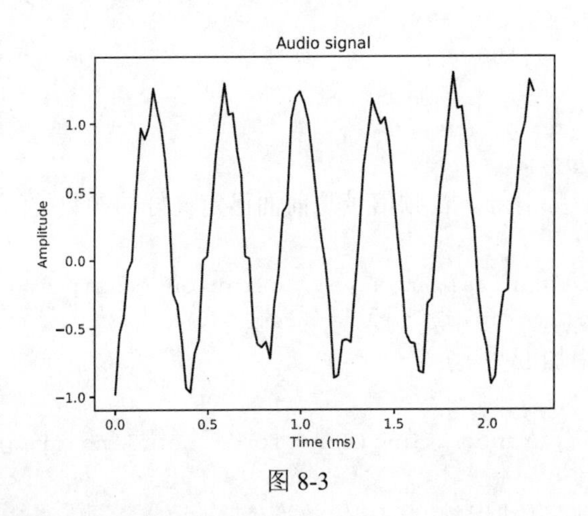

图 8-3

8.5.3　工作原理

本节使用 NumPy 程序包生成音频信号。我们已经看到数字语音就是一个数字序列，因此生成一个语音就能构建一个表示音乐曲调的数组。首先，我们把文件名设置为保存输出文件的位置，然后，声明语音参数。这样，我们就使用正弦波生成了音频。之后，我们又加入了一些噪声，并将其调整为 16 位的整形数值。最后，把信号写入输出文件中。

8.5.4 更多内容

在对信号的编码中，为每个信号样本分配的每个值都用一定的比特位数表示，每个比特位对应 6 分贝的动态范围。使用的比特位越多，可被单个样本表示的分贝范围就越大。

部分典型值如下所列。

- 采样位数为 8，对应 256 个分级。
- 采样位数为 16（CD 音质所用），对应 65 536 个分级。

8.6 合成音乐

在传统乐器中，声音是由机械部件的振动产生的。对于合成乐器，振动由时间轴上的函数描述，我们将其称为信号，信号表示了声音随时间的变化。声音合成是人工生成声音的过程，声音的音色参数由生成声音所用的合成类型决定，也可以直接由作曲者提供，还可以由合适的输入设备给出，抑或从现存语音中分析并导出。

8.6.1 准备工作

本节将介绍如何合成音乐。我们会用到多种音阶（比如 A、G 和 D），以及这些音阶对应的频率来生成一些简单的音乐。

8.6.2 详细步骤

生成合成音乐的步骤如下。

1．创建一个新的 Python 文件，导入下面的程序包（完整的代码包含在本书提供的 synthesize_music.py 文件中）：

```
import json
import numpy as np
from scipy.io.wavfile import write
```

2．定义一个函数，该函数基于输入参数合成音调：

```
# 合成音调
def synthesizer(freq, duration, amp=1.0, sampling_freq=44100):
```

3．创建时间轴：

```
# 创建时间轴
t = np.linspace(0, duration, round(duration * sampling_freq))
```

4．用输入参数构造音频信号样本，比如幅值和频率：

```
# 构造音频信号样本
audio = amp * np.sin(2 * np.pi * freq * t)

return audio.astype(np.int16)
```

5．定义 main 函数，本书提供了一个名为 tone_freq_map.json 的 JSON 文件，其中包含了一些音阶以及它们的频率：

```
if __name__=='__main__':
    tone_map_file = 'tone_freq_map.json'
```

6．加载该文件：

```
# 读取并加载频率映射文件
with open(tone_map_file, 'r') as f:
    tone_freq_map = json.loads(f.read())
```

7．接下来，假设我们要生成一个 2s 长的 G 调：

```
# 设置生成 G 调的输入参数
input_tone = 'G'
duration = 2      # 秒
amplitude = 10000
sampling_freq = 44100       # Hz
```

8．用以下参数调用函数：

```
# 调用函数
synthesized_tone = synthesizer(tone_freq_map[input_tone], duration,
amplitude, sampling_freq)
```

9．将生成信号写入输出文件：

```
# 写入输出文件
write('output_tone.wav', sampling_freq, synthesized_tone)
```

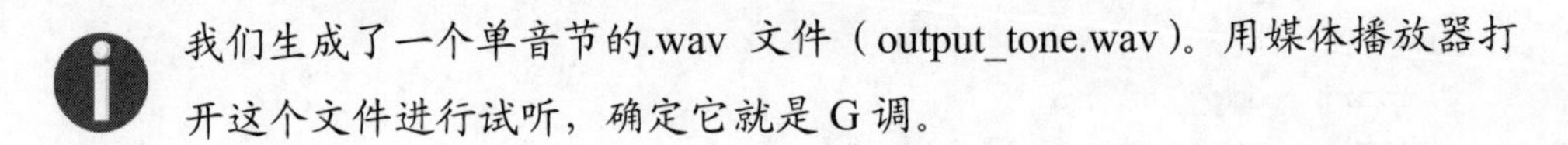

我们生成了一个单音节的.wav 文件（output_tone.wav）。用媒体播放器打开这个文件进行试听，确定它就是 G 调。

10．现在来做一些更有趣的事：生成一系列的音阶，让其有一点音乐的感觉。定义音阶及其持续时间（秒）的序列：

```
# 音阶及其持续时间
tone_seq = [('D', 0.3), ('G', 0.6), ('C', 0.5), ('A', 0.3), ('Asharp', 0.7)]
```

11．迭代这个序列，依序调用前面定义好的合成函数：

```
    # 构造基于和弦序列的音频信号
    output = np.array([])
    for item in tone_seq:
        input_tone = item[0]
        duration = item[1]
        synthesized_tone = synthesizer(tone_freq_map[input_tone], duration,
amplitude, sampling_freq)
        output = np.append(output, synthesized_tone, axis=0)
    output = output.astype(np.int16)
```

12．把生成的信号写入输出文件：

```
# 写入输出文件
write('output_tone_seq.wav', sampling_freq, output)
```

13．下面可以用媒体播放器打开这个文件并聆听了。是的，你听到了音乐。

8.6.3 工作原理

音乐是具有创造力的，很难用一句话来概括。音乐家读取五线谱中的一段并识别出音符，与之类似，我们可以把声音的合成看作已知的特征频率的序列。本节使用这一方法合成了一小段音阶序列。

8.6.4 更多内容

需要使用合成器来手动生成音乐。所有的合成器都具有创造出一个声音所需的基本组件：

- 产生波形并改变音调的振荡器；
- 滤除波中某些频率以改变音色的滤波器；
- 控制信号音量的放大器；
- 创造效果的调制器。

8.7 提取频域特征

在 8.4 节中，我们讨论了如何将信号转换为频域。在多数的现代语音识别系统中，人们会用到频域特征。将信号转换为频域之后，还需要将其转换成其他有用的形式，梅尔频率倒谱系数（Mel Frequency Cepstral Coefficient，MFCC）可以解决这个问题。MFCC 首先计算信号的功率谱，然后用滤波器组和离散余弦变换（Discrete Cosine Transform，DCT）的组合来提取特征。

8.7.1　准备工作

本节介绍如何使用 python_speech_features 包来提取频域特征，这个包的安装说明可参考 Python 官网上的相关介绍。下面来看看如何提取 MFCC 特征。

8.7.2　详细步骤

提取频域特征的方法如下。

1. 创建一个新的 Python 文件，并导入下面的程序包（完整的代码包含在本书提供的 extract_freq_features.py 文件中）：

```
import numpy as np
import matplotlib.pyplot as plt
from scipy.io import wavfile
from python_speech_features import mfcc, logfbank
```

2. 读取本书提供的输入文件 input_freq.wav：

```
# 读取音频输入文件
sampling_freq, audio = wavfile.read("input_freq.wav")
```

3. 提取 MFCC 和滤波器组特征：

```
# 提取MFCC和滤波器组特征
mfcc_features = mfcc(audio, sampling_freq)
filterbank_features = logfbank(audio, sampling_freq)
```

4. 打印参数以查看生成的窗口个数：

```
# 打印参数
print('MFCC:\nNumber of windows =', mfcc_features.shape[0])
print('Length of each feature =', mfcc_features.shape[1])
print('\nFilter bank:\nNumber of windows =', filterbank_features.shape
[0])
print('Length of each feature =', filterbank_features.shape[1])
```

5. 将 MFCC 特征可视化。我们需要转换矩阵以使时域是水平的：

```
# 画出特征
mfcc_features = mfcc_features.T
plt.matshow(mfcc_features)
plt.title('MFCC')
```

6．接下来将滤波器组特征可视化。同样也需要变换矩阵，使得时域是水平的：

```
filterbank_features = filterbank_features.T
plt.matshow(filterbank_features)
plt.title('Filter bank')
plt.show()
```

7．运行代码，MFCC 特征的输出如图 8-4 所示。

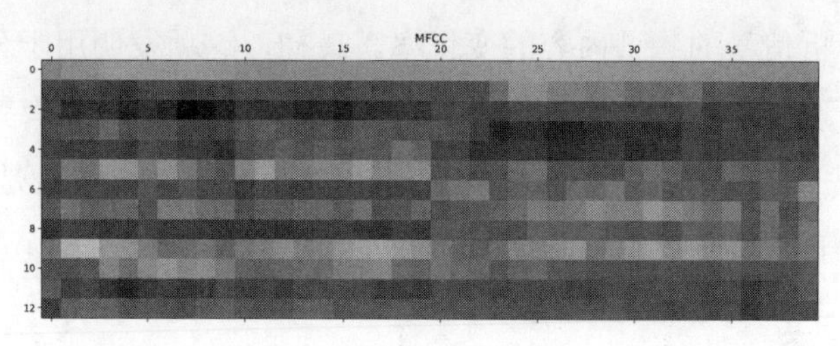

图 8-4

滤波器组的输出如图 8-5 所示。

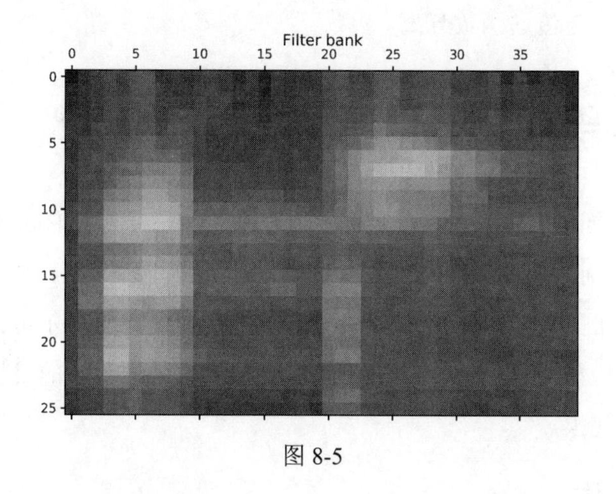

图 8-5

8．终端还会显示以下输出结果：

```
MFCC:
Number of windows = 40
Length of each feature = 13

Filter bank:
Number of windows = 40
Length of each feature = 26
```

8.7.3　工作原理

倒谱（cepstrum）是将傅里叶变换应用于 dB 谱的结果，它的名字来源于频谱“spectrum”这个单词前 4 个字母的逆转，由布格（Bogert）在 1963 年定义。信号的倒谱就是先对信号的傅里叶变换谱取对数后再进行傅里叶反变换的结果。

倒谱图用于分析信号的频谱内容的变化率。最初，这项发明用于分析地震、爆炸和雷达信号响应，而现在它是音乐信息学中鉴赏人类声音的一个非常有效的工具。对于这些应用，我们首先要通过梅尔刻度的频带对频谱进行转换，结果是梅尔频谱系数或 MFCC，MFCC 用于声音识别和基音检测算法。

8.7.4　更多内容

倒谱用于将包含激励信息的信号部分与传递函数分离。频域滤波器（提升器动作）的目标是将激励信号与传递函数分离。

8.8　构建隐马尔可夫模型

接下来可以讨论语音识别了，我们将使用隐马尔可夫模型（Hidden Markov Model, HMM）进行语音识别。隐马尔可夫模型擅长对时序数据进行建模，由于音频信号是时序信号，所以隐马尔可夫模型也适用于对音频信号进行处理。隐马尔可夫模型是表示观测序列的概率分布的模型。假定输出是通过隐藏状态生成的，我们的目标是找到这些隐藏状态，以便对信号建模。

8.8.1　准备工作

本节将介绍使用 hmmlearn 库来构建隐马尔可夫模型。在学习之前，需要先安装 hmmlearn 包。下面就来看看如何构建隐马尔可夫模型。

8.8.2　详细步骤

构建隐马尔可夫模型的方法如下。

1．创建一个新的 Python 文件，定义一个类来构建隐马尔可夫模型（完整的代码包含在本书提供的 speech_recognizer.py 文件中）：

```
# 创建 HMM 相关处理的类
class HMMTrainer(object):
```

2. 初始化这个类。我们将使用高斯隐马尔可夫模型来对数据进行建模。参数 n_components 定义了隐藏状态的个数，参数 cov_type 定义了转移矩阵的协方差类型，参数 n_iter 表示训练的迭代次数：

```
def __init__(self, model_name='GaussianHMM', n_components=4, cov_type=
'diag', n_iter=1000):
```

上述参数的选择取决于具体的问题。对数据有了深入的了解后，才能灵活设置这些参数。

3. 初始化变量：

```
self.model_name = model_name
self.n_components = n_components
self.cov_type = cov_type
self.n_iter = n_iter
self.models = []
```

4. 用以下参数定义模型：

```
if self.model_name == 'GaussianHMM':
    self.model = hmm.GaussianHMM(n_components=self.n_components,
covariance_type=self.cov_type, n_iter=self.n_iter)
else:
    raise TypeError('Invalid model type')
```

5. 输入数据是一个 NumPy 数组，其中的每个元素都是一个包含 *k* 个维度的特征向量：

```
# X 是二维数组，其中每行都是十三维
def train(self, X):
    np.seterr(all='ignore')
    self.models.append(self.model.fit(X))
```

6. 基于该模型定义一个提取分数的方法：

```
# 在输入数据上运行模型
def get_score(self, input_data):
    return self.model.score(input_data)
```

7. 我们构建出了一个类来处理隐马尔可夫模型的训练和预测，但还需要一些数据来查看它的运行情况。我们将在下一节构建一个语音识别器。

8.8.3 工作原理

在隐马尔可夫模型中，假设系统是一个具有未观测状态的马尔可夫过程。当某个随

机过程选择某实例 t 用于测试，过程的发展从 t 开始并仅依赖于 t，且不以任何方式依赖于 t 之前的实例时，这个过程就是一个马尔可夫过程。就是说，对一个过程，对于某个给定的观察时刻，只有一个特定实例决定了过程的发展，并且发展不依赖任何过去的实例，此时这个过程就是一个马尔可夫过程。

8.8.4　更多内容

马尔可夫模型是一个状态不能被直接观测的马尔可夫链。更准确地，它可以理解为：

- 链上有一定数量的状态；
- 状态的变化依据马尔可夫链；
- 每个状态都会生成一个具有特定概率分布的事件，该概率分布取决于当前的状态；
- 事件可观测，状态不可观测。

隐马尔可夫模型比较知名的应用有口语时态识别、手写识别、纹理识别和生物信息学应用等。

8.9　构建语音识别器

语音识别是识别人类口语，并通过计算机进行后续处理的过程，或更具体地说，通过特定的语音识别系统进行处理。语音识别系统可用于电话应用（如自动呼叫中心）中的自动语音应用程序以进行人机交流，也可用于导航系统卫星的控制系统，或通过语音命令在汽车中使用电话。

8.9.1　准备工作

本节需要一个语音文件数据库来构建语音识别器。我们使用的数据库可从异步社区下载，数据包含 7 个不同的单词，每个单词有 15 个和其关联的语音文件。请下载这个 ZIP 文件并提取出包含 Python 文件的文件夹（把包含数据的文件夹重命名为 data）。这是一个较小的数据集，但足够让我们了解如何构建一个可以识别出 7 个不同单词的语音识别器。我们需要为每一类构建一个马尔可夫模型。如果想识别新的输入文件中的单词，那么需要对该文件运行所有的模型，并找出最佳分数。这个例子会使用上一节构建的处理隐马尔可夫模型的类。

8.9.2 详细步骤

构建语音识别器的方法如下。

1．创建一个新的 Python 文件，并导入下面的程序包（完整的代码包含在本书提供的 speech_recognizer.py 文件中）：

```
import os
import argparse

import numpy as np
from scipy.io import wavfile
from hmmlearn import hmm
from python_speech_features import mfcc
```

2．定义一个函数以解析命令行中的输入参数：

```
# 解析输入参数的函数
def build_arg_parser():
    parser = argparse.ArgumentParser(description='Trains the HMM
classifier')
    parser.add_argument("--input-folder", dest="input_folder",
required=True, help="Input folder containing the audio files in
subfolders")
    return parse
```

3．使用 8.8 节定义的 HMMTrainer 类：

```
class HMMTrainer(object):
def __init__(self, model_name='GaussianHMM', n_components=4,
cov_type='diag', n_iter=1000):
self.model_name = model_name
self.n_components = n_components
self.cov_type = cov_type
self.n_iter = n_iter
self.models = []

if self.model_name == 'GaussianHMM':
    self.model = hmm.GaussianHMM(n_components=self.n_components,
covariance_type=self.cov_type, n_iter=self.n_iter)
else:
  raise TypeError('Invalid model type')

# X是一个二维数组，其中每行都是十三维
 def train(self, X):
```

```
    np.seterr(all='ignore')
    self.models.append(self.model.fit(X))

  # 对输入数据运行模型
    def get_score(self, input_data):
    return self.model.score(input_data)
```

4．定义 main 函数，并解析输入参数：

```
if __name__=='__main__':
    args = build_arg_parser().parse_args()
    input_folder = args.input_folder
```

5．初始化并保存所有隐马尔可夫模型的变量：

```
hmm_models = []
```

6．解析包含所有数据库音频文件的输入路径：

```
# 解析输入路径
for dirname in os.listdir(input_folder):
```

7．提取子文件夹的名称：

```
# 获取子文件夹名称
subfolder = os.path.join(input_folder, dirname)

if not os.path.isdir(subfolder):
    continue
```

8．子文件夹名称即为这个类的标签，使用下面的代码提取标签：

```
# 提取标签
label = subfolder[subfolder.rfind('/') + 1:]
```

9．对用于训练的变量进行初始化：

```
# 初始化变量
X = np.array([])
y_words = []
```

10．迭代每个子文件夹中的音频文件列表：

```
        # 迭代音频文件（保留一个用于测试的文件）
        for filename in [x for x in os.listdir(subfolder) if
x.endswith('.wav')][:-1]:
```

11．读取每个音频文件：

```
# 读取输入文件
filepath = os.path.join(subfolder, filename)
sampling_freq, audio = wavfile.read(filepath)
```

12．提取 MFCC 特征：

```
# 提取 MFCC 特征
```

```
mfcc_features = mfcc(audio, sampling_freq)
```

13．把 MFCC 特征添加到变量 X：

```
# 把 MFCC 特征添加到变量 X
if len(X) == 0:
    X = mfcc_features
else:
    X = np.append(X, mfcc_features, axis=0)
```

14．同时添加标签信息：

```
# 添加标签
y_words.append(label)
```

15．提取出当前类中所有文件的特征后，请训练并保存隐马尔可夫模型。因为隐马尔可夫模型是一个无监督学习的生成模型，所以为每个类构建隐马尔可夫模型时并不需要标签。假定每个类都将构建出一个隐马尔可夫模型：

```
# 训练并保存隐马尔可夫模型
hmm_trainer = HMMTrainer()
hmm_trainer.train(X)
hmm_models.append((hmm_trainer, label))
hmm_trainer = None
```

16．获取未参与训练的测试文件列表：

```
# 测试文件
input_files = [
        'data/pineapple/pineapple15.wav',
        'data/orange/orange15.wav',
        'data/apple/apple15.wav',
        'data/kiwi/kiwi15.wav'
        ]
```

17．解析输入文件：

```
# 为输入数据分类
for input_file in input_files:
```

18．读取每个音频文件：

```
# 读取输入文件
sampling_freq, audio = wavfile.read(input_file)
```

19．读取 MFCC 特征：

```
# 提取 MFCC 特征
mfcc_features = mfcc(audio, sampling_freq)
```

20．定义保存最大分数和输出标签的变量：

```
# 定义变量
max_score = float('-inf')
```

```
output_label = None
```

21．迭代所有模型，并在每个模型中运行输入文件：

```
# 迭代所有 HMM 模型并挑出得分最高的模型
for item in hmm_models:
    hmm_model, label = item
```

22．提取分数，并保存最高分：

```
score = hmm_model.get_score(mfcc_features)
if score > max_score:
    max_score = score
    output_label = label
```

23．打印真实标签和预测标签：

```
# 打印输出
print("True:", input_file[input_file.find('/')+1:input_file.rfind('/')])
print("Predicted:", output_label)
```

24．完整的代码包含在 speech_recognizer.py 文件中。使用下面的命令运行文件：

```
$ python speech_recognizer.py --input-folder data
```

终端上显示的输出结果如下：

```
True: pineapple
Predicted: data\pineapple
True: orange
Predicted: data\orange
True: apple
Predicted: data\apple
True: kiwi
Predicted: data\kiwi
```

8.9.3　工作原理

本节使用隐马尔可夫模型创建了一个语音识别系统。首先创建的是用于分析输入参数的函数，然后使用上一节定义好的类来处理所有和隐马尔可夫模型相关的任务，这样，我们就可以对输入数据分类并预测测试数据的标签。最后打印出了结果。

8.9.4 更多内容

语音识别系统对经过适当处理的输入音频和系统训练过程中创建的数据库进行对比。实际上，软件程序尝试识别说话者讲出的单词，然后寻找数据库中相似的语音，并确认对应的单词。当然，这是个很复杂的操作。另外，这些操作不是在整个单词上进行，而是在组成它们的音节上进行。

8.10 构建 TTS 系统

语音合成是人工再现人类语音的技术，用于此目的的系统称为语音合成器，可通过软件或硬件实现。语音合成系统中比较知名的一类是文本转语音（Text To Speech，TTS）系统，它们可以把文本转换成语音。另外也有可以把音标转换成语音的系统。

语音合成可以通过把数据库中存储的声音连接在一起实现。语音合成系统根据存储的语音样本的规模不同而不同。就是说，存储了单音节和双音节的系统在牺牲整体清晰度后获取了最大数量的组合，而针对特定用途设计的其他系统会重复自身，以顺序记录整个单词或整个句子，从而获得了较高的声音质量结果。

合成器可以使用声音特征和其他的人类特征创建出完全合成的声音。语音合成器的质量通过和人类声音的相似度以及可理解程度进行评估。性能良好的 TTS 转换程序可以起到很好的阅读辅助作用，例如，帮助视力受损或有读写障碍的人听计算上的文档。这类应用程序早在 20 世纪 80 年代就已出现，很多操作系统都包含了语音合成功能。

8.10.1 准备工作

本节将介绍创建 TTS 系统需要用到的 Python 库，我们将运行这个跨平台的 TTS 包装器库 pyttsx。

8.10.2 详细步骤

构建 TTS 系统的方法如下。

1. 首先必须安装用于 Python 3 的 pyttsx 库（Python 3 的离线 TTS 库）和它的依赖项：

```
$ pip install pyttsx3
```

2. 为了避免可能出现的错误，也有必要安装 pypiwin32 库：

```
$ pip install pypiwin32
```

3. 创建一个新的 Python 文件并导入 pyttsx3 包（完整的代码包含在本书提供的 tts.py 文件中）：

```
import pyttsx3;
```

4. 使用特定的驱动器创建一个引擎实例：

```
engine = pyttsx3.init();
```

5. 用下面的代码改变语音频率：

```
rate = engine.getProperty('rate')
engine.setProperty('rate', rate-50)
```

6. 用下面的代码改变说话者的声音：

```
voices = engine.getProperty('voices')
engine.setProperty('voice', 'TTS_MS_EN-US_ZIRA_11.0')
```

7. 接下来，我们调用 say()方法插入一个说话的命令，根据队列中这条命令前的属性设置输出语音：

```
engine.say("You are reading the Python Machine Learning Cookbook");
engine.say("I hope you like it.");
```

8. 最后，调用 runAndWait()方法，这个方法会在处理完所有队列中的命令并回调了所有引擎通知后执行。当队列中前面的命令都已清空时，方法返回：

```
engine.runAndWait();
```

这时，一个不同的声音将读出我们提供的文本。

8.10.3 工作原理

语音合成系统或合成引擎由两部分：前端和后端组成。前端部分处理文本到音标的转换，后端部分解释音标并读出它们，这样就生成了人工语音。前端有两个功能，首先对文本进行分析，然后转换所有数字、缩写，并把缩写转换成完整单词。这个预处理步骤称为标记解析。第二个功能包含了将每个单词转换成它对应的音标并对修正过的文本进行语言学分析，并将其细分为韵律单位，即介词、句子、句点等。把音标分配给单词的过程称为文本到因素的转换，也称为字素到词素的转换。

8.10.4 更多内容

经典 TTS 系统演变出了一种称为 WaveNet 的技术，它似乎了解如何说话、如何清楚地发音和如何流利朗读整个句子。WaveNet 是一个生成原始音频的深度神经网络，它由位于伦敦的人工智能公司 DeepMind 创建。WaveNet 使用了可以模仿人类声音的用于声波的深度生成模型。和最先进的 TTS 系统相比，WaveNet 读出的句子和人类语音的相似度要高出 50%。为了进行演示，该公司分别用英语和普通话创建了样本，并使用了平均主观意见分（Mean Opinion Score，MOS）系统，MOS 是现今音频评估的标准，它将人工智能样本和那些标准 TTS、参数化 TTS 生成的样本进行对比，也对比了真实的语音样本。

第 9 章
时序列化和时序数据分析

本章将涵盖以下内容：

- 将数据转换为时间序列格式；
- 切分时间序列数据；
- 操作时间序列数据；
- 从时序数据中提取统计信息；
- 为序列数据构建隐马尔可夫模型；
- 为序列化文本数据构建条件随机场；
- 股市数据分析；
- 用 RNN 预测时间序列数据。

9.1 技术要求

本章中用到了下列文件（可通过 GitHub 下载）：

- `convert_to_timeseries.py`；
- `data_timeseries.txt`；
- `slicing_data.py`；
- `operating_on_data.py`；
- `extract_stats.py`；
- `hmm.py`；
- `data_hmm.txt`；

- crf.py;
- AmazonStock.py;
- AMZN.csv;
- LSTMstock.py。

9.2 简介

时间序列数据就是随时间变化收集的测量数据，这些测量数据是针对预定义的变量在固定的时间间隔上采集的。时间序列数据最主要的特征就是它是顺序相关的。

我们收集的观测数据是按时间轴排列的，数据出现的顺序表明了数据的潜在模式。如果改变数据顺序，数据的含义也会完全改变。序列化数据是个广义的概念，它指的是任何以顺序形式出现的数据，包括时间序列数据。

我们的目标是构建一个可以描述时间序列数据或更通常的序列化数据模式的模型，该模型可用于描述时间序列数据模式的重要特征。可以用这些模型解释过去对未来的可能的影响，也可以用这些模型查看两个数据集的相关性或预测未来的数据值，或基于某些度量控制给定的变量等。

为了将时间序列数据可视化，我们往往使用折线图或柱状图对其进行绘制。时序数据分析常用于金融、信号处理、天气预测、轨道预测、地震预测或任何需要处理时间数据的场景。在构建时间序列和序列化数据分析的模型时应该考虑数据的顺序，并提取出顺序数据间的关系。接下来的几节就将介绍在 Python 中如何分析时序数据和序列化数据。在开始前，我们必须先了解如何分析时间序列和顺序数据。

9.3 将数据转换为时间序列格式

时间序列由一系列对某一现象的观测值组成，观测在连续时间或间隔时间上进行，通常是均匀间隔的时间，即使并非必要。时间是时序数据分析中的一个基本参数。

9.3.1 准备工作

首先要了解的是如何把一系列观测值转换为时间序列数据并进行可视化，这里将使用 pandas 库进行时序数据分析。在继续学习前，请确保你已经安装了 pandas。pandas 的安装方法可以参考其官网。

9.3.2　详细步骤

把数据转换成时间序列格式的方法如下。

1．创建一个新的 Python 文件并导入下面的程序包（完整的代码包含在本书提供的 convert_to_timeseries.py 文件中）：

```
import numpy as np
import pandas as pd
import matplotlib.pyplot as plt
```

2．定义一个函数，该函数用于读取输入文件，并将观测值序列转换为时间索引的数据：

```
def convert_data_to_timeseries(input_file, column, verbose=False):
```

3．这里会使用一个包含 4 列的文本文件，第一列表示年，第二列表示月，第三列和第四列表示数据。将文件加载到 NumPy 数组：

```
# 加载输入文件
data = np.loadtxt(input_file, delimiter=',')
```

4．数据是按时间先后顺序排列的，第一行包含的是开始日期，最后一行包含的是结束日期。下面提取出数据集的开始日期和结束日期：

```
# 提取开始日期和结束日期
start_date = str(int(data[0,0])) + '-' + str(int(data[0,1]))
end_date = str(int(data[-1,0] + 1)) + '-' + str(int(data[-1,1] % 12 + 1))
```

5．函数有一个模式设置参数 verbose，当该参数值为 true 时，会对一些内容进行打印。下面打印出开始日期和结束日期：

```
if verbose:
    print("Start date =", start_date)
    print("End date =", end_date)
```

6．创建变量 pandas，该变量包含了按月间隔的日期序列：

```
# 创建按月间隔的日期序列
dates = pd.date_range(start_date, end_date, freq='M')
```

7．把给定的列转换为时间序列数据，可以用年和月访问这些数据（而不是索引）：

```
# 把数据转换为时序数据
data_timeseries = pd.Series(data[:,column], index=dates)
```

8．使用 verbose 参数打印出前 10 个元素：

```
if verbose:
    print("Time series data:\n", data_timeseries[:10])
```

9．返回时间索引变量：

```
return data_timeseries
```

10．定义 main 函数：

```
if __name__=='__main__':
```

11．将本书提供的 data_timeseries.txt 文件作为输入：

```
# 输入数据文件
input_file = 'data_timeseries.txt'
```

12．加载文本文件的第三列数据，并将其转换为时序数据：

```
# 加载输入数据
column_num = 2
data_timeseries = convert_data_to_timeseries(input_file, column_num)
```

13．pandas 库给出了一个可以直接使用变量绘制图形的函数：

```
# 画出时间序列数据
data_timeseries.plot()
plt.title('Input data')

plt.show()
```

运行代码，将会看到如图 9-1 所示的输出图形。

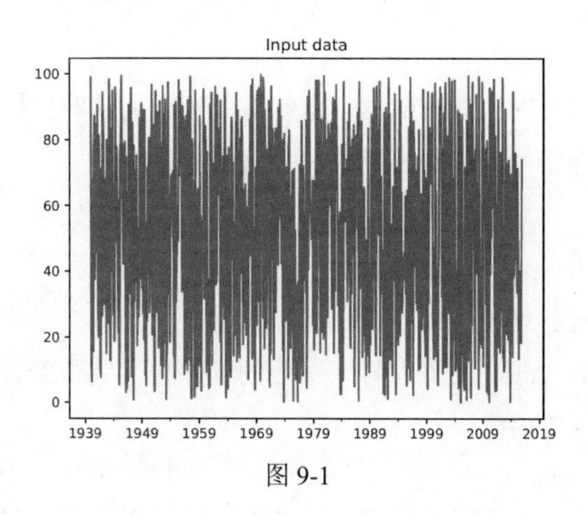

图 9-1

9.3.3　工作原理

本节介绍了如何把观测值序列转换为时间序列数据，并进行图形展示。首先，加载一个.txt 格式的输入文件，并提取出开始和结束日期。然后创建一个以月为间隔的日期序列，并把数据转换为时间序列数据。最后绘制时间序列数据。

9.3.4　更多内容

由于 pandas 库具有的强大功能和特征，所以它特别适用于各领域的时间序列数据的处理。这些特征利用了 NumPy 的 datetime64 和 timedelta64 变量的优点，并纳入了其他 Python 库如 scikits.timeseries 等的大量功能。这些特征使得 pandas 可以特别高效地操作时间序列数据。

9.4　切分时间序列数据

切片（slice）和切丁（dice）是数据集相关的两个术语，意思是把大型数据集分割成较小的部分，以从不同的角度进行分析和理解。这两个词来源于烹饪术语，指的是每个大厨都必须掌握的两种切菜技巧。切片指的是切开，切丁指的是把食物切分成相同规格的更小的部分，这两个动作经常是先后执行的。在数据分析中，术语切片和切丁通常指的是对大型数据集进行系统地约简，使其成为更小的数据集，从而提取出更多信息。

9.4.1　准备工作

本节将介绍如何切分时间序列数据，这将有助于我们从时间序列数据的不同时间段提取信息。我们还会介绍如何使用日期处理数据子集。

9.4.2　详细步骤

对时间序列数据进行切分操作的方法如下。

1. 创建一个新的 Python 文件并导入下面的程序包（完整的代码包含在本书提供的 slicing_data.py 文件中）：

```
import numpy as np
from convert_to_timeseries import convert_data_to_timeseries
```

这里的 convert_to_timeseries 函数是我们在 9.3 节中定义的，它读取输入文件，并把观测值序列转换为时间索引的数据。

2. 本例使用和 9.3 节相同的文本文件（data_timeseries.txt）进行数据的切

分和切丁操作：

```
# 输入数据文件
input_file = 'data_timeseries.txt'
```

3．只提取第三列数据：

```
# 加载数据
column_num = 2
data_timeseries = convert_data_to_timeseries(input_file, column_num)
```

4．假设我们想要提取的是给定的开始年份和结束年份之间的数据，那么先定义这两个变量：

```
# 定义范围年份
start = '2000'
end = '2015'
```

5．画出给定年份范围的数据：

```
plt.figure()
data_timeseries[start:end].plot()
plt.title('Data from ' + start + ' to ' + end)
```

6．也可以基于特定的月份范围切分数据：

```
# 画出给定月份范围内的数据
start = '2008-1'
end = '2008-12
```

7．画出数据：

```
plt.figure()
data_timeseries[start:end].plot()
plt.title('Data from ' + start + ' to ' + end)
plt.show()
```

8．运行代码，得到的输出图形如图 9-2 所示。

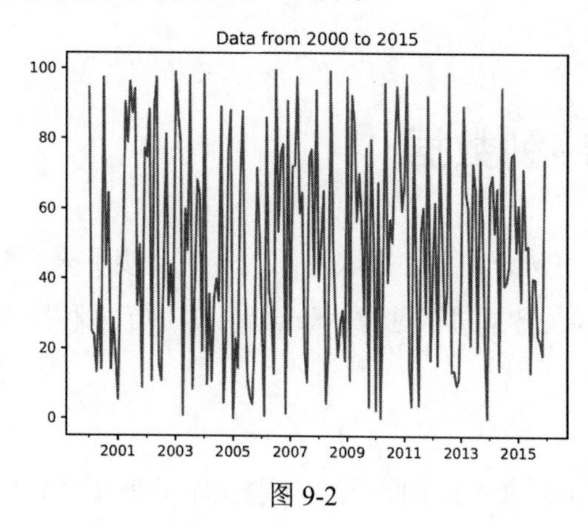

图 9-2

图 9-3 显示的是更小的时间帧上的数据，因此，看起来好像对图 9-2 中的部分图做了放大一样：

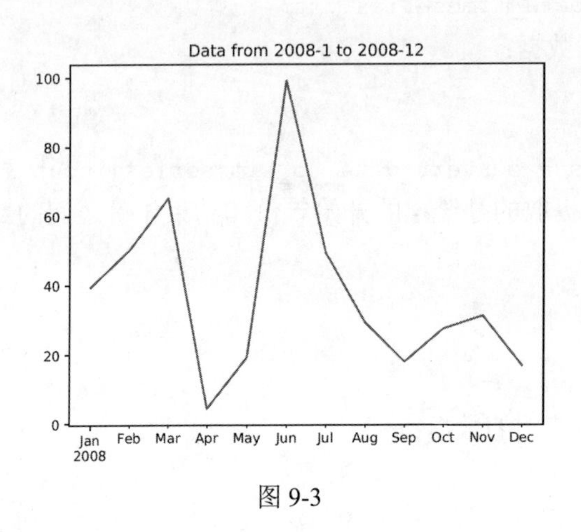

图 9-3

9.4.3　工作原理

本节讲解了如何切分时序数据。首先，我们导入了.txt 文本中的数据，并使用 9.3 节定义的函数把数据转换成时间序列格式。之后对数据进行绘制，先画出了特定年份区间的数据，然后又画出了特定日期范围内的数据。

9.4.4　更多内容

本节使用了 pandas 库把数据转换成时间序列格式，这个库可以高效地操作时间序列数据。

9.5　操作时间序列数据

我们已经了解了如何切分数据并提取不同的子集，接下来介绍如何操作时间序列数据。数据可以用各种不同的方式进行过滤。pandas 库提供了多种操作时间序列数据的方式。

9.5.1　准备工作

本节将使用包含在.txt 文本中的数据，加载文本后使用特定的阈值过滤数据，并仅抽取出原始数据集中满足需求的一部分数据。

9.5.2 详细步骤

操作时间序列数据的方法如下。

1. 创建一个新的 Python 文件并导入下面的程序包（完整的代码包含在本书提供的 operating_on_data.py 文件中）：

```
import pandas as pd
import matplotlib.pyplot as plt
from convert_to_timeseries import convert_data_to_timeseries
```

这里的 convert_to_timeseries 函数是我们在 9.3 节中定义的，它可以读取输入文件，并把观测值序列转换为时间索引的数据。

2. 使用和 9.3 节相同的文本文件（data_timeseries.txt）：

```
# 输入数据文件
input_file = 'data_timeseries.txt'
```

3. 这里将用到.txt 文件中的第三列和第四列数据（记住，Python 是从位置 0 开始索引数据的，所以第三列和第四列的索引编号是 2 和 3）：

```
# 加载数据
data1 = convert_data_to_timeseries(input_file, 2)
data2 = convert_data_to_timeseries(input_file, 3)
```

4. 把数据转换为 pandas DataFrame：

```
dataframe = pd.DataFrame({'first': data1, 'second': data2})
```

5. 画出给定年份范围的数据：

```
# 画出数据
dataframe['1952':'1955'].plot()
plt.title('Data overlapped on top of each other')
```

6. 假设我们想要画出上述给定年份范围内这两列数据的不同之处，实现代码如下：

```
# 画出不同之处
plt.figure()
difference = dataframe['1952':'1955']['first'] - dataframe['1952':'1955']
['second']
difference.plot()
plt.title('Difference (first - second)')
```

7. 如果想对第一列数据和第二列数据用不同的条件进行过滤，那么可以指定这些条件并将其画出：

```
# 当'first'大于某个阈值且'second'小于某个阈值时
```

```
    dataframe[(dataframe['first'] > 60) & (dataframe['second'] < 20)].plot
(style='o')
    plt.title('first > 60 and second < 20')

    plt.show()
```

运行前面的代码，得到的第一幅输出图如图 9-4 所示。

图 9-5 显示的是不同之处。

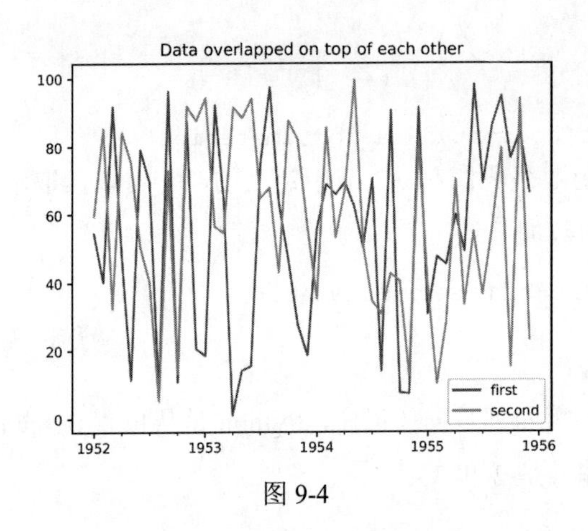

图 9-4

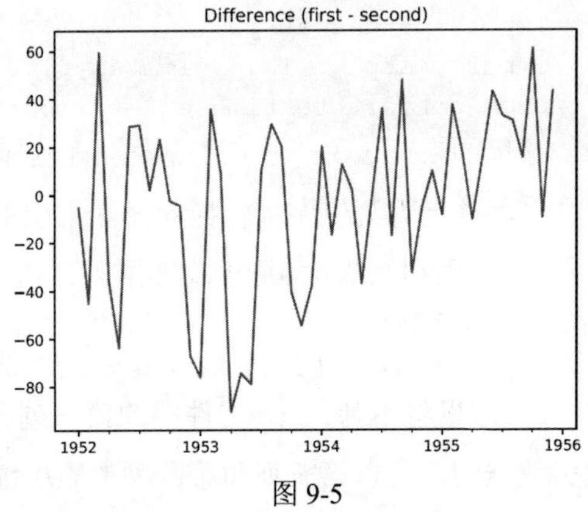

图 9-5

图 9-6 显示的是过滤后的数据。

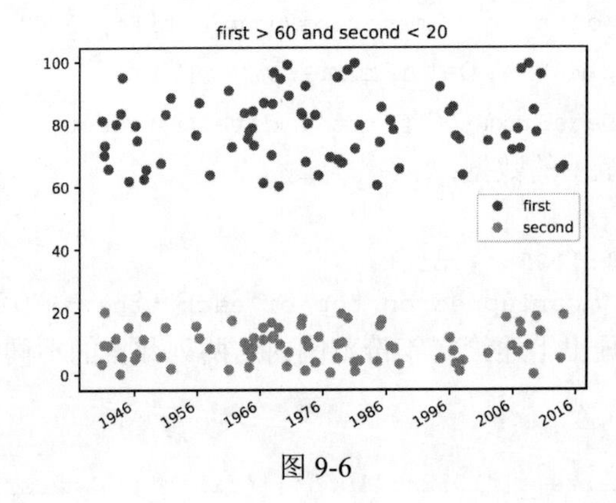

图 9-6

9.5.3　工作原理

本节介绍了如何过滤时间序列数据。首先我们画出了两个年份之间的数据。然后画出了给定时间间隔（从 1952 年到 1955 年）内两列数据的不同。最后，我们画出了用给定的阈值抽取出了原始数据集中满足需求的部分数据，具体地说，是第一列大于 60、第二列小于 20 的数据。

9.5.4 更多内容

本例使用&运算符同时过滤两列数据。&运算符是一个逻辑运算符（布尔运算符），它对两个操作数执行逻辑与操作。给定两个操作数 A 和 B，逻辑与操作确定了第三个操作数 C，当且仅当 A 和 B 同时为真时 C 为真。

9.6 从时序数据中提取统计信息

分析时间序列数据的一个主要原因是可以从数据中提取出有趣的统计信息，这些统计信息提供了大量关于数据性质的信息。

9.6.1 准备工作

本节将介绍如何提取统计信息。

9.6.2 详细步骤

从时间序列数据中提取统计信息的方法如下。

1．创建一个新的 Python 文件，并导入下面的程序包（完整的代码包含在本书提供的 `extract_stats.py` 文件中）：

```
import pandas as pd
import matplotlib.pyplot as plt
from convert_to_timeseries import convert_data_to_timeseries
```

这里的 `convert_to_timeseries` 函数是我们在 9.3 节中定义的，它可以读取输入文件，并把观测值序列转换为时间索引的数据。

2．本例使用和 9.3 节相同的文本文件（`data_timeseries.txt`）：

```
# 输入数据文件
input_file = 'data_timeseries.txt'
```

3．加载两列数据（第三列和第四列）：

```
# 加载数据
data1 = convert_data_to_timeseries(input_file, 2)
data2 = convert_data_to_timeseries(input_file, 3)
```

4．创建用于保存数据的 pandas 数据结构，数据框（DataFrame）和字典类似，包含了键值对：

```
dataframe = pd.DataFrame({'first': data1, 'second': data2})
```

5．接下来提取统计数据，用下面的代码提取并打印最大值和最小值：

```
# 打印最大值和最小值
print('Maximum:\n', dataframe.max())
print('Minimum:\n', dataframe.min())
```

6．打印数据的平均值和每行的平均值：

```
# 打印平均值
print('Mean:\n', dataframe.mean())
print('Mean row-wise:\n', dataframe.mean(1)[:10])
```

7. 滑动均值是时间序列分析中会大量用到的重要统计信息，它的一个非常著名的应用是平滑信号从而去除噪声。滑动均值指在时间尺度上持续移动的窗口中计算的信号的平均值。这里用到的窗口大小为 24，下面画出滑动均值：

```
# 画出滑动均值
DFMean = dataframe.rolling(window=24).mean()
plt.plot(DFMean)
```

8．相关性系数对于理解数据的性质非常有用：

```
# 打印相关性系数
print('Correlation coefficients:\n', dataframe.corr())
```

9．用大小为 60 的窗口将其画出：

```
# 画出滑动相关性
plt.figure()
DFCorr = dataframe.rolling(window=60).corr(pairwise=False)
plt.plot(DFCorr)
plt.show()
```

运行前面的代码，滑动均值图如图 9-7 所示。

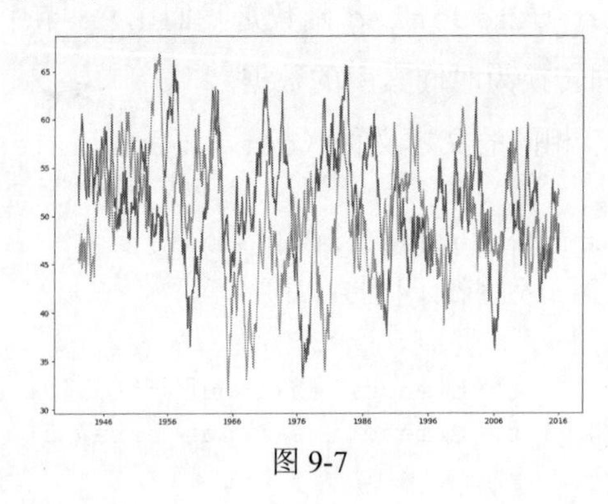

图 9-7

图 9-8 显示的是滑动相关性（图 9-8 是在 matplotlib 窗口执行矩形框缩放操作后得到的结果）。

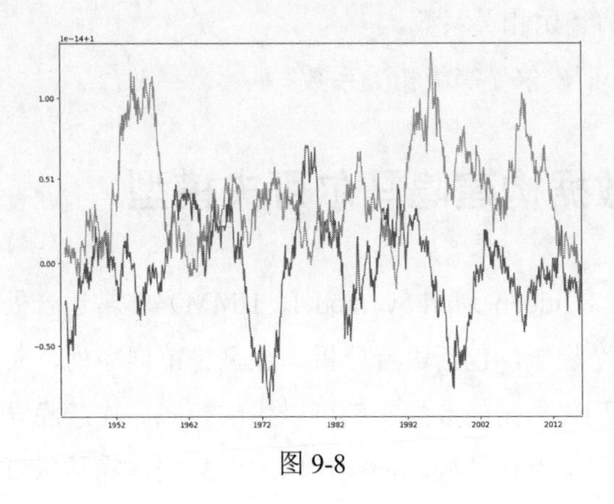

图 9-8

10．在命令行工具输出的上半部分，可以看到最大值、最小值和均值，如图 9-9 所示。

11．在命令行工具输出的下半部分，可以看到每行的均值和相关性系数，如图 9-10 所示。

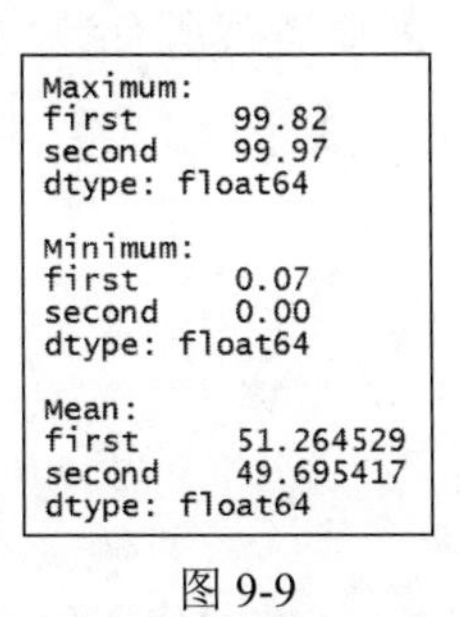

```
Maximum:
first      99.82
second     99.97
dtype: float64

Minimum:
first       0.07
second      0.00
dtype: float64

Mean:
first      51.264529
second     49.695417
dtype: float64
```

图 9-9

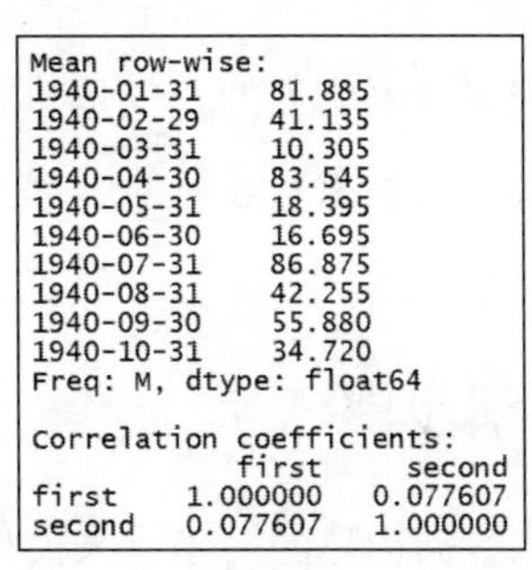

```
Mean row-wise:
1940-01-31    81.885
1940-02-29    41.135
1940-03-31    10.305
1940-04-30    83.545
1940-05-31    18.395
1940-06-30    16.695
1940-07-31    86.875
1940-08-31    42.255
1940-09-30    55.880
1940-10-31    34.720
Freq: M, dtype: float64

Correlation coefficients:
           first    second
first   1.000000  0.077607
second  0.077607  1.000000
```

图 9-10

9.6.3　工作原理

本节介绍了如何提取统计信息。首先计算了从数据集中提取出的两个数据列的最小值、最大值和平均值。然后，计算了数据框前 10 行每行的均值。最后进行了相关性分析。

9.6.4　更多内容

本例使用 `pandas.DataFrame.corr` 函数进行了相关性分析，这个函数按列值对计算相关性（N/A 或 null 值除外）。可用于计算相关性系数的方法如下。

- pearson：皮尔逊相关系数，也是标准的相关性系数。
- kendall：肯德尔相关系数。
- spearman：斯皮尔曼等级相关系数。

9.7 为序列数据构建隐马尔可夫模型

隐马尔可夫模型（Hidden Markov model，HMM）非常适合处理序列化数据分析问题，它被广泛用于各个领域，包括语音分析、金融、单词序列、天气预报等。

任何可以生成序列化数据的数据源都可以生成模式。注意隐马尔可夫模型是生成模型，就是说当它们学习了潜在结构时，就可以生成数据。隐马尔可夫模型并不能对基本形式的类别进行区分，这与那些可以通过学习进行类别区分但是不能生成数据的模型形成了对比。

9.7.1 准备工作

如果我们要预测明天的天气是晴朗、寒冷还是下雨，就要考察所有参数，比如温度、气压等。而潜在的状态是隐藏的。这里，潜在的状态指的是 3 个可选项：晴朗、寒冷、下雨。

9.7.2 详细步骤

为序列化数据构建隐马尔可夫模型的方法如下。

1. 创建一个新的 Python 文件，并导入下面的程序包（完整的代码包含在本书提供的 hmm.py 文件中）：

```
import numpy as np
import matplotlib.pyplot as plt
from hmmlearn.hmm import GaussianHMM
```

2. 我们将使用本书提供的 data_hmm.txt 文件中的数据，该文件中的每行数据都是用逗号分隔的。每行有 3 个值：年、月和一个浮点型数据。把文件加载到 NumPy 数组中：

```
# 从输入文件加载数据
```

```
input_file = 'data_hmm.txt'
data = np.loadtxt(input_file, delimiter=',')
```

3. 将数据按列堆叠起来以进行分析。我们并不需要在技术上做列堆叠，因为只有一个列。但如果要对多于一个的列进行分析，那么可以用下面的代码实现：

```
# 排列训练数据
X = np.column_stack([data[:,2]])
```

4. 用 4 个组件创建并训练隐马尔可夫模型。组件个数是需要选择的超参数，这里设置为 4，就是说，将使用 4 个潜在的状态生成数据。接下来看看这个参数的性能如何变化：

```
# 创建并训练高斯 HMM 模型
print("Training HMM....")
num_components = 4
model = GaussianHMM(n_components=num_components, covariance_type="diag", n_iter=1000)
model.fit(X)
```

5. 运行预测器以获取隐藏状态：

```
# 预测 HMM 的隐藏状态
hidden_states = model.predict(X)
```

6. 计算这些隐藏状态的均值和方差：

```
print("Means and variances of hidden states:")
for i in range(model.n_components):
    print("Hidden state", i+1)
    print("Mean =", round(model.means_[i][0], 3))
    print("Variance =", round(np.diag(model.covars_[i])[0], 3))
```

7. 正如前面所述，隐马尔可夫模型是生成模型，因而，这里生成 1000 个样本数据并画出：

```
# 使用模型生成数据
num_samples = 1000
samples, _ = model.sample(num_samples)
plt.plot(np.arange(num_samples), samples[:,0], c='black')
plt.title('Number of components = ' + str(num_components))
plt.show()
```

完整的代码包含在本书提供的 hmm.py 文件中。运行前面的代码，输入结果如图 9-11 所示。

8. 可以对 n_components 参数进行试验，看看随着参数值的增加曲线是如何变得更好的，也可以通过设定更多的隐藏状态来训练和自定义模型。如果把隐藏状态数量增加到 8，输出结果如图 9-12 所示。

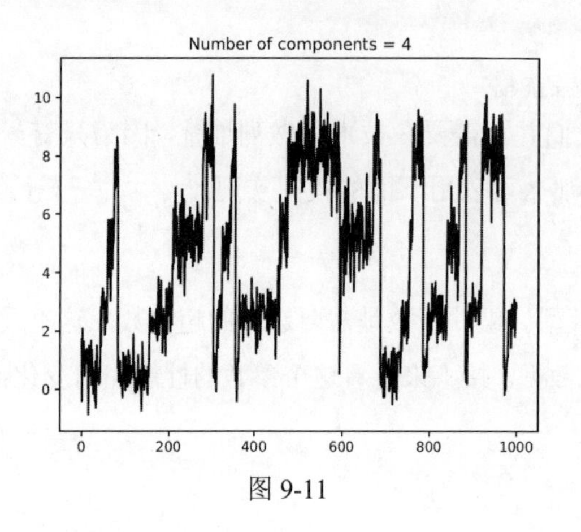

图 9-11

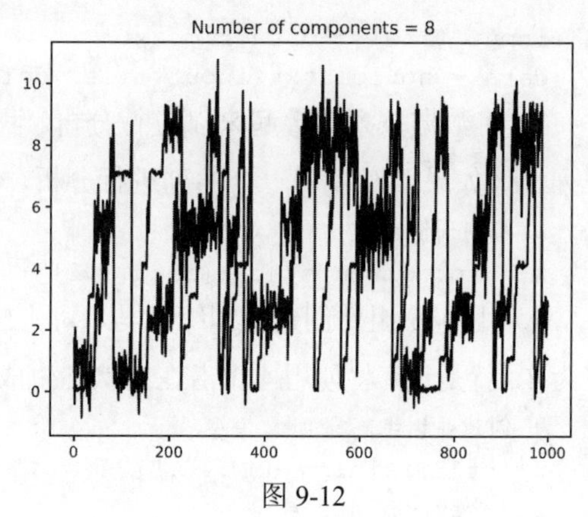

图 9-12

9．把参数增加到 12，得到的结果更加平滑，如图 9-13 所示。

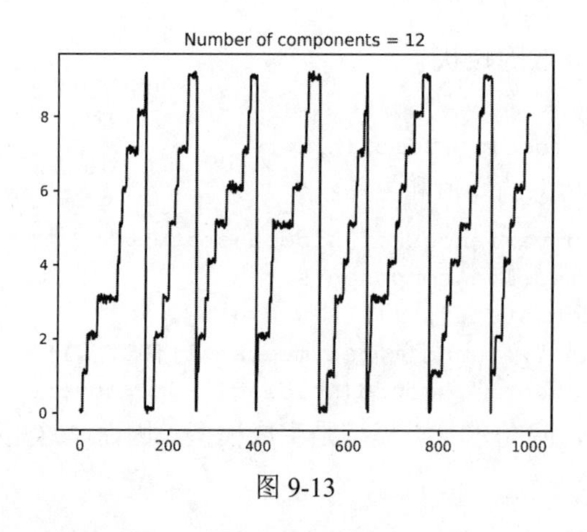

图 9-13

终端上将显示以下输出结果：

```
Training HMM....
Means and variances of hidden states:
Hidden state 1
Mean = 5.592
Variance = 0.253
Hidden state 2
Mean = 1.098
Variance = 0.004
Hidden state 3
Mean = 7.102
Variance = 0.003
Hidden state 4
```

```
Mean = 3.098
Variance = 0.003
Hidden state 5
Mean = 4.104
Variance = 0.003
```

9.7.3　工作原理

在隐马尔可夫模型中，我们假设系统是一个具有未观测状态的马尔可夫过程。当一个随机过程选择某实例 *t* 用于测试，该过程的发展就从 *t* 开始，并仅依赖于 *t*，而不以任何方式依赖于 *t* 之前的实例时，这个过程就是一个马尔可夫过程。就是说，对一个过程，对于某个给定的观察时刻，只有一个特定实例决定了该过程的发展，并且发展不依赖任何过去的实例，那么这个过程就是一个马尔可夫过程。本节学习了如何使用隐马尔可夫模型生成时间序列数据。

9.7.4　更多内容

本节使用了已实现 HMM 的 hmmlearn 库来构建和训练隐马尔可夫模型。HMM 是一个概率模型，其中每个观测变量的序列都是用隐藏的内部状态计算的。隐藏状态不能直接进行观测。

9.8　为序列化文本数据构建条件随机场

条件随机场（Conditional Random Field，CRF）是用于分析结构化数据的概率模型，常用于标签和分段序列数据。和 HMM 相反，条件随机场是判别模型，而 HMM 是生成模型。条件随机场广泛用于分析序列、股票、语音、单词等。在这些模型中，给定一个特定的带标签的观测序列，我们可以在这个序列上定义一个条件随机分布。这和隐马尔可夫模型相反，隐马尔可夫模型定义的是标签和观测序列的联合分布。

9.8.1　准备工作

本节将使用 pystruct 库构建并训练 CRF 模型。在继续学习前，请确保你已经安装了该库。

9.8.2　详细步骤

为序列化文本数据构建条件随机场的方法如下。

1．创建一个新的 Python 文件，定义一个类来创建隐马尔可夫模型（完整的代码包含在本书提供的 crf.py 文件中）：

```
import argparse
import numpy as np
from pystruct.datasets import load_letters
from pystruct.models import ChainCRF
from pystruct.learners import FrankWolfeSSVM
```

2．定义一个参数解析器，并用 C 作为参数。这里的 C 是一个超参数，它表明了在不损失模型泛化能力的前提下你希望模型具备的拟合程度：

```
def build_arg_parser():
    parser = argparse.ArgumentParser(description='Trains the CRF
classifier')
    parser.add_argument("--c-value", dest="c_value", required=False,
type=float, default=1.0, help="The C value that will be used for training")
    return parser
```

3．定义一个类，用于处理所有 CRF 相关的任务：

```
class CRFTrainer(object):
```

4．定义 init 函数并初始化：

```
def __init__(self, c_value, classifier_name='ChainCRF'):
    self.c_value = c_value
    self.classifier_name = classifier_name
```

5．下面用 ChainCRF()方法分析数据，需要加入一个错误检查：

```
if self.classifier_name == 'ChainCRF':
    model = ChainCRF()
```

6．定义 CRF 模型使用的分类器，我们使用支持向量机来实现：

```
            self.clf = FrankWolfeSSVM(model=model, C=self.c_value,
max_iter=50)
        else:
            raise TypeError('Invalid classifier type')
```

7．下面加载 letters 数据集。这个数据集包含了分段的子母以及所关联的特征向量。因为已经有了特征向量，所以我们不再分析图像。每个单词的第一个字母都已经去掉，剩下的字母都是小写的：

```
def load_data(self):
    letters = load_letters()
```

8．把数据和标签分别加载到各自的变量中：

```
X, y, folds = letters['data'], letters['labels'], letters['folds']
X, y = np.array(X), np.array(y)
return X, y, folds
```

9．定义训练方法：

```
# X是样本的NumPy数组，每个样本的形状都是(n_letters, n_features)
def train(self, X_train, y_train):
    self.clf.fit(X_train, y_train)
```

10．定义评估模型性能的方法：

```
def evaluate(self, X_test, y_test):
    return self.clf.score(X_test, y_test)
```

11．定义对新数据进行分类的方法：

```
# 在输入数据上运行分类器
def classify(self, input_data):
    return self.clf.predict(input_data)[0]
```

12．字母是索引编码的数字数组，为了校验输出并让其具有可读性，需要把数字转换成字母。下面定义这个函数：

```
def decoder(arr):
    alphabets = 'abcdefghijklmnopqrstuvwxyz'
    output = ''
    for i in arr:
        output += alphabets[i]

    return output
```

13．定义main函数并解析输入参数：

```
if __name__=='__main__':
    args = build_arg_parser().parse_args()
    c_value = args.c_value
```

14．用类和C值初始化变量：

```
crf = CRFTrainer(c_value)
```

15．加载字母数据：

```
X, y, folds = crf.load_data()
```

16．把数据分成训练数据集和测试数据集：

```
X_train, X_test = X[folds == 1], X[folds != 1]
y_train, y_test = y[folds == 1], y[folds != 1]
```

17. 训练 CRF 模型：

```
print("Training the CRF model...")
crf.train(X_train, y_train)
```

18. 评估 CRF 模型的性能：

```
score = crf.evaluate(X_test, y_test)
print("Accuracy score =", str(round(score*100, 2)) + '%')
```

19. 输入一个随机测试向量，并使用模型预测输出：

```
print("True label =", decoder(y_test[0]))
predicted_output = crf.classify([X_test[0]])
print("Predicted output =", decoder(predicted_output)
```

20. 运行前面的代码，终端上将会显示下面的输出结果，可以看出，单词应该是 `commanding`，条件随机场模型准确地预测出了这个结果：

```
Training the CRF model...
Accuracy score = 77.93%
True label = ommanding
Predicted output = ommanging
```

9.8.3　工作原理

隐马尔可夫模型假设当前的输出与前面的输出之间具有统计独立性，这个假设确保了隐马尔可夫模型推断的鲁棒性。但是，这个假设并非总是成立。条件随机场相比隐马尔可夫模型的一个主要优点是它符合自然规律，就是说我们不假设任何观测结果之间的独立性。CRF 在许多应用上优于 HMM，比如语言学、生物信息学、语言分析等。本节就学习了如何使用 CRF 分析字母序列。

9.8.4　更多内容

pystruct 是一个非常方便实用的机器学习算法的结构化预测支持库，它实现了最大边缘方法和感知机方法。在 pystruct 中实现的学习算法有条件随机场、最大边缘马尔可夫随机场（maximum-margin Markov random field，M3N）以及结构化支持向量机等。

9.9　股市数据分析

股市分析从来都是一个很热门的话题，因为股市趋势分析关系到巨额的股市交易。

对这个话题的关注显然和人们想通过对股市行情的良好预测获取致富的机会有关。股票的买入价和股票的卖出价的差额决定了投资者的收益。但是我们都知道，股市的行情取决于多种因素。

9.9.1 准备工作

本节就来分析一个非常有名的公司的股价。这个公司就是位于美国华盛顿州西雅图市的电商公司亚马逊，它是世界上最大的互联网公司之一。

9.9.2 详细步骤

分析股市数据的方法如下。

1. 创建一个新的 Python 文件，并导入下面的程序包（完整的代码包含在本书提供的 AmazonStock.py 文件中）：

```
import numpy as np
import pandas as pd
import matplotlib.pyplot as plt
from random import seed
```

2. 从本书提供的 AMZN.csv 文件中获取股票价格：

```
seed(0)
Data = pd.read_csv('AMZN.csv',header=0, usecols=['Date', 'Close'],parse
_dates=True,index_col='Date')
```

3. 调用 info() 函数，提取出导入的数据集的初步信息：

```
print(Data.info())
```

返回的结果如下：

```
<class 'pandas.core.frame.DataFrame'>
DatetimeIndex: 4529 entries, 2000-11-21 to 2018-11-21
Data columns (total 1 columns):
Close 4529 non-null float64
dtypes: float64(1)
memory usage: 70.8 KB
None
```

函数打印出一个数据框的信息，包括索引、数据类型，非空数值、内存使用情况等。

4. 调用 head() 函数显示出导入的数据框的前 5 行数据：

```
print(Data.head())
```

这个函数基于位置返回对象的前 *n* 行数据。这对于快速检验对象是否包含了正确类型的数据非常有用。如果省略了 *n* 这个参数，就默认显示前 5 行数据。返回的结果如下：

```
                 Close
Date
2000-11-21 24.2500
2000-11-22 25.1875
2000-11-24 28.9375
2000-11-27 28.0000
2000-11-28 25.0312
```

5. 如果要预览对象包含的数据，那么可以计算出基本的统计信息。对此，可以调用 `describe()` 函数：

```
print(Data.describe())
```

`describe()` 函数生成了描述统计信息，包括除空值外的集中趋势、离散程度以及数据集的分布形式等。函数既分析了数值和对象序列，也分析了混合数据类型组成的数据框列。返回的结果如下：

```
                Close
count     4529.000000
mean       290.353723
std        407.211585
min          5.970000
25%         39.849998
50%        117.889999
75%        327.440002
max       2039.510010
```

6. 接下来，对时间序列数据进行初步的探索性可视化分析：

```
plt.figure(figsize=(10,5))
plt.plot(Data)
plt.show()
```

图 9-14 显示了亚马逊公司 2000-11-21～2018-11-21 的股票价格。

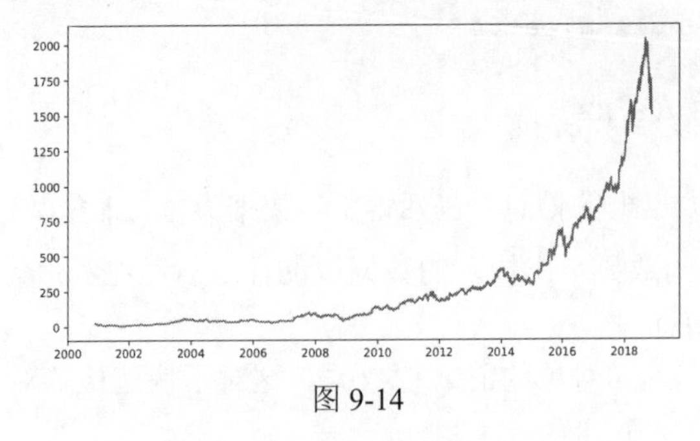

图 9-14

分析图 9-14 可以看出，股票价格随时间推移出现了极大的增长。特别地，从 2015 年开始，出现了指数级的增长趋势。

7．接下来进一步获取信息，看看亚马逊股票价格是如何随时间变化的。我们使用 Python 中的 `pct_change()` 函数计算股票价格的变化率，这个函数返回的是给定数量的时间段上的百分比变化：

```
DataPCh = Data.pct_change()
```

刚刚计算的就是要返回的内容。

8．为了计算返回值的对数，我们使用 NumPy 中的 `log()` 函数：

```
LogReturns = np.log(1 + DataPCh)
print(LogReturns.tail(10))
```

`tail()` 函数返回了对象基于位置的最后 *n* 条数据。当需要快速验证数据时，比如对行排序或增加了新行后，这个方法非常有用。返回的值如下（`LogReturns` 对象的最后 10 行）：

```
                  Close
Date
2018-11-08    -0.000330
2018-11-09    -0.024504
2018-11-12    -0.045140
2018-11-13    -0.003476
2018-11-14    -0.019913
2018-11-15     0.012696
2018-11-16    -0.016204
2018-11-19    -0.052251
2018-11-20    -0.011191
2018-11-21     0.014123
```

9．接下来，使用刚刚返回的计算出的对数值画出图形：

```
plt.figure(figsize=(10,5))
plt.plot(LogReturns)
plt.show()
```

和前面一样，首先设置图形的维度，然后画出图形，最后进行可视化。图 9-15 展示的就是返回的对数值。

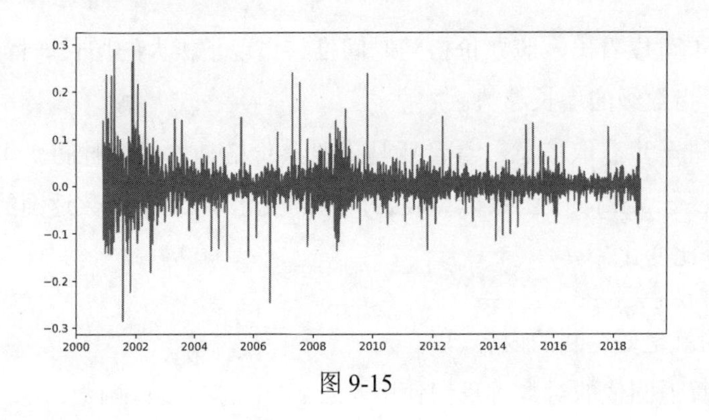

图 9-15

9.9.3　工作原理

要研究一种现象的演变，光有时间序列图形是不够的，还需要对不同时间点上的强度进行比较，即，计算从一个时期到另一时期的强度变化。另外，分析邻近时间区间上的现象的变化趋势也很有趣。我们用 $Y_1,\cdots, Y_t,\cdots, Y_n$ 表示时间序列。时间序列是按时间顺序记录的变量的观测值，比如，价格趋势、股市指数、差价以及失业率等。因此对一串按时间排序好的数据，我们可以从中提取出观察到的现象的特征信息，并用于预测未来值。

两个不同时间（用 t 和 t+1 表示）之间的变化可以使用下面的比率衡量：

$$\frac{Y_{t+1}-Y_t}{Y_t}$$

这个指标是一个比值，我们称为变化百分比（percentage change）。具体地说，它是现象 Y 在时刻 t+1 处相对时刻 t 时的变化率。这个方法给出了一个时间段上数据如何变化的更加详细的解释。使用这项技术，我们可以跟踪各支股票的价格和大型市场指数，也可以比较不同货币的价值。

9.9.4　更多内容

使用收益而非价格的优点在于它是一种标准化方法，让我们可以用可比较的度量标准来衡量所有变量，因而可以评估两个或多个变量之间的分析关系。

9.10 用 RNN 预测时间序列数据

长短时记忆（Long Short-Term Memory，LSTM）网络是循环神经网络（Recurrent Neural Network，RNN）的一种特殊类型。循环神经网络会保留对过去行为的记忆，其他普通网络是做不到这一点的，这就是为什么循环神经网络可以应用到经典网络无法解决的问题领域里，比如需要用到前面数据的时间序列预测（天气、价格等）。

长短时记忆网络包含链接在一起的单元（LSTM 块），每个单元都由输入门、输出门和遗忘门组成，它们分别实现了对单元记忆的读、写和重置功能，因而 LSTM 模块可以控制存储和删除的内容。长短时记忆网络的实现得益于门控制机制的出现，门由一个 sigmoid 神经层和一个点积运算组成。每个门的输出都为 0～1，表示流经这个门的信息百分比。

9.10.1 准备工作

本节就来看看如何用 LSTM 模型预测一个非常有名的公司的股票价格，这个非常有名的公司指的是亚马逊，它是一家位于美国华盛顿州西雅图市的电商公司，也是世界上最大的互联网公司之一。

9.10.2 详细步骤

下面看看如何使用循环神经网络预测时间序列数据。

1. 创建一个新的 Python 文件，并导入下面的程序包（完整的代码包含在本书提供的 `LSTMstock.py` 文件中），文件的第一部分在 9.9 节中处理过了，这里仅为了算法的完整性指出：

```
import numpy as np
import pandas as pd
import matplotlib.pyplot as plt
from random import seed

seed(0)

Data = pd.read_csv('AMZN.csv',header=0, usecols=['Date', 'Close'],parse
```

```
_dates=True,index_col='Date')
```

2．训练 LSTM 算法前对数据进行伸缩处理是一个最佳实践。伸缩处理可以消除数据单位，方便对不同数据进行比较。在本例中，我们将使用 min-max 方法（通常称为特征归一化）来获取归一化后的[0,1]的数据。要对特征归一化，需要使用 sklearn 库中的预处理工具包：

```
from sklearn.preprocessing import MinMaxScaler
scaler = MinMaxScaler()
DataScaled = scaler.fit_transform(Data)
```

3．接下来为训练模型和测试模型划分数据，训练模型和测试模型是预测分析中进一步利用模型进行预测前的基础任务。给定一个包含 4529 行数据的数据集，按照一个简单的比例（比如 70:30）进行划分，其中 3170 行数据分配用于训练模型，1359 行数据用于测试模型：

```
np.random.seed(7)
TrainLen = int(len(DataScaled) * 0.70)
TestLen = len(DataScaled) - TrainLen
TrainData = DataScaled[0:TrainLen,:]
TestData = DataScaled[TrainLen:len(DataScaled),:]

print(len(TrainData), len(TestData))
```

返回的结果如下：

```
3170 1359
```

4．下面还需要输入和输出来训练、测试网络。显然，输入是由数据集中出现的数据表示的，还需要组织的就是输出结构。这里我们假定要利用时刻 *t* 存储的值来预测亚马逊公司在时刻 *t*+1 的股票价格。循环网络是有记忆的，这个记忆通过一个称为时间步的固定的参数的值来维护。时间步参数是指，在训练期间为了更新权重而进行梯度计算时，沿时间反向传播使用的步数。这里设置 `TimeStep=1`。之后定义一个函数，给出数据集和时间步，并返回输入和输出数据：

```
def DatasetCreation(dataset, TimeStep=1):
  DataX, DataY = [], []
  for i in range(len(dataset)-TimeStep-1):
    a = dataset[i:(i+TimeStep), 0]
    DataX.append(a)
    DataY.append(dataset[i + TimeStep, 0])
  return np.array(DataX), np.array(DataY)
```

在这个函数中，`DataX =Input= data(t)`是输入变量，`DataY=output= data`

(t + 1)是下一个时间段的预测值。

5．下面使用这个函数来设置下一阶段（网络建模）要使用的训练数据集和测试数据集：

```
TimeStep = 1
TrainX, TrainY = DatasetCreation(TrainData, TimeStep)
TestX, TestY = DatasetCreation(TestData, TimeStep)
```

在一个长短时记忆网络或循环神经网络中，每个 LSTM 网络层的输入都必须包含下面的信息。

- 观测值：收集的观测值数量。
- 时间步：时间步是样本中的观测点。
- 特征：每步一个特征。

因此，必须为经典网络的预测加入一个时间维度，这样输入的形状应为：

（观测数量，时间步数，每步特征数）

这样，每个 LSTM 层的输入就都变成三维了。

6．可以使用 np.reshape()函数把输入数据集转换成三维形式，代码如下：

```
TrainX = np.reshape(TrainX, (TrainX.shape[0], 1, TrainX.shape[1]))
TestX = np.reshape(TestX, (TestX.shape[0], 1, TestX.shape[1]))
```

7．现在数据格式已经符合要求了，可以创建模型了，首先导入库：

```
from keras.models import Sequential
from keras.layers import LSTM
from keras.layers import Dense
```

8．本例使用序贯（Sequential）模型，即对网络层进行线性堆叠。要创建序贯模型，需要为构造器传入一个网络层实例列表，也可以直接使用 add()方法添加层：

```
model = Sequential()
model.add(LSTM(256, input_shape=(1, TimeStep)))
model.add(Dense(1, activation='sigmoid'))
model.compile(loss='mean_squared_error', optimizer='adam',metrics=
['accuracy'])
model.fit(TrainX, TrainY, epochs=100, batch_size=1, verbose=1)
model.summary()
```

打印出的结果如图 9-16 所示。

9．接下来使用 evaluate()函数来评估刚刚调整好的模型的性能：

```
score = model.evaluate(TrainX, TrainY, verbose=0)
print('Keras Model Loss = ',score[0])
```

```
print('Keras Model Accuracy = ',score[1])
```

```
Layer (type)                 Output Shape              Param #
=================================================================
lstm_4 (LSTM)                (None, 256)               264192
_________________________________________________________________
dense_4 (Dense)              (None, 1)                 257
=================================================================
Total params: 264,449
Trainable params: 264,449
Non-trainable params: 0
_________________________________________________________________
```

图 9-16

前面的函数显示的是模型在测试模式下的损失值和准确率，计算是分批进行的，返回的结果如下：

```
Keras Model Loss = 2.4628453362992094e-06
Keras Model Accuracy = 0.00031565656565657
```

10．模型可以使用了，下面用它来进行预测：

```
TrainPred = model.predict(TrainX)
TestPred = model.predict(TestX)
```

11．预测结果需要以原始形式给出，以便和真实值进行比较：

```
TrainPred = scaler.inverse_transform(TrainPred)
TrainY = scaler.inverse_transform([TrainY])
TestPred = scaler.inverse_transform(TestPred)
TestY = scaler.inverse_transform([TestY])
```

12．为了验证数据预测的正确性，我们可以对预测结果进行可视化。为了正确显示时间序列，需要对预测结果进行转换，对训练集和测试集都要执行转换操作：

```
TrainPredictPlot = np.empty_like(DataScaled)
TrainPredictPlot[:, :] = np.nan
TrainPredictPlot[1:len(TrainPred)+1, :] = TrainPred
```

13．如前所述，需要在测试数据集上执行同样的操作：

```
TestPredictPlot = np.empty_like(DataScaled)
TestPredictPlot[:, :] = np.nan
TestPredictPlot[len(TrainPred)+(1*2)+1:len(DataScaled)-1, :] = TestPred
```

14．最后，画出真实数据和预测结果的图形：

```
plt.figure(figsize=(10,5))
plt.plot(scaler.inverse_transform(DataScaled))
plt.plot(TrainPredictPlot)
plt.plot(TestPredictPlot)
plt.show()
```

图 9-17 显示的就是真实数据和预测值。

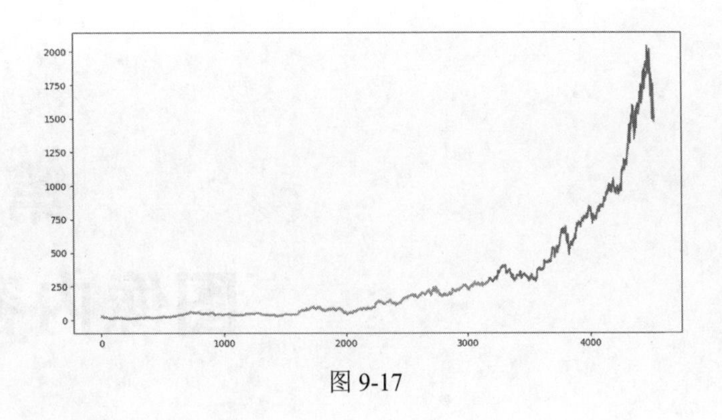

图 9-17

9.10.3 工作原理

本节一开始就介绍了 LSTM 模块可以管理存储和删除的内容，而这项功能的实现是由于称为门的元素的出现。LSTM 由 sigmoid 神经层和点积组成，它的第一个部分决定了要从单元中删除的信息，门获取输入信息并为单元的每个状态返回一个 0～1 的值。输出门可以取两个值，具体如下。

- 0：完全重置单元状态。
- 1：完全存储单元值。

数据存储分为两个阶段，具体如下。

- 第一阶段是 sigmoid 层，又称为输入门层，它执行的运算将确认哪些值需要更新。
- 第二阶段是 tanh 层，它将创建一个等待更新的值向量，为了创建出更新的值的集合，需要把两个层的输出组合起来。

最后，结果由 sigmoid 层给出，它决定了单元的哪些部分对输入有用，并从单元的当前状态通过 tanh 函数过滤后得到一个−1～1 的值，将这个操作结果和 sigmoid 层的值相乘，就可以获得期望的输出。

9.10.4 更多内容

循环神经网络是一个信息双向流动的神经网络模型。换句话说，前馈网络中信号的传播是只在从输入到输出这一个方向上持续发生的。循环网络与此不同，在循环网络中，信号可以从一个神经层传播到它前面的神经层，也在同一层的神经元之间传播，甚至可以在神经元上自我传递。

第 10 章
图像内容分析

本章将涵盖以下内容：

- 用 OpenCV-Python 操作图像；
- 边缘检测；
- 直方图均衡；
- 角点检测；
- SIFT 特征点检测；
- 构建 Star 特征检测器；
- 用视觉码本（Visual Codebook）和向量量化创建特征；
- 用极端随机森林训练图像分类器；
- 构建对象识别器；
- 用 LightGBM 进行图像分类。

10.1 技术要求

本章用到了下列文件（可通过 GitHub 下载）：

- `operating_on_images.py`；
- `capri.jpg`；
- `edge_detector.py`；
- `chair.jpg`；
- `histogram_equalizer.py`；

- sunrise.jpg;
- corner_detector.py;
- box.png;
- feature_detector.py;
- table.jpg;
- star_detector.py;
- trainer.py;
- object_recognizer.py;
- LightgbmClassifier.py。

10.2　简介

计算机视觉是研究如何处理、分析和理解可视化数据内容的领域。在图像内容分析中，我们使用大量的计算机视觉算法来构建对图像中对象的理解。计算机视觉涵盖了图像分析的各个方面，比如对象识别、形状分析、姿态估计、3D 建模、视觉搜索等。人类非常擅长鉴定和识别周围的事物，而计算机视觉的最终目标就是使用计算机准确地模拟人类的视觉系统。

计算机视觉包括多个级别的分析。在低级视觉分析领域中，计算机视觉可以进行像素级任务的处理，如边缘检测（edge detection）、形态学处理（morphological processing）、光流场（optical flow）计算等。在中高级视觉分析领域中，计算机视觉可以处理诸如对象识别（object recognition）、3D 建模（3D modeling）、运动分析（motion analysis）以及其他方面的可视化数据。计算机视觉任务处理的层次越高，就越需要深入钻研视觉系统各个方面的概念，并基于活动和意图提取出视觉数据的描述性信息。值得注意的一点是，高层次的分析往往依赖于低层次分析的输出结果。

关于计算机视觉最常见的一个问题是：计算机视觉与图像处理有什么不同？图像处理研究的是像素级的图像转换，它的输入和输出都是图像。常见的图像处理任务有边缘检测、直方图均衡（histogram equalization）和图像压缩（image compression）。计算机视觉算法严重依赖图像处理算法来执行相关任务。计算机视觉需要处理更复杂的任务，包括在概念层级上理解视觉数据，我们希望借此可以构建出对图像中的对象更有意义的描述。计算机视觉系统的输出是给定图像的 3D 场景的描述，这样的描述可以是各种形式的，具体形式取决于用户的需要。

10.3　用 OpenCV_Python 操作图像

本章使用一个开源的计算机视觉库 OpenCV 来分析图像。OpenCV 是计算机视觉领域最流行的库之一，它为多个不同平台做了高度优化，已经成为了工业领域的事实标准。在继续学习前，请确保你已经安装了 OpenCV 的 Python 支持包。如果想了解不同操作系统的详细安装指导，请参考 OpenCV 网站的相关文档。

10.3.1　准备工作

本节将介绍如何使用 OpenCV-Python 进行图像操作，包括加载和展示图片，以及剪切、调整大小、把保存图像到输入文件中等。

10.3.2　详细步骤

用 OpenCV-Python 操作图像的方法如下。

1. 创建一个新的 Python 文件并导入下面的程序包（完整的代码包含在本书提供的 operating_on_images.py 文件中）：

```
import sys
import cv2
```

2. 指定输入的第一个参数作为图像文件参数，使用图像读取函数进行读取。这里将使用本书提供的 forest.jpg 文件：

```
# 加载并显示图片——'forest.jpg'
input_file = sys.argv[1]
img = cv2.imread(input_file)
```

3. 显示输入图像：

```
cv2.imshow('Original', img)
```

4. 下面剪切图像，提取出输入图像的高度和宽度，然后声明边界：

```
# 剪切图像
h, w = img.shape[:2]
start_row, end_row = int(0.21*h), int(0.73*h)
start_col, end_col= int(0.37*w), int(0.92*w)
```

5. 用 NumPy 的切分方式剪切图像并显示：

```
img_cropped = img[start_row:end_row, start_col:end_col]
cv2.imshow('Cropped', img_cropped)
```

6. 将图像大小调整为原始大小的 1.3 倍并显示图像：

```
# 调整图像大小
scaling_factor = 1.3
img_scaled = cv2.resize(img, None, fx=scaling_factor, fy=scaling_factor,
interpolation=cv2.INTER_LINEAR)
cv2.imshow('Uniform resizing', img_scaled)
```

7. 上面的方法将在两个维度上均匀来扩展图像。假如我们要使用特定的大小来调整图像，可以使用下面的代码：

```
img_scaled = cv2.resize(img, (250, 400), interpolation=cv2.INTER_AREA)
cv2.imshow('Skewed resizing', img_scaled)
```

8. 将图像保存到输出文件中：

```
# 保存图像
output_file = input_file[:-4] + '_cropped.jpg'
cv2.imwrite(output_file, img_cropped)

cv2.waitKey()
```

waitKey()函数在你按下键盘上的任意键之前，将一直显示图片。

9. 下面在终端窗口运行代码：

```
$ python operating_on_images.py capri.jpg
```

10. 可以在屏幕上看到如图 10-1 所示的输出图像（意大利卡普里岛风光）。

图 10-1

10.3.3　工作原理

本节介绍了如何使用 OpenCV-Python 库操作图片，执行过的任务有：

- 加载并显示图像；
- 剪切图像；
- 调整图像大小；
- 保存图像。

10.3.4　更多内容

OpenCV 是一个免费的软件库，最初由英特尔公司和俄国的 Nizhny Novgorod 研发中心开发。后来由 Willow Garage 公司维护，现在则由 Itseez 公司维护。开发这个库主要使用的编程语言是 C++，但也可以和 C、Python 和 Java 交互。

10.4　边缘检测

边缘检测是计算机视觉领域最热门的技术之一，常用在很多应用程序的预处理过程中。使用边缘检测可以标记出数字图像中亮度突然变化的点。图像属性的显著变化通常反映了其所表示的物理世界的重要事件或变化，比如表面方向不连续、深度不连续等。

10.4.1　准备工作

本节将介绍如何使用不同的边缘检测器对输入图像进行边缘检测。

10.4.2　详细步骤

进行边缘检测的方法如下。

1. 创建一个新的 Python 文件并导入下面的程序包（完整的代码包含在本书提供的 `edge_detector.py` 文件中）：

```
import sys
import cv2
```

2. 加载输入图像，这里使用的图像是 `chair.jpg`：

```
# 加载输入图像——'chair.jpg'
```

```
# 转换成灰度图像
input_file = sys.argv[1]
img = cv2.imread(input_file, cv2.IMREAD_GRAYSCALE)
```

3．提取出图像的高度和宽度：

```
h, w = img.shape
```

4．Sobel 滤波器是一种边缘检测器，它使用 3 × 3 的卷积核来检测垂直边缘和水平边缘：

```
sobel_horizontal = cv2.Sobel(img, cv2.CV_64F, 1, 0, ksize=5)
```

5．运行 Sobel 边缘检测器检测垂直边缘：

```
sobel_vertical = cv2.Sobel(img, cv2.CV_64F, 0, 1, ksize=5)
```

6．拉普拉斯边缘检测器会进行两个方向的边缘检测，代码如下：

```
laplacian = cv2.Laplacian(img, cv2.CV_64F)
```

7．尽管拉普拉斯边缘检测器弥补了 Sobel 边缘检测器的不足，但是拉普拉斯边缘检测器的输出仍然带有很多噪声。Canny 边缘检测器由于其解决问题的方式不同，所以更胜于前两者。Canny 边缘检测是一个多阶段过程，它使用滞后阈值得到清晰的边缘：

```
canny = cv2.Canny(img, 50, 240)
```

8．显示所有输出图像：

```
cv2.imshow('Original', img)
cv2.imshow('Sobel horizontal', sobel_horizontal)
cv2.imshow('Sobel vertical', sobel_vertical)
cv2.imshow('Laplacian', laplacian)
cv2.imshow('Canny', canny)

cv2.waitKey()
```

9．接下来使用下面的命令在终端窗口运行代码：

```
$ python edge_detector.py siracusa.jpg
```

你将在屏幕上看到 5 幅图像（意大利的锡拉库萨古剧场），如图 10-2 所示。

上面的 3 幅图分别为原始图像、Sobel 水平检测器输出图像和 Sobel 垂直检测器输出图像。注意第二幅图里的检测线趋于垂直，这是因为 Sobel 水平边缘检测器更倾向于检测水平方向上的变化。下面的两幅图分别是拉普拉斯边缘检测器输出图像和 Canny 边缘检测器输出图像。Canny 边缘检测器出色地检测出了所有边缘。

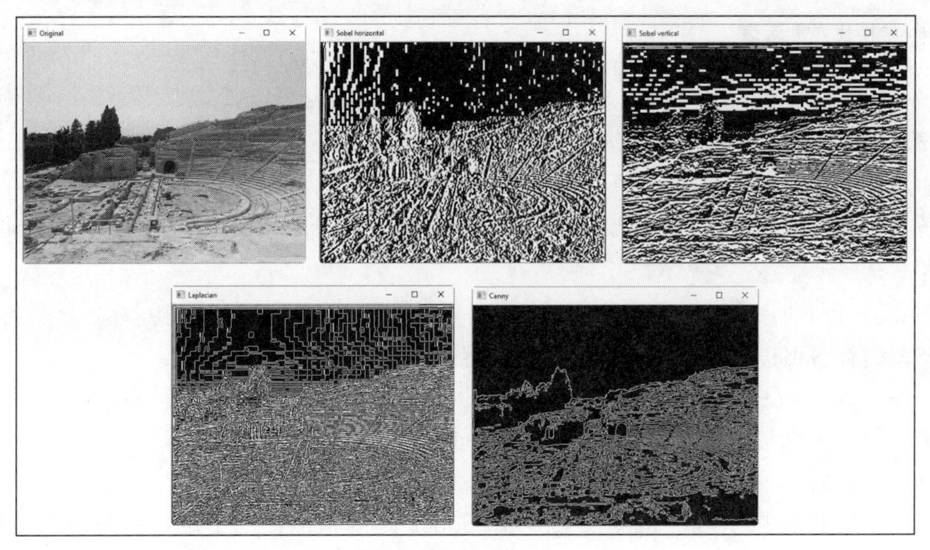

图 10-2

10.4.3　工作原理

Sobel 算子是一个差分算子，它计算表示图像亮度的函数梯度的近似值。对于图像中的每个点，Sobel 算子都可以对应出梯度向量或向量的范数。Sobel 算子使用的算法基于图像与滤波器的卷积，计算的是整型数据，并且分别在水平方向和垂直方向进行运算，因而更加节约计算成本。拉普拉斯边缘检测器是一种过零点方法，它寻找的是二阶导数过零点的像素点，通常是拉普拉斯函数或非线性函数的差分表示。

10.4.4　更多内容

Canny 算法使用一个多阶段的算法来发现真实图像中多种类型的轮廓，首先算法必须识别并标记出图像的恰当位置处尽可能多的边缘轮廓；其次，标记的轮廓要尽可能地接近图像的真实轮廓；最后，给定的图像边缘必须只标记过一次，并且如果可能的话，不能让图像中的噪声引起错误的边缘检测。

10.5　直方图均衡

直方图均衡是指修改图像像素的亮度来增强图像对比度的过程。人眼喜欢对比，这就是为什么几乎所有的照相机系统使用直方图均衡来美化照片。

10.5.1 准备工作

有趣的是灰度图像和彩色图像的直方图均衡化处理是不同的。处理彩色图片时有个陷阱，本节稍后会讲到。下面看看如何操作。

10.5.2 详细步骤

进行直方图均衡化处理的方法如下。

1．创建一个新的 Python 文件并导入下面的程序包（完整的代码包含在本书提供的 histogram_equalizer.py 文件中）：

```
import sys
import cv2
```

2．加载输入图像 sunrise.jpg：

```
# 加载输入图像
input_file = sys.argv[1]
img = cv2.imread(input_file)
```

3．把图像转换成灰度图像并显示出来：

```
# 转换成灰度图像
img_gray = cv2.cvtColor(img, cv2.COLOR_BGR2GRAY)
cv2.imshow('Input grayscale image', img_gray)
```

4．对灰度图像的直方图进行均衡化处理并显示：

```
# 均衡化直方图
img_gray_histeq = cv2.equalizeHist(img_gray)
cv2.imshow('Histogram equalized - grayscale', img_gray_histeq)
```

5．OpenCV 默认以 BGR 格式加载图像，所以需要先把格式从 BGR 转换成 YUV：

```
# 彩色图像的直方图均衡化
img_yuv = cv2.cvtColor(img, cv2.COLOR_BGR2YUV)
```

6．均衡 Y 通道，代码如下：

```
img_yuv[:,:,0] = cv2.equalizeHist(img_yuv[:,:,0])
```

7．转换回 BGR 格式：

```
img_histeq = cv2.cvtColor(img_yuv, cv2.COLOR_YUV2BGR)
```

8．显示输入图像和输出图像：

```
cv2.imshow('Input color image', img)
cv2.imshow('Histogram equalized - color', img_histeq)
```

```
cv2.waitKey()
```

9．使用下面的命令在终端窗口运行代码：

```
$ python histogram_equalizer.py gubbio.jpg
```

10．屏幕上将看到图 10-3 所示的 4 幅图像（意大利中世纪城市古比奥）。

图 10-3

10.5.3　工作原理

直方图均衡是使用图像的直方图将对比度标准化的数字图像处理方法。直方图均衡极大地增加了图像的整体对比度，特别当使用的图像数据被表示成近似的亮度值时。调整后，亮度在直方图上得到了更好的分布。使用这种方式，具有低对比度的区域就可以获得一个较高的对比度。直方图均衡化是通过扩散最普遍的亮度值实现的。

10.5.4　更多内容

均衡化彩色图像的直方图，需要使用不同的处理过程，直方图均衡只应用到亮度通道上。一个 RGB 图像包含 3 个颜色通道，我们不能对 3 个通道分开采用直方图均衡化处理。在进一步处理前，需要从颜色信息中预先分离出亮度信息，因而需要先将其转换成

YUV 色彩空间，均衡化 Y 通道，再转换回 RGB 从而得到最终的输出结果。

10.6 角点检测

角点检测是计算机视觉的一项重要任务，它可以帮助我们识别图像中突出的点。这是最早用于开发图像分析系统的特征提取技术之一。

10.6.1 准备工作

本节将介绍如何通过为识别出的像素点放置记号来检测一个盒子的角点。

10.6.2 详细步骤

进行角点检测的方法如下.

1. 创建一个新的 Python 文件，并导入下面的程序包（完整的代码包含在本书提供的 `corner_detector.py` 文件中）：

```
import sys
import cv2
import numpy as np
```

2. 加载输入图像 `box.png`：

```
# 加载输入图像
input_file = sys.argv[1]
img = cv2.imread(input_file)
cv2.imshow('Input image', img)
```

3. 把图像转换成灰度图像，并转换成浮点数值。角点检测需要使用浮点类型的数值：

```
img_gray = cv2.cvtColor(img, cv2.COLOR_BGR2GRAY)
img_gray = np.float32(img_gray)
```

4. 在灰度图像上运行 Harris 角点检测函数：

```
# Harris 角点检测函数
img_harris = cv2.cornerHarris(img_gray, 7, 5, 0.04)
```

5. 为了标记角点，需要放大图像：

```
# 放大图像以标记角点
img_harris = cv2.dilate(img_harris, None)
```

6. 设置图像阈值，以显示重要的像素点：

```
# 设置图像阈值
```

```
img[img_harris > 0.01 * img_harris.max()] = [0, 0, 0]
```

7．显示输出图像：

```
cv2.imshow('Harris Corners', img)
cv2.waitKey()
```

8．在终端窗口运行代码：

```
$ python corner_detector.py box.png
```

屏幕上将显示出两幅图像，如图 10-4 所示。

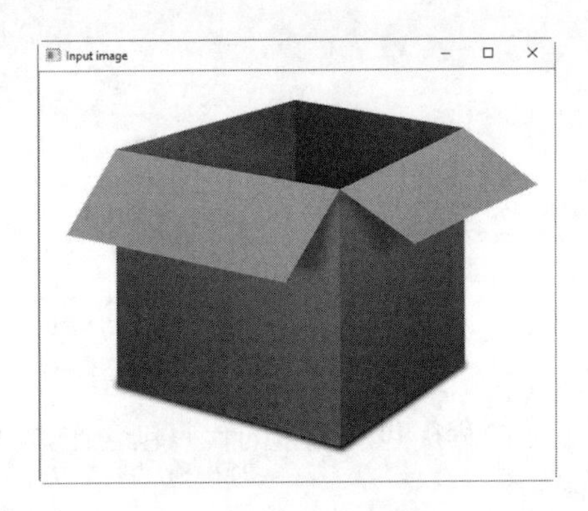

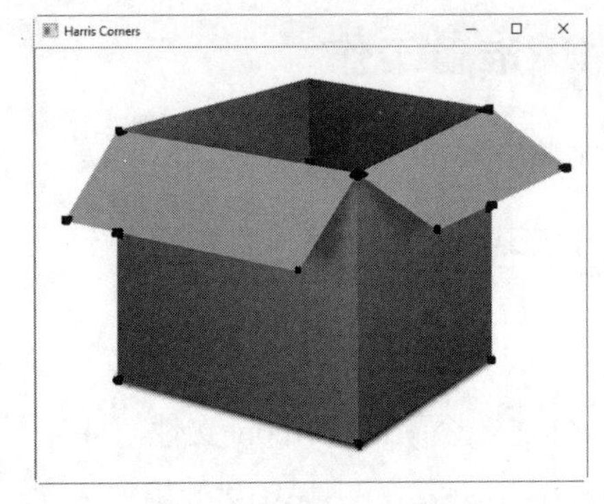

图 10-4

10.6.3　工作原理

角点检测是计算机视觉中用于提取特征类型和推断图像内容的方法。这种技术经常用于运动检测、影像录制、视频跟踪、图像拼接、影像全景创作、三维建模和对象识别等，这和兴趣点的检测相类似。

10.6.4　更多内容

角点检测技术可以分成两部分：

- 基于边缘的提取的技术，以及其后对对应最大曲率或边缘相交的点的识别；
- 算法根据图像像素灰度的变化直接搜索角点。

10.7　SIFT 特征点检测

尺度不变特征变换（Scale Invariant Feature Transform，SIFT）是计算机视觉领域最

常用的特征之一。大卫·洛维在其开创性论文中首次提出了这一点。其后，SIFT 成为图像识别和图像分析领域最有效的特征之一，它在尺度、方向、亮度等方面都具有很强的鲁棒性，这些构成了对象识别系统的基础。

10.7.1 准备工作

本节将介绍如何检测 SIFT 特征点。

10.7.2 详细步骤

检测 SIFT 特征点的方法如下。

1. 创建一个新的 Python 文件，并导入下面的程序包（完整的代码包含在本书提供的 `feature_detector.py` 文件中）：

```
import sys
import cv2
import numpy as np
```

2. 加载输入图像 `table.jpg`：

```
# 加载输入图像
input_file = sys.argv[1]
img = cv2.imread(input_file)
```

3. 将图像转换为灰度图像：

```
img_gray = cv2.cvtColor(img, cv2.COLOR_BGR2GRAY)
```

4. 初始化 SIFT 检测器对象并提取关键点：

```
sift = cv2.xfeatures2d.SIFT_create()
keypoints = sift.detect(img_gray, None)
```

5. 关键点指的是突出的点，但它们不是特征。我们基本上得到了突出点的位置。SIFT 也是一种非常有效的特征提取器。

6. 在输入图像上画出关键点：

```
img_sift = np.copy(img)
cv2.drawKeypoints(img, keypoints, img_sift, flags=cv2.DRAW_MATCHES_FLAGS_
DRAW_RICH_KEYPOINTS)
```

7. 显示输入图像和输出图像：

```
cv2.imshow('Input image', img)
cv2.imshow('SIFT features', img_sift)
cv2.waitKey()
```

8. 在终端窗口中运行代码：

```
$ python feature_detector.py flowers.jpg
```

屏幕上将显示两幅图像，如图 10-5 所示。

图 10-5

10.7.3　工作原理

图像中的每个对象都会被提取出一些兴趣点，从而提供出对对象特征的描述。从用于训练的图像中获取的特征，可用于在包含了很多其他对象的测试图像中识别该对象的位置。要得到可靠的识别，那么从训练图像中提取的特征必须是可检测的，即使发生了尺度、噪声和亮度的变化。这些点通常位于图像高对比度的区域，比如对象的边缘。

10.7.4　更多内容

在大卫・洛维的方法中，第一阶段要从一组参考图像中提取出 SIFT 对象的关键点，然后保存到数据库中。新图像中对象的识别通过对新图像的每个特征和数据库中存储的特征进行对比，并基于特征向量间的欧式距离来找出匹配的特征。从新图像匹配的特征的完整集合中，识别出符合对象和它的位置、尺度和方向的关键点的子集，从而过滤出最佳的匹配。

10.8　构建 Star 特征检测器

SIFT 特征检测器在很多场景中都很好用，但在创建目标识别系统时，在用 SIFT 提取特征前，可能需要用到一个不同的特征检测器。灵活地堆叠不同的模块可以让我们获得最佳的性能。

10.8.1 准备工作

本节将使用 Star 特征检测器从图像中提取特征。

10.8.2 详细步骤

构建 Star 特征检测器的方法如下。

1．创建一个新的 Python 文件，并导入下面的程序包（完整的代码包含在本书提供的 star_detector.py 文件中）：

```
import sys
import cv2
```

2．定义一个类，用于处理所有与 Star 特征检测器相关的函数：

```
class StarFeatureDetector(object):
    def __init__(self):
        self.detector = cv2.xfeatures2d.StarDetector_create()
```

3．定义一个在输入图像上运行检测器的函数：

```
def detect(self, img):
    return self.detector.detect(img)
```

4．在 main 函数中加载图像 table.jpg：

```
if __name__=='__main__':
    # 加载输入图像
    input_file = sys.argv[1]
    input_img = cv2.imread(input_file)
```

5．将图像转换成灰度图像：

```
# 转换成灰度图像
img_gray = cv2.cvtColor(input_img, cv2.COLOR_BGR2GRAY)
```

6．使用 Star 特征检测器检测特征：

```
# 使用 Star 特征检测器检测特征
keypoints = StarFeatureDetector().detect(input_img)
```

7．在图像上画出关键点：

```
cv2.drawKeypoints(input_img, keypoints, input_img, flags=cv2.DRAW_
MATCHES_FLAGS_DRAW_RICH_KEYPOINTS)
```

8．显示输出图像：

```
cv2.imshow('Star features', input_img)
cv2.waitKey()
```

9．在终端窗口运行代码：

```
$ python star_detector.py table.jpg
```

屏幕上将看到图 10-6 所示的图像。

图 10-6

10.8.3　工作原理

本节介绍了如何使用 OpenCV-Python 库构建 Star 特征检测器，执行的任务包括：

- 加载图像；
- 转换成灰度图像；
- 使用 Star 特征检测器检测特征；
- 画出关键点并显示图像。

10.8.4　更多内容

Star 检测器基于中心环绕极值（Center Surrounded Extrema，CenSurE）检测器，这两种检测器的不同之处在于多边形的选择：

- CenSurE 检测器使用正方形、六边形和八边形替代圆形；
- Star 检测器使用两个叠加的正方形（一个垂直，一个旋转 45 度角）近似出圆形。

10.9 用视觉码本和向量量化创建特征

为了构建对象识别系统，我们需要从每幅图像中提取特征向量。每个图像都需要有一个可以用于匹配的签名。我们使用名为视觉码本（Visual Codebook）的概念来构建图像签名。码本基本上就是一个字典，我们用它来为训练数据图像签名集合中的图像提供表示。我们使用向量量化（vector quantization）对特征点进行聚类并找出质心，这些质心将作为视觉码本中的元素。

10.9.1 准备工作

本节将使用视觉码本和向量量化来创建特征。构建出具有鲁棒性的对象识别系统需要用到数万幅图像数据。这个领域有一个非常著名的数据集 Caltech256，它包含了 256 种类别的图像，其中每个类别都包含了上千幅样本图像。

10.9.2 详细步骤

使用视觉码本和向量量化创建特征的方法如下。

1. 这个例子的代码有点长，因此这里我们只介绍一些重要的函数。完整的代码包含在本书提供的 build_features.py 文件中。下面看看用于提取特征的类的定义：

```
class FeatureBuilder(object):
```

2. 定义一个从输入图像中提取特征的方法。首先使用 Star 检测器得到关键点，再使用 SIFT 检测器提取这些位置的描述信息：

```
def extract_ features(self, img):
    keypoints = StarFeatureDetector().detect(img)
    keypoints, feature_vectors = compute_sift_features(img, keypoints)
    return feature_vectors
```

3. 从描述信息中提取质心：

```
def get_codewords(self, input_map, scaling_size, max_samples=12):
    keypoints_all = []
    count = 0
    cur_label = ''
```

4. 每幅图像都会生成大量的描述信息。这里仅使用一小部分图像，因为这些质心并不会发生很大的改变：

```
for item in input_map:
    if count >= max_samples:
        if cur_class != item['object_class']:
            count = 0
    else:
        continue

count += 1
```

5．打印如下信息：

```
if count == max_samples:
    print("Built centroids for", item['object_class'])
```

6．提取当前标签：

```
cur_class = item['object_class']
```

7．读取图像并调整其大小：

```
img = cv2.imread(item['image_path'])
img = resize_image(img, scaling_size)
```

8．提取特征：

```
feature_vectors = self.extract_image_features(img)
keypoints_all.extend(feature_vectors)
```

9．用向量量化来量化特征点。向量量化是一个 N 维的“四舍五入”方法：

```
kmeans, centroids = BagOfWords().cluster(keypoints_all)
return kmeans, centroids
```

10．定义一个类来处理词袋模型和向量量化：

```
class BagOfWords(object):
    def __init__(self, num_clusters=32):
        self.num_dims = 128
        self.num_clusters = num_clusters
        self.num_retries = 10
```

11．定义一个方法来量化数据点，这里使用 k-means 聚类算法实现：

```
def cluster(self, datapoints):
    kmeans = KMeans(self.num_clusters,
        n_init=max(self.num_retries, 1),
        max_iter=10, tol=1.0)
```

12．用下面的代码提取质心：

```
res = kmeans.fit(datapoints)
centroids = res.cluster_centers_
return kmeans, centroids
```

13．定义一个方法，用于归一化数据：

```
def normalize(self, input_data):
    sum_input = np.sum(input_data)

    if sum_input > 0:
        return input_data / sum_input
    else:
        return input_data
```

14. 定义一个方法来获得特征向量：

```
def construct_feature(self, img, kmeans, centroids):
    keypoints = StarFeatureDetector().detect(img)
    keypoints, feature_vectors = compute_sift_features(img, keypoints)
    labels = kmeans.predict(feature_vectors)
    feature_vector = np.zeros(self.num_clusters)
```

15. 创建一个直方图并将其归一化：

```
    for i, item in enumerate(feature_vectors):
        feature_vector[labels[i]] += 1

        feature_vector_img = np.reshape(feature_vector, ((1, feature_
vector.shape[0])))
        return self.normalize(feature_vector_img)
```

16. 定义一个方法，用于提取 SIFT 特征：

```
# 提取 SIFT 特征
def compute_sift_features(img, keypoints):
    if img is None:
        raise TypeError('Invalid input image')
    img_gray = cv2.cvtColor(img, cv2.COLOR_BGR2GRAY)
    keypoints, descriptors = cv2.xfeatures2d.SIFT_create().compute(img
_gray, keypoints)
    return keypoints, descriptors
```

前面提到过，完整代码可以参考 build_features.py 文件。可以用下面的命令在终端窗口运行代码：

```
$ python build_features.py --data-folder /path/to/training_images/
--codebook-file codebook.pkl --feature-map-file feature_map.pkl
```

结果将生成两个文件：codebook.pkl 和 feature_map.pkl，下一节将会用到这两个文件。

10.9.3 工作原理

本节我们把视觉码本作为字典使用，我们用它来创建图像签名集合中的图像的表示。

因此，我们使用向量量化来对特征点进行分组并创建了质心，这些质心就是视觉码本的元素。

10.9.4　更多内容

我们从图像中的多个点提取特征，计算出特征值出现的频数，并基于发现的频数对图像进行分类，这和向量空间中的文档表示技术类似。这是一个向量量化过程，我用它创建了一个字典来离散特征空间的可能值。

10.10　用极端随机森林训练图像分类器

对象识别系统使用图像分类器将图像分入不同的类别。极端随机森林（Extremely Random Forest，ERF）由于其较快的速度和准确率在机器学习领域非常流行。ERF 算法基于决策树算法，它和经典决策树算法的不同之处在于对树的划分点的选择。将节点的样本分成两组的最佳做法是，为每组随机选择的特征创建随机的子划分，并选择出其中最好的划分。

10.10.1　准备工作

本节我们使用 ERF 来训练图像分类器。首先基于图像签名构造出决策树，然后训练森林做出正确的决策。

10.10.2　详细步骤

使用 ERF 训练图像分类器的方法如下。

1．创建一个新的 Python 文件，并导入下面的程序包（完整的代码包含在本书提供的 trainer.py 文件中）：

```
import argparse
import _pickle as pickle

import numpy as np
from sklearn.ensemble import ExtraTreesClassifier
from sklearn import preprocessing
```

2．定义一个参数解析器：

```
def build_arg_parser():
```

```
    parser = argparse.ArgumentParser(description='Trains the
 classifier')
    parser.add_argument("--feature-map-file", dest="feature_map_file",
required=True, help="Input pickle file containing the feature map")
    parser.add_argument("--model-file", dest="model_file", required=
False, help="Output file where the trained model will be stored")
    return parser
```

3．定义一个类来处理 ERF 训练。这里将使用标签编码器对训练标签进行编码：

```
class ERFTrainer(object):
    def __init__(self, X, label_words):
        self.le = preprocessing.LabelEncoder()
        self.clf = ExtraTreesClassifier(n_estimators=100, max_depth=16,
random_state=0)
```

4．对标签进行编码并训练分类器：

```
y = self.encode_labels(label_words)
self.clf.fit(np.asarray(X), y)
```

5．定义一个函数，用于对标签进行编码：

```
def encode_labels(self, label_words):
    self.le.fit(label_words)
    return np.array(self.le.transform(label_words), dtype=np.float32)
```

6．定义一个函数来对未知数据点进行分类：

```
def classify(self, X):
    label_nums = self.clf.predict(np.asarray(X))
    label_words = self.le.inverse_transform([int(x) for x in label_nums])
    return label_words
```

7．定义 main 函数并解析输入参数：

```
if __name__=='__main__':
    args = build_arg_parser().parse_args()
    feature_map_file = args.feature_map_file
    model_file = args.model_file
```

8．加载 10.9 节中创建的特征图：

```
# 加载特征图
with open(feature_map_file, 'rb') as f:
    feature_map = pickle.load(f)
```

9．提取特征向量：

```
# 提取特征向量和标记
label_words = [x['object_class'] for x in feature_map]
dim_size = feature_map[0]['feature_vector'].shape[1]
X = [np.reshape(x['feature_vector'], (dim_size,)) for x in feature_map]
```

10．基于训练数据训练 ERF：

```
# 训练极端随机森林分类器
erf = ERFTrainer(X, label_words)
```

11．保存训练好的 ERF 模型：

```
if args.model_file:
    with open(args.model_file, 'wb') as f:
        pickle.dump(erf, f)
```

12．在终端运行代码：

```
$ python trainer.py --feature-map-file feature_map.pkl
--model-file erf.pkl
```

代码将生成一个文件 erf.pkl，这个文件会在下一节使用。

10.10.3　工作原理

本节使用了 ERF 来训练图像分类器。首先我们定义了一个参数解析函数和一个处理 ERF 训练任务的类，接着使用标签编码器对训练标签编码，然后加载 10.9 节中生成的特征图，提取了特征向量和标签，最后训练了 ERF 分类器。

10.10.4　更多内容

本节使用了 sklearn.ensemble.Extratreesclassifier 函数来训练图像分类器。这个函数用于构建极端随机树分类器。

10.11　构建对象识别器

在 10.10 节中，我们使用了 ERF 算法来训练图像分类器。训练好 ERF 模型后，就可以用这个模型来构建出可以识别未知图像内容的对象识别器了。

10.11.1　准备工作

本节将介绍如何使用训练好的 ERF 模型来识别未知图像的内容。

10.11.2　详细步骤

构建对象识别器的方法如下。

1．创建一个新的 Python 文件，并导入下面的程序包（完整的代码包含在本书提供的 object_recognizer.py 文件中）：

```
import argparse
import _pickle as pickle

import cv2

import build_features as bf
from trainer import ERFTrainer
```

2．定义参数解析器：

```
def build_arg_parser():
    parser = argparse.ArgumentParser(description='Extracts features \
              from each line and classifies the data')
    parser.add_argument("--input-image", dest="input_image", required=
True, help="Input image to be classified")
    parser.add_argument("--model-file", dest="model_file", required=True,
              help="Input file containing the trained model")
    parser.add_argument("--codebook-file", dest="codebook_file",
required=True, help="Input file containing the codebook")
    return parser
```

3．定义一个类，用于处理图像标注提取任务：

```
class ImageTagExtractor(object):
    def __init__(self, model_file, codebook_file):
        with open(model_file, 'rb') as f:
            self.erf = pickle.load(f)

        with open(codebook_file, 'rb') as f:
            self.kmeans, self.centroids = pickle.load(f)
```

4．定义一个函数，使用训练好的 ERF 模型预测输出：

```
def predict(self, img, scaling_size):
    img = bf.resize_image(img, scaling_size)
    feature_vector = bf.BagOfWords().construct_feature(img, self.kmeans,
self.centroids)
    image_tag = self.erf.classify(feature_vector)[0]
    return image_tag
```

5．定义 main 函数并加载输入图像：

```
if __name__=='__main__':
    args = build_arg_parser().parse_args()
    model_file = args.model_file
    codebook_file = args.codebook_file
```

```
    input_image = cv2.imread(args.input_image)
```

6. 合理地调整图像大小：

```
scaling_size = 200
```

7. 在终端上打印输出结果：

```
print("Output:", ImageTagExtractor(model_file, codebook_file).predict
(input_image, scaling_size))
```

8. 下面可以运行代码了：

```
$ python object_recognizer.py --input-image imagefile.jpg --model-
file erf.pkl --codebook-file codebook.pkl
```

10.11.3　工作原理

本节使用训练好的 ERF 模型识别未知图像的内容，例中使用了 10.9 节和 10.10 节介绍的算法。

10.11.4　更多内容

随机森林是一个由多个决策树组成的聚合分类器，它输出的是各决策树的输出类别的众数。随机森林归纳算法由里奥·布雷曼和阿黛勒·卡特勒开发。它基于已创建的一组分类树，其中每棵树都根据对特征的评估来执行分类任务，随机森林的分类结果是各个分类树输出结果的众数。

10.12　用 LightGBM 进行图像分类

梯度提升技术用于为回归和分类问题生成由一组弱预测模型构成的预测模型，最典型的如决策树。该方法和提升方法类似，但进行了泛化，可以对任意可微的损失函数进行优化。

轻量级梯度提升机（Light Gradient Boosting Machine，LightGBM）是梯度提升算法的一个演化版本。在做出一定修改后，LightGBM 的表现更加出色。LightGBM 基于分类树，但每一步划分叶节点的决策都更加高效。

10.12.1　准备工作

本节将介绍如何使用 LightGBM 识别手写数字。本例将用到 MNIST 数据集。MNIST

是一个大型手写数字的数据库，包含 70 000 个样本数据，它是一个更大型的数据集 NIST 的一个子集。数字图像是 28 × 28 像素的，并被存储在一个 70 000 行、785 列的矩阵中；784 列来源于 28 × 28 矩阵中的各个像素值，还有一列是真实数字。数字图像都经过居中处理，并调整成了固定大小。

10.12.2 详细步骤

用 LightGBM 进行图像分类的方法如下。

1. 创建一个新的 Python 文件，并导入下面的程序包（完整的代码包含在本书提供的 LightgbmClassifier.py 文件中）：

```
import numpy as np
import lightgbm as lgb
from sklearn.metrics import mean_squared_error
from keras.datasets import mnist
from sklearn.metrics import confusion_matrix
from sklearn.metrics import accuracy_score
```

2. 用下面的代码导入 mnist 数据集：

```
(XTrain, YTrain), (XTest, YTest) = mnist.load_data()
```

代码将返回下列元组。

- XTrain、XTest：灰度图像数据的 unit8 数组，形状为（num_samples，28，28）。
- YTrain、YTest：数字标签（0～9）的 unit8 数组，形状为（num_samples）。

3. 每个样本图像都包含一个 28 × 28 的矩阵，为了降维，把 28 × 28 的图像扁平化成大小为 784 维的向量：

```
XTrain = XTrain.reshape((len(XTrain), np.prod(XTrain.shape[1:])))
XTest = XTest.reshape((len(XTest), np.prod(XTest.shape[1:])))
```

4. 现在仅从数据集中提取出包含数字 0 和 1 的图像，因为我们要构建一个二元分类器。这里要用到 numpy.where 函数：

```
TrainFilter = np.where((YTrain == 0 ) | (YTrain == 1))
TestFilter = np.where((YTest == 0) | (YTest == 1))

XTrain, YTrain = XTrain[TrainFilter], YTrain[TrainFilter]
XTest, YTest = XTest[TestFilter], YTest[TestFilter]
```

5. 为 LightGBM 创建数据集：

```
LgbTrain = lgb.Dataset(XTrain, YTrain)
LgbEval = lgb.Dataset(XTest, YTest, reference=LgbTrain)
```

6. 接下来声明模型的参数，参数类型是字典：

```
Parameters = {
    'boosting_type': 'gbdt',
    'objective': 'binary',
    'metric': 'binary_logloss',
    'num_leaves': 31,
    'learning_rate': 0.05,
    'feature_fraction': 0.9,
    'bagging_fraction': 0.8,
    'bagging_freq': 5,
    'verbose': 0
}
```

7. 训练模型：

```
gbm = lgb.train(Parameters,
                LgbTrain,
                num_boost_round=10,
                valid_sets=LgbTrain)
```

8. 模型已经准备好，可以用它对手写数字图像自动进行分类了。这里需要用到 predict()方法：

```
YPred = gbm.predict(XTest, num_iteration=gbm.best_iteration)
YPred = np.round(YPred)
YPred = YPred.astype(int)
```

9. 下面评估模型：

```
print('Rmse of the model is:', mean_squared_error(YTest, YPred) ** 0.5)
```

返回的结果如下：

```
Rmse of the model is: 0.05752992848417943
```

10. 要更详细地分析出二元分类器中的错误，需要计算混淆矩阵：

```
ConfMatrix = confusion_matrix(YTest, YPred)
print(ConfMatrix)
```

返回的结果如下：

```
[[ 978 2]
 [ 5 1130]]
```

11. 最后计算模型的准确率：

```
print(accuracy_score(YTest, YPred))
```

返回的结果如下：

```
0.9966903073286052
```

可以看出，模型可以以非常高的准确率对手写数字图像进行分类。

10.12.3 工作原理

这一节使用了 LightGBM 算法对手写数字图像进行分类。LightGBM 是梯度提升算法的一个演化版本，在做出一定修改后，LightGBM 的表现更加出色。LightGBM 基于分类树，但每一步划分叶节点的决策都更加高效。

当提升算法在深度上操作树的增长时，LightGBM 通过结合下面的两个标准做出选择：

- 基于梯度下降的优化；
- 为了避免过拟合问题，设置最大深度限制。

这种类型的增长被称为叶子生长（leaf-wise）。

10.12.4 更多内容

LightGBM 有很多优点，举例如下。

- 平均而言，LightGBM 比类似的算法要快一个数量级。这是因为 LightGBM 并非完全地树增长，它也使用了变量分箱技术（binning of variables，划分子组的过程，既能加速计算，又可以作为正则化方法）。
- 内存占用更少：捆绑过程用到的内存更少。
- 和通常的提升算法相比具有更高的准确率：由于使用的是 leaf-wise 过程，所以得到的树更加复杂。同时为了避免过拟合，需要对最大深度进行限制。
- 算法很容易并发。

第 11 章
生物特征人脸识别

本章将涵盖以下内容：

- 从网络摄像头采集、处理视频信息；
- 用 Haar 级联构建人脸识别器；
- 构建眼鼻检测器；
- 主成分分析；
- 核主成分分析；
- 盲源分离；
- 用局部二值模式直方图构建人脸识别器；
- 基于 HOG 模型进行人脸识别；
- 人脸特征点识别；
- 用人脸识别进行用户身份验证。

11.1 技术要求

本章用到了下列文件（可通过 GitHub 下载）：

- `video_capture.py`；
- `face_detector.py`；
- `eye_nose_detector.py`；
- `pca.py`；
- `kpca.py`；

- blind_source_separation.py;
- mixture_of_signals.txt;
- face_recognizer.py;
- FaceRecognition.py;
- FaceLandmarks.py;
- UserAuthentification.py。

11.2　简介

人脸识别是指在给定的图像中识别出人。这和从给定图像中定位人脸的面部检测不同，在面部检测过程中，我们不关心这个人是谁，只是识别出图像中包含了面部的区域。因而，在一个典型的生物人脸识别系统中，需要在识别出这个人的身份前先定位人脸的位置。

人脸识别对人类而言很简单，毫不费力就可以做到，我们一直都是这么做的。但是如何才能让机器完成同样的事情呢？这就要了解需要用到人脸的哪个部分来识别一个人。人类大脑的内部结构似乎可以对特定的特征产生反应，比如边缘、角点和运动等。人的视觉皮质层将这些特征综合起来，形成一个连贯性推断。如果想让机器准确地识别人脸，那么就需要用类似的方式解构这个问题。我们需要从输入图像中提取出特征并将其转换成有意义的表示。

11.3　从网络摄像头采集和处理视频信息

网络摄像头并非最近的技术发明，它的出现可以追溯到 20 世纪 90 年代初。在那之后，由于视频聊天程序、街拍摄像头和宽带互联网的发展，网络摄像头技术得到了快速的发展和流行。目前，每个人都在使用网络摄像头，几乎所有的显示器、上网本和笔记本的显示屏集成了网络摄像头。网络摄像头非常常见的应用是视频流传输和记录。

网络摄像头的第一类应用是摄像机的拍摄位置固定，这类应用包括视频聊天程序、电视广播和街道摄像机等；第二类应用是拍摄可上传到网络的照片和视频，比如，传到 YouTube 和社交网站等。这些类型的网络摄像头的优点是，它们可以取代摄像机的更多经典应用，尽管通常网络摄像头拍摄的视频质量都比较差。

11.3.1　准备工作

本节我们将使用网络摄像头来采集视频数据。下面就来看看如何用 OpenCV-Python 从网络摄像头采集录像信息。

11.3.2　详细步骤

从网络摄像头采集和处理视频信息的方法如下。

1．创建一个新的 Python 文件并导入下面的程序包（完整的代码包含在本书提供的 video_capture.py 文件中）：

```
import cv2
```

2．OpenCV 提供了一个视频采集对象，可以使用这个对象从网络摄像头采集图像数据。输入参数 0 指定了网络摄像头的 ID。如果连接的是 USB 摄像头，会有一个不同的 ID：

```
# 初始化视频采集对象
cap = cv2.VideoCapture(0)
```

3．定义使用网络摄像头采集的帧的比例系数：

```
scaling_factor = 0.5
```

4．启动一个无限循环来采集帧，直到按下 Esc 键。从网络摄像头读取帧：

```
# 循环采集直到按下 Esc 键
while True:
    # 采集当前画面
    ret, frame = cap.read()
```

5．调整帧的大小是可选操作，但这部分代码仍然很有用：

```
frame = cv2.resize(frame, None, fx=scaling_factor, fy=scaling_factor,
interpolation=cv2.INTER_AREA)
```

6．显示帧：

```
cv2.imshow('Webcam', frame)
```

7．等待 1ms 后采集下一帧：

```
c = cv2.waitKey(1)
if c == 27:
    break
```

8．释放视频采集对象：

```
cap.release()
```

9．在结束代码前关闭所有活动窗体：

```
cv2.destroyAllWindows()
```

运行代码，可以看到网络摄像头拍摄的视频[①]。

11.3.3 工作原理

本节使用 OpenCV-Python 从网络摄像头采集视频数据，该任务涉及的操作具体如下。

- 初始化视频采集对象。
- 定义图像大小的比例系数。
- 无限循环直至按下 Esc 键。
  - 采集当前帧。
  - 调整帧的大小。
  - 显示图像。
  - 检测是否按下了 Esc 键。
- 释放视频采集对象。
- 关闭所有活动窗体。

11.3.4 更多内容

OpenCV 提供了采集网络摄像头实时视频流的简单易用的接口。要采集视频数据，需要创建一个 VideoCapture 对象，对象的参数是设备号或视频文件名称，之后就可以一帧一帧地获取数据了。最后务必记得释放这个采集对象。

11.4 用 Haar 级联构建人脸识别器

正如前面讨论的，人脸检测是确定输入图像中人脸位置的过程。本节将使用 Haar 级联来做人脸检测。Haar 级联通过从图像的多个尺度中提取多个简单特征实现。这些简

① 译者注：运行结果是一个实时 App，所以没有截图。

单特征包括边、线、矩形等，它们都非常易于计算。之后通过创建一系列级联的简单分类器进行训练。

11.4.1　准备工作

本节将介绍如何确定网络摄像头采集的图像中人脸的位置，我们将使用自适应提升（adaptive boosting）技术来保证鲁棒性。

11.4.2　详细步骤

使用级联方法构建人脸识别器的步骤如下。

1．创建一个新的 Python 文件并导入下面的程序包（完整的代码包含在本书提供的 face_detector.py 文件中）：

```
import cv2
import numpy as np
```

2．加载人脸检测级联文件，这是可以用作检测器的已训练模型：

```
face_cascade = cv2.CascadeClassifier('cascade_files/haarcascade_
frontalface_alt.xml')
```

3．确认级联文件是否正确加载：

```
if face_cascade.empty():
    raise IOError('Unable to load the face cascade classifier xml file')
```

4．创建视频采集对象：

```
cap = cv2.VideoCapture(0)
```

5．定义图像向下采样的比例系数：

```
scaling_factor = 0.5
```

6．循环采集直到按下 Esc 键：

```
# 循环采集直到按下 Esc 键
while True:
    # 采集当前帧并调整大小
    ret, frame = cap.read()
```

7．调整帧的大小：

```
frame = cv2.resize(frame, None, fx=scaling_factor, fy=scaling_factor,
interpolation=cv2.INTER_AREA)
```

8．将图像转换成灰度图像，这里需要使用灰度图像来运行人脸检测器：

```
gray = cv2.cvtColor(frame, cv2.COLOR_BGR2GRAY)
```

9．在灰度图像上运行人脸检测器。参数 `1.3` 是指每个阶段的比例系数，参数 5 是指每个候选矩形应该拥有的最小近邻数量，这样我们可以保持这个数量。候选矩形是指人脸可能被检测到的潜在区域：

```
face_rects = face_cascade.detectMultiScale(gray, 1.3, 5)
```

10．在每个检测到的人脸区域周围画出矩形框：

```
for (x,y,w,h) in face_rects:
    cv2.rectangle(frame, (x,y), (x+w,y+h), (0,255,0), 3)
```

11．显示输出图像：

```
cv2.imshow('Face Detector', frame)
```

12．等待 1ms 后进入下一次迭代，如果用户按下了 Esc 键，退出循环：

```
c = cv2.waitKey(1)
if c == 27:
    break
```

13．退出代码前，释放并销毁所有对象：

```
cap.release()
cv2.destroyAllWindows()
```

运行代码，可以看到网络摄像视频文件中的人脸被检测出来了[①]。

11.4.3 工作原理

本节介绍了如何检测网络摄像头采集的视频帧中人脸的位置，执行的步骤具体如下。

- 加载人脸级联文件。
- 确认人脸级联文件成功加载。
- 初始化视频采集对象。
- 定义比例系数。
- 启动循环直到按下 Esc 键。
  - 采集当前帧并调整大小。
  - 把图像转换成灰度图像。
  - 在灰度图像上运行人连检测器。
  - 在图像上画出矩形框。

① 译者注：运行结果是一个实时 app，所以没有截图。

- 显示图像。
- 确认是否按下了 Esc 键。

● 释放视频采集对象并关闭所有窗体。

11.4.4　更多内容

Haar 级联是一种基于机器学习的方法，其中每个级联函数都被许多正负样本图像进行训练，然后用于检测其他图像中的对象。

11.5　构建眼鼻检测器

在 11.4 节中，我们使用了 Haar 级联方法来检测网络摄像头采集的视频帧中的人脸的位置，这个方法可以扩展应用于各种类型的对象的检测，本节将介绍相关内容。

11.5.1　准备工作

本节将介绍如何使用 Haar 级联方法检测输入视频中人的眼睛和鼻子。

11.5.2　详细步骤

构建眼睛和鼻子检测器的方法如下。

1．创建一个新的 Python 文件并导入下面的程序包（完整的代码包含在本书提供的 eye_nose_detector.py 文件中）：

```
import cv2
import numpy as np
```

2．加载人脸、眼睛和鼻子的级联文件：

```
# 加载人脸、眼睛和鼻子的级联文件
face_cascade =
cv2.CascadeClassifier('cascade_files/haarcascade_frontalface_alt.xml')
eye_cascade = cv2.CascadeClassifier('cascade_files/haarcascade_eye.xml')
nose_cascade = cv2.CascadeClassifier('cascade_files/haarcascade_mcs_
nose.xml')
```

3．确认各个文件是否正确加载：

```
# 确认人脸级联文件是否正确加载
if face_cascade.empty():
```

```
    raise IOError('Unable to load the face cascade classifier xml file')

# 确认眼睛级联文件是否正确加载
if eye_cascade.empty():
    raise IOError('Unable to load the eye cascade classifier xml file')

# 确认鼻子级联文件是否正确加载
if nose_cascade.empty():
    raise IOError('Unable to load the nose cascade classifier xml file')
```

4．初始化视频采集对象：

```
# 初始化视频采集对象
cap = cv2.VideoCapture(0)
```

5．定义比例系数：

```
scaling_factor = 0.5
```

6．循环采集直至按下 Esc 键：

```
while True:
    # 读取当前帧，调整大小，并转换成灰度图像
    ret, frame = cap.read()
```

7．调整帧的大小：

```
frame = cv2.resize(frame, None, fx=scaling_factor, fy=scaling_factor,
interpolation=cv2.INTER_AREA)
```

8．将图像转换成灰度图像：

```
gray = cv2.cvtColor(frame, cv2.COLOR_BGR2GRAY)
```

9．在灰度图像上运行人脸检测器：

```
# 在灰度图像上运行人脸检测器
faces = face_cascade.detectMultiScale(gray, 1.3, 5)
```

10．由于我们知道眼睛和鼻子都在人的面部，所以可以只在人脸区域运行眼睛和鼻子的检测器：

```
# 在人脸矩形框内运行眼睛和鼻子检测器
for (x,y,w,h) in faces:
```

11．提取人脸 ROI 信息：

```
# 从彩色和灰度图像中提取人脸 ROI 信息
roi_gray = gray[y:y+h, x:x+w]
roi_color = frame[y:y+h, x:x+w]
```

12．运行眼睛检测器：

```
# 在灰度 ROI 区域中检测眼睛
eye_rects = eye_cascade.detectMultiScale(roi_gray)
```

13. 运行鼻子检测器：

```
# 在灰度 ROI 区域中运行鼻子检测器
nose_rects = nose_cascade.detectMultiScale(roi_gray, 1.3, 5)
```

14. 在眼睛周围画圆圈：

```
# 在眼睛周围画绿色圆圈
for (x_eye, y_eye, w_eye, h_eye) in eye_rects:
    center = (int(x_eye + 0.5*w_eye), int(y_eye + 0.5*h_eye))
    radius = int(0.3 * (w_eye + h_eye))
    color = (0, 255, 0)
    thickness = 3
    cv2.circle(roi_color, center, radius, color, thickness)
```

15. 在鼻子周围画一个矩形框：

```
for (x_nose, y_nose, w_nose, h_nose) in nose_rects: cv2.rectangle(roi_
color, (x_nose, y_nose), (x_nose+w_nose, y_nose+h_nose), (0,255,0), 3)
    break
```

16. 显示图像：

```
# 显示图像
cv2.imshow('Eye and nose detector', frame)
```

17. 等待 1ms 后进入下一次迭代，如果用户按下了 Esc 键，则跳出循环：

```
# 确认是否按下了 Esc 键
c = cv2.waitKey(1)
if c == 27:
    break
```

18. 退出代码前，释放和销毁所有对象：

```
# 释放视频采集对象并关闭所有窗体
cap.release()
cv2.destroyAllWindows()
```

运行代码，可以看到网络视频文件中的眼睛和鼻子被检测出来了。

11.5.3　工作原理

本节介绍了如何检测输入视频中人的眼睛和鼻子的位置，执行的步骤如下所示。

- 加载人脸、眼睛和鼻子的级联文件。
- 确认人脸、眼睛和鼻子的级联文件是否正确加载。
- 初始化视频采集对象并定义比例系数。
- 在帧上循环，其步骤如下。
    - 读取当前帧，调整大小并将其转换成灰度图像。

  - ➢ 在灰度图像上运行人脸检测器。
  - ➢ 在每个人脸矩形框内运行眼睛和鼻子检测器。
  - ➢ 显示图像。
  - ➢ 确认是否按下了 Esc 键。
- 释放视频采集对象，关闭所有窗体。

11.5.4 更多内容

识别网络摄像头中的面部元素对识别主体很有用，整体视觉信息和局部特征（眼睛和鼻子形态）都是感知和识别人脸的基础。事实上，对面部识别文献的研究表明，人类更容易识别具有突出元素的面孔，如鹰鼻等。

11.6 主成分分析

主成分分析是一种降维技术，经常用于计算机视觉和机器学习。当需要处理很大的特征维度时，训练机器学习系统就变得非常昂贵，为此，需要在训练系统前降低数据的维度。但降低维度的同时，我们并不想损失数据中的重要信息，此时 PCA 就可以派上用场了。PCA 可以识别数据中的重要成分，并将其按照重要程度进行排序。

11.6.1 准备工作

本节将介绍如何对输入数据进行主成分分析。

11.6.2 详细步骤

在一些输入数据上执行主成分分析的步骤如下。

1．创建一个新的 Python 文件，并导入下面的程序包（完整的代码包含在本书提供的 `pca.py` 文件中）：

```
import numpy as np
from sklearn import decomposition
```

2．为输入数据定义 5 个维度，前两个维度相互独立，后三个维度依赖于前两个维度。这基本意味着，去掉后三个维度也是可以的，因为这三个维度并未给出任何新的信息：

```
# 定义特征
x1 = np.random.normal(size=250)
x2 = np.random.normal(size=250)
x3 = 3*x1 + 2*x2
x4 = 6*x1 - 2*x2
x5 = 3*x3 + x4
```

3．用这些特征创建一个数据集：

```
# 创建以上特征的数据集
X = np.c_[x1, x3, x2, x5, x4]
```

4．创建 PCA 对象：

```
# 进行主成分分析
pca = decomposition.PCA()
```

5．在输入数据上拟合 PCA 模型：

```
pca.fit(X)
```

6．打印出维度的方差：

```
# 打印方差
variances = pca.explained_variance_
print('Variances in decreasing order:\n', variances)
```

7. 如果某个特定维度有用，那么它应该有一个有意义的方差值。设置一个阈值并识别出重要的维度：

```
# 找出有用维度的个数
thresh_variance = 0.8
num_useful_dims = len(np.where(variances > thresh_variance)[0])
print('Number of useful dimensions:', num_useful_dims)
```

8．正如之前提到的，PCA 识别出这个数据集中只有两个维度是重要的：

```
# 可以看出，只有前两个维度有用
pca.n_components = num_useful_dims
```

9．把数据集从 5 维集合转换成 2 维集合：

```
XNew = pca.fit_transform(X)
print('Shape before:', X.shape)
print('Shape after:', XNew.shape)
```

10．运行代码，将会在终端上看到下面的输出结果：

```
Variances in decreasing order:
[2.77392134e+02 1.51557851e+01 9.54279881e-30 7.73588070e-32
9.89435444e-33]

Number of useful dimensions: 2
Shape before: (250, 5)
```

```
Shape after: (250, 2)
```

可以看出，前两个成分包含了模型所有的方差。

11.6.3 工作原理

主成分分析生成了一组新的变量，变量间互不关联，这些变量就是主成分。每个主成分都是初始变量的线性组合，所有的主成分彼此正交，因而不存在冗余信息。

主成分作为一个整体构成了数据空间的正交基。主成分分析的目标是使用最低数量的主成分解释最大数量的方差。PCA 是一种多维尺度，其中变量通过线性变换转换成较低纬度空间，因而可以最大程序地保留变量的信息。主成分就是初始变量线性变换后的组合。

11.6.4 更多内容

方差衡量了一组数值相对均值的分散程度，它表示的是每个值和算术平均值之差的平方的平均数。

11.7 核主成分分析

PCA 能很好地降低维度，但 PCA 是以线性方式工作的，如果数据集不是以线性方式组织的，那么 PCA 并不能取得预期的效果，这时候就需要用到核主成分分析。

11.7.1 准备工作

本节将介绍如何对输入数据执行核主成分分析，并与 PCA 的分析结果进行比较。

11.7.2 详细步骤

进行核主成分分析的方法如下。

1. 创建一个新的 Python 文件，并导入下面的程序包（完整的代码包含在已给出的 kpca.py 文件中）：

```
import numpy as np
import matplotlib.pyplot as plt
```

```
from sklearn.decomposition import PCA, KernelPCA
from sklearn.datasets import make_circles
```

2．定义随机数生成器的种子数值，它用来生成用于分析的数据样本：

```
# 为随机数生成器设置种子
np.random.seed(7)
```

3．生成按同心圆分布的数据，以演示 PCA 在这种情况下是如何失效的：

```
# 生成样本
X, y = make_circles(n_samples=500, factor=0.2, noise=0.04)
```

4．在该数据上执行 PCA：

```
# 执行 PCA
pca = PCA()
X_pca = pca.fit_transform(X)
```

5．在数据上执行核主成分分析：

```
# 执行核主成分分析
kernel_pca = KernelPCA(kernel="rbf", fit_inverse_transform=True, gamma=10)
X_kernel_pca = kernel_pca.fit_transform(X)
X_inverse = kernel_pca.inverse_transform(X_kernel_pca)
```

6．画出原始输入数据：

```
# 画出原始数据
class_0 = np.where(y == 0)
class_1 = np.where(y == 1)
plt.figure()
plt.title("Original data")
plt.plot(X[class_0, 0], X[class_0, 1], "ko", mfc='none')
plt.plot(X[class_1, 0], X[class_1, 1], "kx")
plt.xlabel("1st dimension")
plt.ylabel("2nd dimension")
```

7．画出主成分分析后的数据：

```
# 画出主成分分析后的数据
plt.figure()
plt.plot(X_pca[class_0, 0], X_pca[class_0, 1], "ko", mfc='none')
plt.plot(X_pca[class_1, 0], X_pca[class_1, 1], "kx")
plt.title("Data transformed using PCA")
plt.xlabel("1st principal component")
plt.ylabel("2nd principal component")
```

8．画出核主成分分析后的数据：

```
# 画出核主成分分析后的数据
plt.figure()
plt.plot(X_kernel_pca[class_0, 0], X_kernel_pca[class_0, 1], "ko",
```

```
mfc='none')
plt.plot(X_kernel_pca[class_1, 0], X_kernel_pca[class_1, 1], "kx")
plt.title("Data transformed using Kernel PCA")
plt.xlabel("1st principal component")
plt.ylabel("2nd principal component")
```

9. 用核方法将数据转换回原始空间，查看是否存在这样的可逆关系：

```
# 将数据转换回原始空间
plt.figure()
plt.plot(X_inverse[class_0, 0], X_inverse[class_0, 1], "ko", mfc='none')
plt.plot(X_inverse[class_1, 0], X_inverse[class_1, 1], "kx")
plt.title("Inverse transform")
plt.xlabel("1st dimension")
plt.ylabel("2nd dimension")

plt.show()
```

10. 完整的代码包含在本书提供的用于参考的 kpca.py 文件中。运行代码，可以看到 4 幅图像，图 11-1 所示的是原始数据。

图 11-2 所示的是运行主成分分析后的数据。

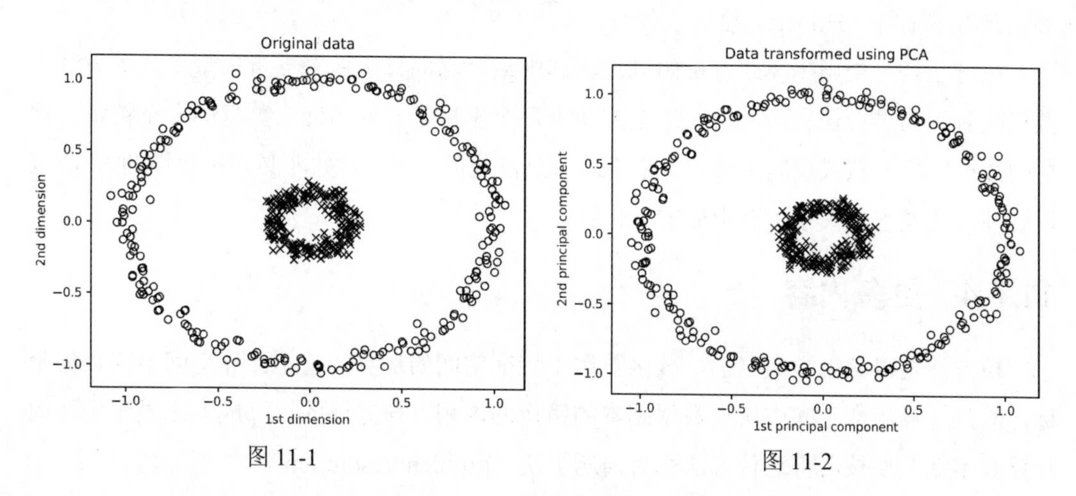

图 11-1　　　　图 11-2

图 11-3 所示的是运行核主成分分析后的数据。注意，点都聚集到了图像的左半部分。

图 11-4 展示的是数据逆变换回原始空间后的数据。

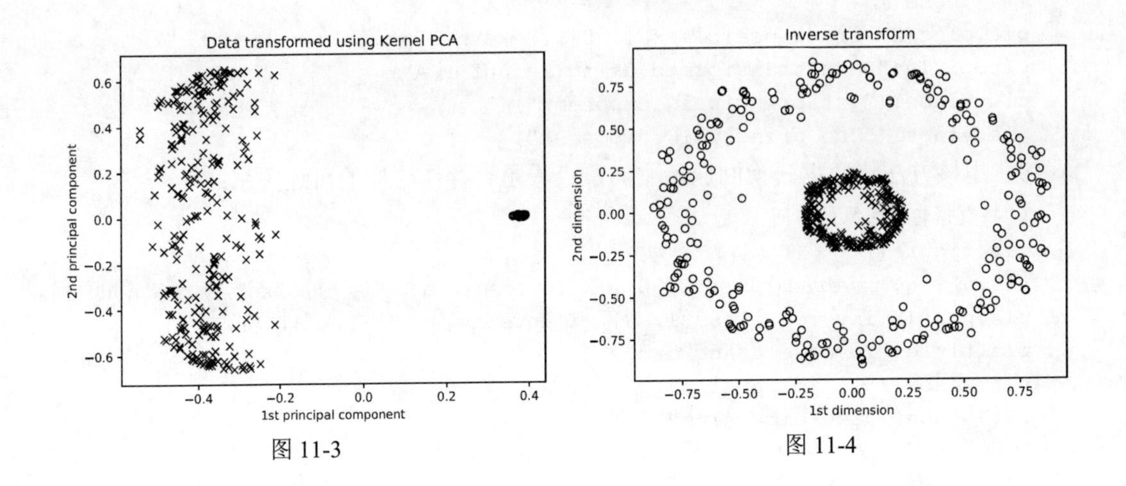

图 11-3　　　　图 11-4

11.7.3　工作原理

核主成分分析基于使用了核方法技术的 PCA。在 PCA 中，原始的线性 PCA 操作在再生核希尔伯特（Hilbert）空间上执行。

核方法是一类用于模式分析的算法，其中最著名的算法就是支持向量机。核方法将数据映射到高维特征空间上，在这个空间中每个坐标都对应了元素数据的一个特征，然后把数据转换成欧式空间上的点。由于映射是泛化的（比如，并非必须是线性的），所以以这种方式发现的关系也有很好的泛化性。

11.7.4　更多内容

核方法是以核函数命名的，核函数用于特征空间的运算，它不计算空间中的数据坐标，而是计算函数空间中所有数据副本的镜像的内积。核方法的计算成本比显示坐标的计算成本低。核技巧将这种方法称为问题解决（problem resolution）。

11.8　盲源分离

盲源分离（blind source separation）指的是将信号从混合体中分离出来的过程。假设一组不同的信号发生器生成了不同的信号，而一个公共接收器接收到了所有这些信号。

现在的任务是利用这些信号的属性来把这些信号分离开来。我们将使用独立成分分析（Independent Component Analysis，ICA）方法来实现。

11.8.1 准备工作

本节将使用独立成分分析把文本文件中包含的信号分离开。

11.8.2 详细步骤

执行盲源分析的方法如下。

1．创建一个新的 Python 文件，并导入下面的程序包（完整的代码包含在本书提供的 blind_source_separation.py 文件中）：

```
import numpy as np
import matplotlib.pyplot as plt
from sklearn.decomposition import PCA, FastICA
```

2．我们将使用本书提供的 mixture_of_signals.txt 文件中的数据，下面加载数据：

```
# 加载数据
input_file = 'mixture_of_signals.txt'
X = np.loadtxt(input_file)
```

3．创建 ICA 对象：

```
# 计算 ICA
ica = FastICA(n_components=4)
```

4．基于 ICA 重构信号：

```
# 重构信号
signals_ica = ica.fit_transform(X)
```

5．提取混合矩阵：

```
# 提取混合矩阵
mixing_mat = ica.mixing_
```

6．执行主成分分析，从而可以进行对比：

```
# 执行 PCA
pca = PCA(n_components=4)
# 基于正交成分重构信号
signals_pca = pca.fit_transform(X)
```

7．定义信号列表以将其画出：

```
# 声明输出图参数
models = [X, signals_ica, signals_pca]
```

8．设置输出图的颜色：

```
colors = ['blue', 'red', 'black', 'green']
```

9．画出输入信号：

```
# 画出输入信号
plt.figure()
plt.title('Input signal (mixture)')
for i, (sig, color) in enumerate(zip(X.T, colors), 1):
    plt.plot(sig, color=color)
```

10．画出 ICA 分离出的信号：

```
# 画出 ICA 分离出的信号
plt.figure()
plt.title('ICA separated signals')
plt.subplots_adjust(left=0.1, bottom=0.05, right=0.94, top=0.94,
wspace=0.25, hspace=0.45)
```

11．用不同的颜色画出子图：

```
for i, (sig, color) in enumerate(zip(signals_ica.T, colors), 1):
    plt.subplot(4, 1, i)
    plt.title('Signal ' + str(i))
    plt.plot(sig, color=color)
```

12．画出用 PCA 分离的信号：

```
# 画出用 PCA 分离的信号
plt.figure()
plt.title('PCA separated signals')
plt.subplots_adjust(left=0.1, bottom=0.05, right=0.94, top=0.94, wspace
=0.25, hspace=0.45)
```

13．用不同的颜色画出各个子图：

```
for i, (sig, color) in enumerate(zip(signals_pca.T, colors), 1):
    plt.subplot(4, 1, i)
    plt.title('Signal ' + str(i))
    plt.plot(sig, color=color)

plt.show()
```

运行代码，可以看到 3 幅图像，图 11-5 描述的是混合信号组成的输入数据。

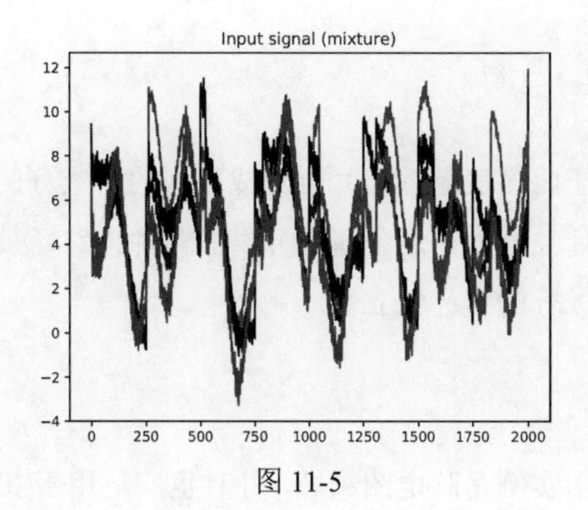

图 11-5

图 11-6 描述的是使用 ICA 分离出的信号数据。

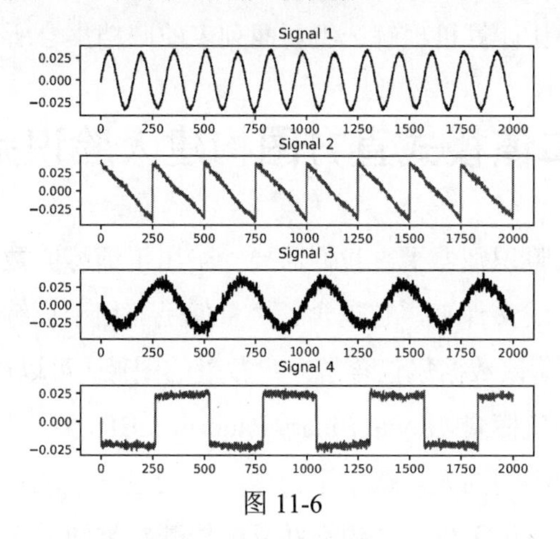

图 11-6

图 11-7 描述的是使用 PCA 分离出的信号数据。

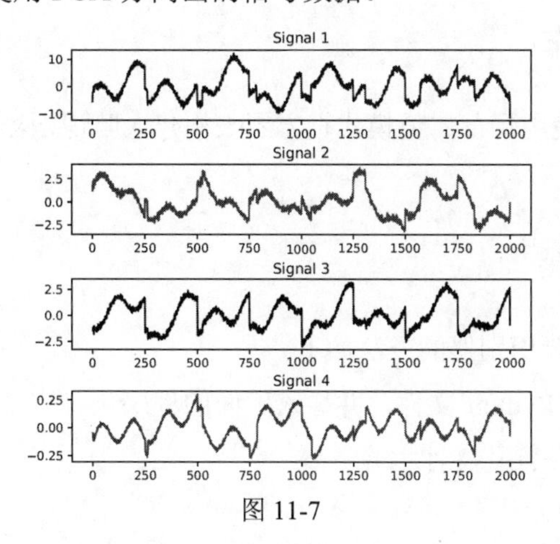

图 11-7

11.8.3　工作原理

独立成分分析是用于将多变量的信号分离成可加的子成分的计算处理方法，它假定非高斯信号源之间是统计独立的，这是盲源分离的一种特殊场景。ICA 的目标是找出独立成分，最大化地估计成分的统计独立性。

11.8.4　更多内容

ICA 算法的一个应用实例是脑电图领域，并且也广泛用于 ICA 技术下婴儿的心电图与母亲心电图的分离。ICA 技术也可以扩展到非物理数据的分析，即语义学或语言学分析。比如，ICA 可用于让计算机理解一组新闻列表的归档集合所讨论的主题。

11.9　用局部二值模式直方图构建人脸识别器

现在准备好构建人脸识别器了。我们需要一个用于训练的数据集，本书为你提供了一个名为 faces_dataset 的文件夹，它包含了少量但足够用于训练的图像。这个数据集是人脸识别数据集的子集。该数据集包含了一定数量的图像，可以用于训练人脸识别系统。

我们将使用局部二值模式（Local Binary Pattern，LBP）直方图来构建人脸识别系统。在数据集中，你会看到不同的人。接下来的任务是构建一个能将这些人彼此区分开的系统。当看见新图像时，系统可以将其识别并分配给既有类别。

11.9.1　准备工作

本节将介绍如何使用局部二值模式直方图来构建人脸识别器，并使用人脸数据库训练模型。

11.9.2　详细步骤

使用 LBP 构建人脸识别器的方法如下。

1. 创建一个新的 Python 文件，并导入下面的程序包（完整的代码包含在本书提供的 `face_recognizer.py` 文件中）：

```
import os
```

```
import cv2
import numpy as np
from sklearn import preprocessing
```

2. 定义一个类，来处理所有和标签编码相关的任务：

```
# 处理标签编码相关任务的类
class LabelEncoder(object):
```

3. 定义一个方法来为标签编码。在输入的训练数据中，标签是用单词表示的，但这里要用数字训练系统。该方法将定义一个预处理对象，该对象通过维护前向和后向的映射以有组织的方式将单词转换成数字：

```
# 把标签编码从单词转换成数字的方法
def encode_labels(self, label_words):
    self.le = preprocessing.LabelEncoder()
    self.le.fit(label_words)
```

4. 定义一个将单词转换成数字的方法：

```
# 把输入标签从单词转换成数字
def word_to_num(self, label_word):
    return int(self.le.transform([label_word])[0])
```

5. 定义一个方法，用于将数字转换回初始单词：

```
# 将输入标签从数字转换成单词
def num_to_word(self, label_num):
    return self.le.inverse_transform([label_num])[0]
```

6. 定义一个方法，从输入文件夹中提取图像和标签：

```
# 从输入文件夹中提取图像和标签
def get_images_and_labels(input_path):
    label_words = []
```

7. 递归迭代输入文件夹并提取出所有的图像路径：

```
# 迭代输入文件夹并增加文件
for root, dirs, files in os.walk(input_path):
    for filename in (x for x in files if x.endswith('.jpg')):
        filepath = os.path.join(root, filename)
        label_words.append(filepath.split('/')[-2])
```

8. 初始化变量：

```
# 初始化变量
images = []
le = LabelEncoder()
le.encode_labels(label_words)
labels = []
```

9．解析输入目录：

```
# 解析输入目录
for root, dirs, files in os.walk(input_path):
    for filename in (x for x in files if x.endswith('.jpg')):
        filepath = os.path.join(root, filename)
```

10．以灰度格式读取当前图像：

```
# 以灰度格式读取图像
image = cv2.imread(filepath, 0)
```

11．从文件夹路径中提取标签：

```
# 提取标签
name = filepath.split('/')[-2]
```

12．对该图像做人脸检测：

```
    # 进行人脸检测
    faces = faceCascade.detectMultiScale(image, 1.1, 2, minSize=(100,
100))
```

13．提取 ROI 信息，并和标签编码器一起返回：

```
# 迭代人脸矩形框
       for (x, y, w, h) in faces:
           images.append(image[y:y+h, x:x+w])
           labels.append(le.word_to_num(name))

return images, labels, le
```

14．定义 main 函数和人脸级联文件的路径：

```
if __name__=='__main__':
    cascade_path = "cascade_files/haarcascade_frontalface_alt.xml"
    path_train = 'faces_dataset/train'
    path_test = 'faces_dataset/test'
```

15．加载人脸级联文件：

```
# 加载人脸级联文件
faceCascade = cv2.CascadeClassifier(cascade_path)
```

16．为人脸识别器对象创建局部二值模式直方图：

```
# 初始化人脸检测用的 LBP 直方图
recognizer = cv2.face.createLBPHFaceRecognizer()
```

17．为输入路径提取图像、标签和标签编码器：

```
# 从训练数据集提取图像、标签和标签编码器
images, labels, le = get_images_and_labels(path_train)
```

18．使用我们刚才提取的数据训练人脸识别器：

```
# 训练人脸识别器
```

```
print "\nTraining..."
recognizer.train(images, np.array(labels))
```

19. 在未知图像上测试人脸识别器：

```
# 用未知图像测试识别器
print '\nPerforming prediction on test images...'
stop_flag = False
for root, dirs, files in os.walk(path_test):
    for filename in (x for x in files if x.endswith('.jpg')):
        filepath = os.path.join(root, filename)
```

20. 加载图像：

```
# 加载图像
predict_image = cv2.imread(filepath, 0)
```

21. 用人脸检测器确定人脸的位置：

```
# 检测人脸
faces = faceCascade.detectMultiScale(predict_image, 1.1, 2, minSize=
(100,100))
```

22. 对每一个面部 ROI 运行人脸识别器：

```
# 迭代人脸矩形框
for (x, y, w, h) in faces:
    # 预测输出
    predicted_index, conf = recognizer.predict(predict_image[y:y+h, x:
x+w])
```

23. 将标签转换回单词：

```
# 转换回单词
predicted_person = le.num_to_word(predicted_index)
```

24. 在输出图像上重叠显示文本：

```
    # 在输出图像上重叠显示文本
    cv2.putText(predict_image, 'Prediction: ' + predicted_person, (10,
60), cv2.FONT_HERSHEY_SIMPLEX, 2, (255,255,255), 6)
    cv2.imshow("Recognizing face", predict_image)
```

25. 检查用户是否按下了 Esc 键，如果是则跳出循环：

```
    c = cv2.waitKey(0)
    if c == 27:
        stop_flag = True
        break

if stop_flag:
    break
```

运行代码，可以得到一个输出窗体，窗体上显示出了测试图像的预测结果。可以按下空格键继续循环。测试图像中共有 3 个不同的人。

11.9.3　工作原理

LBP 直方图算法基于非参数算子对图像的局部结构进行合成。在某个特定的像素点，LBP 算子根据该像素和所定义的邻域内的像素亮度值的比较结果，生成一个有序的二进制序列。具体地说，如果中心像素的亮度值大于或等于其邻域像素，就赋值为 0，否则，赋值为 1。因此，对于具有 8 个邻域像素的情况，将有 2^8 种可能的组合。

11.9.4　更多内容

为了将算子应用于人脸识别问题，需要先将图像划分为 m 个局部域，并从每个局部域中提取出直方图。要提取的特征向量由这些局部直方图的级联组成。

11.10　基于 HOG 模型进行人脸识别

通常我们提到人脸识别，指的是返回图像中出现的人脸位置的过程。在 10.4 节中，我们已经讨论过这一主题。本节我们将使用 face_recognition 库在识别出的人脸上执行一系列操作。

人脸识别的关键是对人脸特征的检测，并忽略其他周围的内容。这是多种商业设备的一种功能，它允许你确定何时以及如何在图像中应用焦点，这样就可以对焦点进行信息采集了。计算机视觉领域通常把人脸检测算法家族分成两大类。这两类算法的主要区别在于它们对信息的不同用途，这些信息来源于对面部结构和特性的先验知识：

- 第一类包括基于规范特征提取的方法；
- 第二类采用全图图像分析方法。

11.10.1　准备工作

本节将介绍如何使用 face_recognition 库执行复杂图像的人脸检测。在继续学习前，需要安装好 face_recognition 库。这个库基于 dlib 库，需要在下一步操作前先安装好 dlib。dlib 是一个现代化的 C++工具箱，其中包含用于在 C ++中创建复杂软件以解决实际问题的机器学习算法和工具。

11.10.2 详细步骤

使用基于 HOG 的模型进行人脸识别的方法如下。

1. 创建一个新的 Python 文件，并导入下面的程序包（完整的代码包含在本书提供的 FaceRecognition.py 文件中）：

```
from PIL import Image
import face_recognition
```

Python 图像库 PIL 是一个免费的 Python 程序库，支持打开、操作、保存不同格式的图像文件。face_recognition 是从 Python 脚本或命令行识别和操作人脸的 Python 库。

2. 将图片 family.jpg 加载到 NumPy 数组中：

```
image = face_recognition.load_image_file("family.jpg")
```

3. 使用默认的基于 HOG 的模型查找出图像中所有的人脸：

```
face_locations = face_recognition.face_locations(image)
```

4. 定义一个把单词转换成数字的方法：

```
print("Number {} face(s) recognized in this image.".format(len(face_
locations)))
```

5. 打印出图像中所有人脸的位置：

```
for face_location in face_locations:

    top, right, bottom, left = face_location
    print("Face location Top: {}, Left: {}, Bottom: {}, Right: {}".
format(top, left, bottom, right))
```

6. 最后，需要访问实际的面部：

```
face_image = image[top:bottom, left:right]
pil_image = Image.fromarray(face_image)
pil_image.show()
```

这里将返回每个识别出的人脸的缩略图。

11.10.3 工作原理

方向梯度直方图（Histogram of Oriented Gradient，HOG）是用于对象识别的特征描述因子。算法计算出图像中局部区域的方向梯度出现的次数。它不同于其他有着相同目标的技术（尺度不变特征变换、边缘方向直方图、形状上下文），HOG 使用了均匀间隔的密集网格单元，并使用局部叠加归一化（localized superimposed normalization）来提高准确率。

11.10.4　更多内容

这项技术最初是由法国国家信息与自动化研究所（INRIA）的纳夫奈特·达拉和比尔·特里格在 2005 年研究静态图像中行人检测的问题时引入的。

11.11　人脸特征点识别

人脸识别之所以复杂，还和脸的朝向有关。同样的人脸，被观察者脸朝的方向不同时，算法就可能将其识别成不同的人脸。为了解决这个问题，可以使用人脸特征点技术，特征点指的是人面部特殊的点如眼睛、眉毛、嘴唇、鼻子等。利用这项技术，计算机可以识别出任何人脸中多达 68 处的特征点。

11.11.1　准备工作

本节将介绍如何提取人脸特征作为人脸的特征点。

11.11.2　详细步骤

使用基于 HOG 的模型进行人脸识别的方法如下。

1．创建一个新的 Python 文件，并导入下面的程序包（完整的代码包含在本书提供的 `FaceLandmarks.py` 文件中）：

```
from PIL import Image, ImageDraw
import face_recognition
```

2．加载 `ciaburro.jpg` 文件到 NumPy 数组：

```
image = face_recognition.load_image_file("ciaburro.jpg")
```

3．找出图像中所有人脸的所有特征：

```
FaceLandmarksList = face_recognition.face_landmarks(image)
```

4．打印出图像中识别出的人脸个数：

```
print("Number {} face(s) recognized in this image.".format(len
(FaceLandmarksList)))
```

返回的结果如下：

```
Number 1 face(s) recognized in this image
```

5．创建 PIL 库的画图对象，我们用它在图像上画图：

```
PilImage = Image.fromarray(image)
DrawPilImage = ImageDraw.Draw(PilImage)
```

6．现在圈出列表中包括的每个面部特征点的位置，并画出图像的跟踪线：

```
for face_landmarks in FaceLandmarksList:
```

7．打印出图像中每个面部特征的位置：

```
for facial_feature in face_landmarks.keys():
    print("{} points: {}".format(facial_feature, face_landmarks[facial_
feature]))
```

8．然后，用线追踪图像中的每个面部特征点：

```
for facial_feature in face_landmarks.keys():
    DrawPilImage.line(face_landmarks[facial_feature], width=5)
```

9．最后，画出图像，并突出显示特征点：

```
PilImage.show()
```

输入图像和突出显示了特征点的图像，如图 11-8 所示。

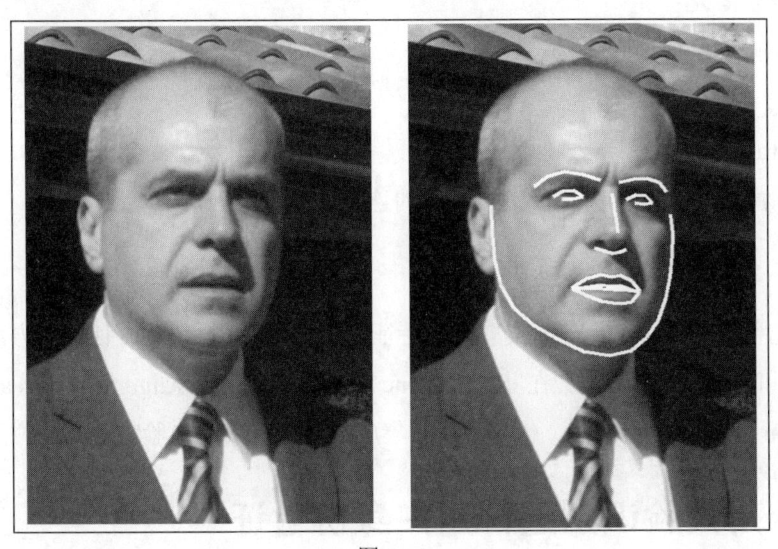

图 11-8

另外，特征点位置打印的结果如图 11-9 所示。

```
chin points: [(112, 236), (113, 271), (116, 305), (124, 338), (141, 367),
        (167, 389), (200, 407), (234, 423), (268, 428), (296, 422), (317, 405),
        (333, 383), (343, 356), (349, 328), (352, 300), (353, 273), (350, 248)]

left_eyebrow points: [(169, 212), (187, 199), (210, 193), (234, 197), (257, 204)]

right_eyebrow points: [(281, 207), (300, 203), (319, 202), (335, 207), (345, 219)]

nose_bridge points: [(272, 221), (274, 237), (277, 254), (279, 271)]

nose_tip points: [(248, 291), (259, 294), (272, 298), (282, 296), (290, 293)]

left_eye points: [(194, 225), (207, 218), (222, 217), (234, 225), (220, 228), (206, 228)]

right_eye points: [(290, 229), (303, 223), (317, 224), (326, 233), (315, 235), (302, 233)]

top_lip points: [(218, 342), (238, 330), (257, 325), (271, 328), (282, 326), (297, 333),
        (308, 346), (301, 346), (281, 339), (270, 340), (257, 338), (228, 342)]

bottom_lip points: [(308, 346), (297, 360), (283, 362), (272, 361), (258, 359), (239, 352),
        (218, 342), (228, 342), (259, 343), (273, 344), (283, 344), (301, 346)]
```

图 11-9

11.11.3　工作原理

本节介绍了如何从图像中提取人脸的特征点，以及如何在图像中画出这些特征点。检测出的特征点有：

- Chin；
- left_eyebrow；
- right_eyebrow；
- nose_bridge；
- nose_tip；
- left_eye；
- right_eye；
- top_lip；
- bottom_lip。

对每个检测出的特征点，画出检测点的连接线以显示出轮廓。

11.11.4　更多内容

本例使用 face_recognition 库提取人脸特征点。这个库执行任务时使用的方法是由瓦希德·卡奇米和约瑟菲娜·沙利文在其论文“One Millisecond Face Alignment with an Ensemble of Regression Trees”中引入的。代码使用了集成回归树来估计人脸特征点的位置。

11.12　用人脸识别进行用户身份验证

基于人脸识别的身份认证技术已经有几十年了，我们不需要带着袖珍卡片，或把它存放到电话里，也不需要每次使用助记术来记住不同的验证码（如果它经常改变）。

我们要做的是通过网络摄像头来验证自身身份。基于人脸识别的身份识别系统通过将人脸图像和数据库中的记录进行对比，从而识别出身份信息，并根据识别结果允许或者禁止访问。

11.12.1　准备工作

本节将介绍如何使用 face_recognition 库构建基于人脸识别的身份认证系统。

11.12.2　详细步骤

用人脸识别进行身份认证的方法如下。

1．创建一个新的 Python 文件，并导入下面的程序包（完整的代码包含在本书提供的 UserAuthentification.py 文件中）：

```
import face_recognition
```

2．把所有的输入图像文件加载到 NumPy 数组：

```
Image1 = face_recognition.load_image_file("giuseppe.jpg")
Image2 = face_recognition.load_image_file("tiziana.jpg")
UnknownImage = face_recognition.load_image_file("tiziana2.jpg")
```

这里加载了 3 幅图像，前两个是我们已经见过的人脸图像，第三个是用于比较的图像（tiziana）。

3．为每个图像文件中的人脸获取人脸编码：

```
try:
    Image1Encoding = face_recognition.face_encodings(Image1)[0]
    Image2Encoding = face_recognition.face_encodings(Image2)[0]
    UnknownImageEncoding =
face_recognition.face_encodings(UnknownImage)[0]
except IndexError:
    print("Any face was located. Check the image files..")
    quit()
```

4．定义已知的人脸：

```
known_faces = [ Image1Encoding, Image2Encoding ]
```

5．将已知人脸和刚才加载的未知人脸进行对比：

```
results = face_recognition.compare_faces(known_faces,
UnknownImageEncoding)
```

6．最后，打印出比较的结果：

```
print("Is the unknown face a picture of Giuseppe?{}".format(results[0]))
```

```
print("Is the unknown face a picture of Tiziana?{}".format(results[1]))
print("Is the unknown face a new person that we've never seen before?
{}".format(not True in results))
```

返回的结果如下：

```
Is the unknown face a picture of Giuseppe? False
Is the unknown face a picture of Tiziana? True
Is the unknown face a new person that we've never seen before?
False
```

可以看出，身份认证系统识别出用户是 Tiziana。

11.12.3　工作原理

本节介绍了如何基于人脸识别构建身份认证系统。为此，我们从数据库中的每个人脸中提取出一些基本的度量信息，这样，就可以把申请认证的人脸的基本特征和这些特征进行对比，从而确认用户身份。

这些特征值的获取通过深度卷积网络实现，学习过程同步分析了 3 幅图像：

- 包含已知某人的人脸的图像（anchor）；
- 同一个已知某人的另一幅图像（正例）；
- 完全不同的另一个人的图像（反例）。

此后，算法检查为这 3 幅图像生成的特征值，然后调整神经网络权重，确保为人脸 1 和人脸 2 生成的特征值比较接近，为人脸 2 和人脸 3 生成的特征值远一点。这种技术称为 Triplet loss。

11.12.4　更多内容

到目前为止，本书已经讲了基于机器学习的算法成功的秘诀在于学习阶段使用的样本数。样本数量越大，模型的准确率就越高。对于本章我们所处理的问题，这一点就不再成立了。因为在面部识别算法中，可供使用的样本非常有局限性。

因此，典型的卷积神经网络构造在这种情况下就行不通了，因为没有足够可供学习的数据来学习需要的功能。这些例子使用的是单样本学习（one-shot learning）方法，构造出一个比较两幅图像的相似度函数，来辨别出是否存在匹配图像。

第 12 章 强化学习

本章将涵盖以下内容：

- 用 MDP 预报天气；
- 用 DP 优化金融投资组合；
- 找出最短路径；
- 使用 Q 学习决定折扣因子；
- 实现深度 Q 学习算法；
- 开发基于 AI 的动态模型系统；
- 通过双 Q 学习进行深度强化学习；
- 通过 dueling Q 学习进行深度强化学习。

12.1 技术要求

本章用到了下列文件（可通过 GitHub 下载）：

- `MarkovChain.py`；
- `KPDP.py`；
- `DijkstraNX.py`；
- `FrozenQlearning.py`；
- `FrozenDeepQLearning.py`；
- `dqn_cartpole.py`；
- `DoubleDQNCartpole.py`；

- DuelingDQNCartpole.py。

12.2　简介

强化学习表示的是一类可以根据环境变化学习和调整的算法。它基于依据算法的选择得到外部奖赏的概念，正确的选择将会得到奖赏，而错误的选择则会导致惩罚。系统的目标是获取最好的可能结果。

在监督学习中，正确的输出是被清楚指明的（老师带领学习），但并非总是具备监督学习的条件。有时，我们只有定性的信息，这个可用信息被称为强化信号（reinforcement signal）。在这些情况下，系统没有提供如何更新智能体（agent）行为的任何信息，也无法定义成本函数或梯度。系统的目标是创建出高度灵活的 agent 来从经验中进行学习。

图 12-1 所示的是一张流程图，它展示了强化学习和环境的交互过程。

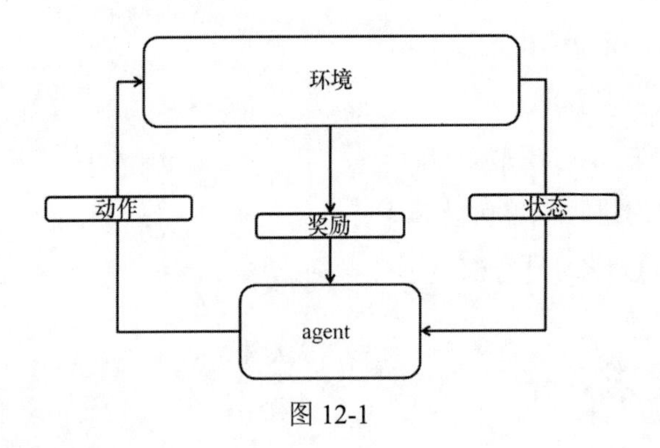

图 12-1

应用强化学习算法的步骤如下：

1. 准备 agent；
2. 环境观测；
3. 选择最优策略；
4. 执行动作；
5. 计算对应的奖赏或惩罚；
6. 如有必要，制定更新策略；
7. 重复步骤 2～5，直到 agent 学习出最优策略。

强化学习尝试获得所执行的一个或一组动作的最大奖赏，而动作是为了达成某个目标。

12.3 用 MDP 预报天气

为了避免负载问题或者计算难度，可将 agent 与环境的交互考虑成一个马尔可夫决策过程（Markov Decision Process，MDP），马尔可夫决策过程是一个离散时间随机控制过程。

随机过程是用来研究具有随机性或概率规律的现象的演变的数学模型。众所周知，在所有的自然现象中，性质和观测误差，总是存在着一定的随机或者偶然的成分。

随机性表现为：在每个状态 t，现象的观测结果是一个随机数或随机变量 s_t，不能确定预测出的结果是什么，只能说会得到几个可能的值，每个值的出现都具有一定的概率。

当选定某个状态 t 作为观测值时，过程的演变就从 t 开始，且仅依赖于 t，不以任何方式依赖此前的状态，这个随机过程就称为马尔可夫链。就是说，给定一个观测时刻，只有当前状态决定了过程的未来状态，即过程不依赖于过去状态时，这个过程就是一个马尔可夫链。

12.3.1 准备工作

本节，我们将构建一个预测天气的随机模型。为了简化模型，假定只有两个状态：晴天和下雨，并进一步假设已经通过一定的计算发现明天某一时间的天气情况是基于今天同一时间的。

12.3.2 详细步骤

用 MDP 进行天气预报的方法如下。

1. 这里使用本书提供的参考文件 `MarkovChain.py`。首先，导入 numpy、time 和 matplotlib.pyplot 包：

```
import numpy as np
import time
from matplotlib import pyplot
```

2. 设置随机数生成器的种子和天气的状态：

```
np.random.seed(1)
states = ["Sunny","Rainy"]
```

3．接下来定义出可能的天气变化的条件：

```
TransStates = [["SuSu","SuRa"],["RaRa","RaSu"]]
TransnMatrix = [[0.75,0.25],[0.30,0.70]]
```

4．然后，插入下面的验证代码，确认定义变换矩阵时没有出错：

```
if sum(TransnMatrix[0])+sum(TransnMatrix[1]) != 2:
    print("Warning! Probabilities MUST ADD TO 1. Wrong transition
matrix!!")
    raise ValueError("Probabilities MUST ADD TO 1")
```

5．设置初始条件：

```
WT = list()
NumberDays = 200
WeatherToday = states[0]
print("Weather initial condition =",WeatherToday)
```

6．接下来使用 while 循环，对在 NumberDays 变量中定义的每一天预测天气条件：

```
i = 0
while i < NumberDays:
    if WeatherToday == "Sunny":
    TransWeather = np.random.choice(TransStates[0],replace=True,p=
TransnMatrix[0])
        if TransWeather == "SuSu":
            pass
        else:
            WeatherToday = "Rainy"
    elif WeatherToday == "Rainy":
        TransWeather = np.random.choice(TransStates[1],replace=True,p=
TransnMatrix[1])
        if TransWeather == "RaRa":
            pass
        else:
            WeatherToday = "Sunny"
    print(WeatherToday)
    WT.append(WeatherToday)
    i += 1
    time.sleep(0.2)
```

上面的代码包含了一个控制条件和一个循环，循环入口或者每次包含在循环内的所有指令被执行时，都进行了控制条件有效性的验证。当循环条件判断返回的布尔值为 false 时，循环结束。

7. 这时，我们已经生成了接下来 200 天的天气预报，下面画出天气预报图：

```
pyplot.plot(WT)
pyplot.show()
```

图 12-2 展示出了接下来 200 天的天气状况，从晴天开始。

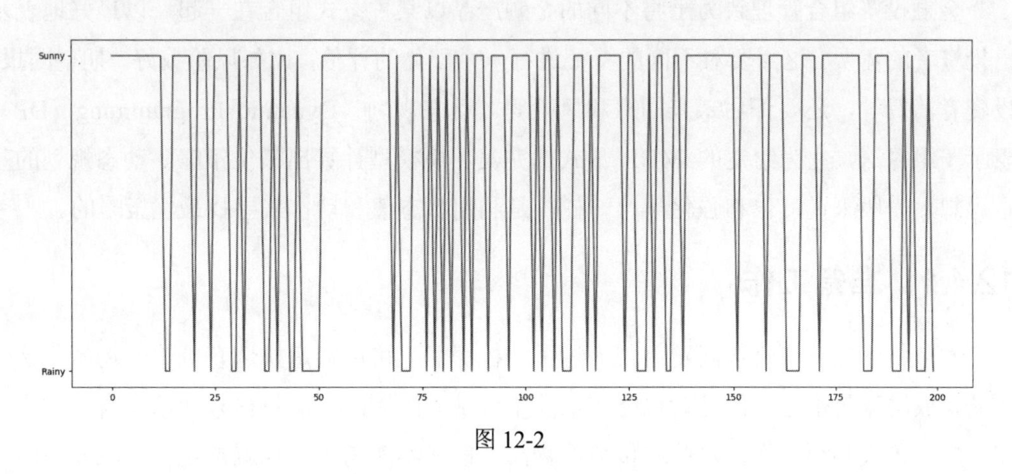

图 12-2

大致一看，感觉晴天的日子要多一些。

12.3.3 工作原理

马尔可夫链是随机现象的数学模型，它描述的是随着时间的变化，过去状态对未来的影响只通过当前时刻的状态发生。换句话说，随机模型描述的是，一系列可能事件发生的概率只依赖于前一事件具有的状态。因此，马尔可夫链是无记忆的。

因而，马尔可夫链的结构完全可以用下面的转移矩阵表示：

$$\boldsymbol{P}=\begin{bmatrix} p_{11} & p_{12} & \cdots & p_{1n} \\ p_{21} & p_{22} & \cdots & p_{2n} \\ \cdots & \cdots & \cdots & \cdots \\ p_{n1} & p_{n2} & \cdots & p_{nn} \end{bmatrix}$$

转移概率矩阵的属性直接来源于构成它们的元素的性质。

12.3.4 更多内容

除了用转移矩阵描述马尔可夫链，另一个非常直观的方式是将定向图（转移图）和一个马尔可夫链关联起来。转移矩阵和转移图提供了同一个马尔可夫链的相同信息。

12.4　用 DP 优化金融投资组合

金融投资组合管理致力于将不同的金融产品以某种方式组合在一起，以最好地表示出投资者的需要。这需要对不同的特征进行一个整体的评估，比如风险偏好、期望回报、投资者消费等，还要评估未来回报和风险等。动态规划（Dynamic Programming，DP）表示一组算法，它为给定的 MDP 形式的完美环境模型计算出最优策略。动态规划的基本思想，一般来说，也和强化学习一样，是利用状态值和动作来寻找最优策略的。

12.4.1　准备工作

本节将解决一个背包问题：某人进了一栋房子，可以随意挑选有价值的物品，这些物品要放进背包带走，但是背包能容纳的重量是有限制的，而每样东西都有自己的价值和重量，该人必须选择出那些有价值的物品，但又不能超重。也就是说物品不能超出背包的重量限制，但同时又必须拿到最高价值的物品。

12.4.2　详细步骤

使用 DP 优化金融投资组合的方法如下。

1. 这里将使用本书提供的参考文件 `KPDP.py`。算法首先定义了 `KnapSackTable()` 函数，这个算法将遵循该问题给定的两个限制条件：物品总重量等于 10，并最大化所选物品的价值，代码如下：

```
def KnapSackTable(weight, value, P, n):
T = [[0 for w in range(P + 1)]
for i in range(n + 1)]
```

2. 然后，对所有物品和所有重量值进行循环迭代：

```
for i in range(n + 1):
    for w in range(P + 1):
        if i == 0 or w == 0:
            T[i][w] = 0
        elif weight[i - 1] <= w:
            T[i][w] = max(value[i - 1] + T[i - 1][w - weight[i - 1]],
T[i - 1][w])
        else:
```

```
            T[i][w] = T[i - 1][w]
```

3. 现在看看得到的结果，它表示了背包可以容纳物品的最大价值：

```
res = T[n][P]
print("Total value: " ,res)
```

4. 到现在为止，我们编写的程序并不能表明哪个子集提供出了最优解决方案，需要使用设定的程序提取出相关信息：

```
w = P
totweight=0
for i in range(n, 0, -1):
    if res <= 0:
        break
```

5. 如果当前物品重量和前一个的相同，则进入下一个循环：

```
if res == T[i - 1][w]:
    continue
```

6. 如果不同，那么应该把当前物品放入背包中，并将它打印出来：

```
else:
    print("Item selected: ",weight[i - 1],value[i - 1])
    totweight += weight[i - 1]
    res = res - value[i - 1]
    w = w - weight[i - 1]
```

7. 最后，打印出所有放入背包的物品的总重量：

```
print("Total weight: ",totweight)
```

8. 接下来定义输入变量，并传给函数：

```
objects = [(5, 18),(2, 9), (4, 12), (6,25)]
print("Items available: ",objects)
print("***********************************")
```

9. 此时需要提取出物品的重量和价值信息，为了更好地理解这一步，将它们分别存入两个数组：

```
value = []
weight = []
for item in objects:
    weight.append(item[0])
    value.append(item[1])
```

10. 接下来设置背包可以携带物品的总重量和总件数：

```
P = 10
n = len(value)
```

11. 最后，打印出结果：

```
KnapSackTable(weight, value, P, n)
The following results are returned:
Items available: [(5, 18), (2, 9), (4, 12), (6, 25)]
*********************************
Total value: 37
Item selected: 6 25
Item selected: 4 12
Total weight: 10
```

DP 算法让我们可以获取到最优解决方案，同时节省计算成本。

12.4.3　工作原理

再来考虑下，比如，要找出连接两个位置的最佳路径。最优性原则指出，每个包含在内的子路径，在任意中间位置和最终位置之间，必须也是最优的。基于这一原理，DP 通过每次只做一个决策来求解问题。每一步都确定出其未来最优策略，而不用管过去的状态（这是马尔可夫过程），假定最新的选择也是最优的。

12.4.4　更多内容

DP 是更高效解决递归问题的一种技术。为什么 DP 可以解决递归问题呢？在回归过程中，我们重复解决子问题。在 DP 中，就不一样了，我们记住所有这些子问题的解决方案，这样就不需要再次进行求解。这种方法称为记忆化（memoization）。如果某给定步骤变量的值依赖于前面的计算结果，并且同样的计算要不断地重复，那么把中间结果存储起来就很方便了，这样就可以避免高昂的重复计算成本。

12.5　找出最短路径

给定加权图和指定顶点 X，经常需要找出图中从顶点 X 到其他顶点的路径。识别连接图中两个或多个节点的路径是作为离散优化中许多其他问题的子问题出现的，此外，它还有很多的实际应用。

12.5.1　准备工作

本节将使用 Dijkstra 算法找出两点之间的最短路径，我们还使用 networkx 包表示

Python 中的图。

12.5.2 详细步骤

找出最短路径的方法如下。

1. 这里使用的是本书提供的参考文件 DijkstraNX.py 文件。首先，导入用到的库：

```
import networkx as nx
import matplotlib.pyplot as plt
```

2. 然后，创建图对象并加入顶点：

```
G = nx.Graph()
G.add_node(1)
G.add_node(2)
G.add_node(3)
G.add_node(4)
```

3. 随后，加入有权边：

```
G.add_edge(1, 2, weight=2)
G.add_edge(2, 3, weight=2)
G.add_edge(3, 4, weight=3)
G.add_edge(1, 3, weight=5)
G.add_edge(2, 4, weight=6)
```

4. 为边加入表示权重的标签，并画出图：

```
pos = nx.spring_layout(G, scale=3)
nx.draw(G, pos,with_labels=True, font_weight='bold')
edge_labels = nx.get_edge_attributes(G,'r')
nx.draw_networkx_edge_labels(G, pos, labels = edge_labels)
plt.show()
```

这里使用了 draw_networkx_edge_labels()函数，结果如图 12-3 所示。

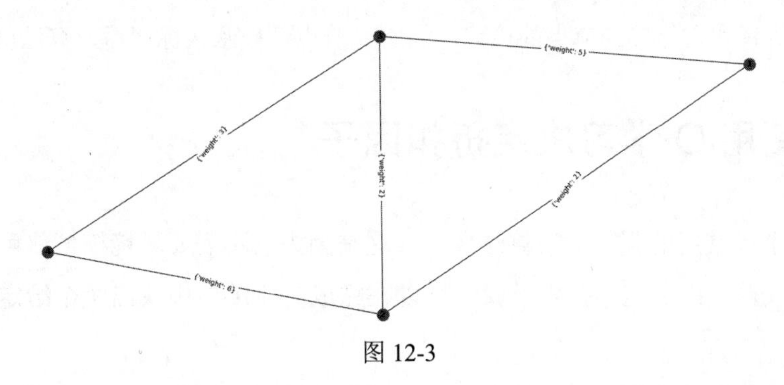

图 12-3

5. 计算出第一个顶点和第四个顶点之间的最短路径：

```
print(nx.shortest_path(G,1,4,weight='weight'))
```

6. shortest_path 函数可以计算出最短路径和路径经过的节点，返回的结果如下：

```
[1, 2, 3, 4]
```

7. 最后，计算出最短路径的长度：

```
print(nx.nx.shortest_path_length(G,1,4,weight='weight'))
```

返回的结果为：

```
7
```

可以验证下，图 12-3 中最短路径的长度确实为 7。

12.5.3　工作原理

Dijkstra 算法可以求解从起点 *s* 到所有其他节点的最短路径问题。算法维护了一个到节点 *i* 的标记 *d*(*i*)，它表示节点 *i* 到起点的最短路径长度的最大值。

在每一步中，算法都将 *v* 中的节点分成两组：一组是永久打好标记的节点，一组是暂时标记的节点。永久标记的节点表示从起点到这些节点的最短路径距离，暂时标记的节点可能大于或者等于最短路径长度。

12.5.4　更多内容

算法的基本思想是从起点开始，尝试逐步标记出成功找出最短路径的节点。最初，算法把起点的距离设置为 0，并将其他节点到起点的距离初始化为一个任意的较大的值（按惯例，距离的初始值将被设置成：$d[i]=+\infty, \forall i \in V$）。

每次迭代，节点标记 *i* 的取值从起点开始，包含了除 *i* 之外只有永久标记节点的所有路径中的最小距离。算法选出暂时标记的节点中具有最小值的节点，然后永久标记这个节点，并更新所有和它邻接的节点的标记。当所有节点都被永久标记后，算法就结束了。

12.6　使用 Q 学习决定折扣因子

Q 学习是最常用的强化学习算法之一，这是因为它不需要环境模型就可以比较可选动作的期望收益。由于这项技术，我们可以在完成的 MDP 中找出每个给定状态的最佳动作。

强化学习问题的通用解法是估计出一个评价函数，这得益于学习过程。评价函数要能通过奖赏总和、方便性或者特殊策略进行评估。事实上，Q 学习尝试最大化 Q 函数的值（动作值函数），它表示的是在状态 *s* 执行动作 *a* 时的未来最大折扣奖赏。

12.6.1 准备工作

本节将提供一个基于 Q 学习的解决方案，用来处理控制角色在网格世界中移动的问题。

12.6.2 详细步骤

用 Q 学习决定折扣因子的方法如下。

1．这里使用本书提供的参考文件 `FrozenQlearning.py`，先导入下面的库：

```
import gym
import numpy as np
```

2．然后，调用 `make` 方法继续创建环境：

```
env = gym.make('FrozenLake-v0')
```

这个方法创建了 agent 运行的环境。

3．下面对参数进行初始化，从 `QTable` 开始：

```
QTable = np.zeros([env.observation_space.n,env.action_space.n])
```

4．定义一些参数：

```
alpha = .80
gamma = .95
NumEpisodes = 2000
```

这里，`alpha` 是学习率，`gamma` 是折扣因子，`NumEpisodes` 是情节（episode）的运行次数。

5．设置好参数后，可以启动 Q 学习循环了：

```
for i in range(NumEpisodes):
    CState = env.reset()
    SumReward = 0
    d = False
    j = 0
    while j < 99:
        j+=1
        Action = np.argmax(QTable[CState,:] + np.random.randn(1,env.
action_space.n)*(1./(i+1)))
        NState,Rewards,d,_ = env.step(Action)
```

```
            QTable[CState,Action] = QTable[CState,Action] + alpha*(Rewards
 + gamma*np.max(QTable[NState,:]) - QTable[CState,Action])
            SumReward += Rewards
            CState = NState
            if d == True:
                break

        RewardsList.append(SumReward)
```

每个 episode 结束时，奖赏列表中就加入一个新值。

6．最后，打印出结果：

```
print ("Score: " + str(sum(RewardsList)/NumEpisodes))
print ("Final Q-Table Values")
print (QTable)
```

最终的 Q 表如图 12-4 所示。

```
Score: 0.441
Final Q-Table Values
[[8.09790682e-02 9.69476193e-03 4.11286493e-03 3.72643060e-03]
 [1.28341407e-03 6.03882961e-04 8.06474557e-04 2.68672382e-01]
 [1.91967449e-03 1.92834234e-03 1.35171928e-03 1.44758358e-01]
 [7.17684420e-04 3.66341807e-07 1.37698057e-04 8.63455110e-02]
 [8.34610385e-02 4.22336752e-06 3.86592526e-05 1.25979894e-03]
 [0.00000000e+00 0.00000000e+00 0.00000000e+00 0.00000000e+00]
 [2.97743191e-04 1.84465934e-05 1.15548361e-01 7.03460389e-06]
 [0.00000000e+00 0.00000000e+00 0.00000000e+00 0.00000000e+00]
 [3.05085281e-05 8.22833888e-04 1.18894379e-03 9.85186767e-02]
 [5.88378899e-04 3.46691598e-01 3.80809242e-04 2.51803451e-04]
 [5.10025290e-01 1.83055349e-03 9.49003480e-04 2.15726641e-05]
 [0.00000000e+00 0.00000000e+00 0.00000000e+00 0.00000000e+00]
 [0.00000000e+00 0.00000000e+00 0.00000000e+00 0.00000000e+00]
 [0.00000000e+00 1.13547942e-03 7.02402188e-01 2.29674937e-04]
 [0.00000000e+00 0.00000000e+00 9.45161063e-01 0.00000000e+00]
 [0.00000000e+00 0.00000000e+00 0.00000000e+00 0.00000000e+00]]
```

图 12-4

为了改进结果，需要重新调整配置参数。

12.6.3 工作原理

FrozenLake 环境是一个 4 × 4 网格，包含了 4 个可能的区域：Safe (S)、Frozen (F)、Hole (H)和 Goal (G)。agent 控制角色在网格世界的移动，让角色在网格周围挪动直到到达目标或者掉进冰窟窿。有些方格是可以走的，有些将会直接掉入冰窟窿。如果掉进了冰窟窿，就只能从头开始，这时得到的奖励为 0。另外，agent 将要移动的方向也是不确定的，它只是部分取决于所选择的方向。如果 agent 找到一个可以到达目标方格的可行路径，就会获得奖励。agent 有 4 种可能的动作：往上、往下、往左、往右，当算法学习了所有的错误并到达目标后过程结束。

12.6.4 更多内容

Q 学习增量估计函数值 $q(s, a)$，在环境中的每一步更新“状态-动作”对的值，遵循的是更新时序差分法估计值的一般公式的逻辑。Q 学习使用的是异策略（off-policy），即，策略根据 $q(s, a)$估计的值进行改进时，值函数按照严格贪婪的二级策略进行更新：给定一个状态，选择的动作总是具有最大 $q(s, a)$值的那一个。不过 π 策略在值评估中很重要，因为通过它可以确定状态-动作对的访问和更新轨迹。

12.7 实现深度 Q 学习算法

深度 Q 学习是基本 Q 学习方法的演变。状态-动作对被神经网络替代，神经网络的目标是近似出最优值函数。和 Q 学习方法相比，Q 学习构造的网络要求有输入数据和动作，并给出期望的结果。深度 Q 学习彻底改变了这种结构，它只要求环境的状态，并提供与在环境中可以执行的动作一样多的状态动作值。

12.7.1 准备工作

本节将使用深度 Q 学习方法来控制角色在网格世界的移动。本节用到的库是 keras-rl，想深入了解这个库的使用方法，可以参考 12.8 节。

12.7.2 详细步骤

实现深度 Q 学习算法的步骤如下。

1. 这里使用本书提供的参考文件 `FrozenDeepQLearning.py`，首先导入库:

```
import gym
import numpy as np
from keras.models import Sequential
from keras.layers.core import Dense, Reshape
from keras.layers.embeddings import Embedding
from keras.optimizers import Adam
from rl.agents.dqn import DQNAgent
from rl.policy import BoltzmannQPolicy
from rl.memory import SequentialMemory
```

2. 然后定义环境并设置随机数种子：

```
ENV_NAME = 'FrozenLake-v0'
env = gym.make(ENV_NAME)
np.random.seed(1)
env.seed(1)
```

3．接下来提取 agent 可以使用的动作：

```
Actions = env.action_space.n
```

Actions 变量已经包含了所选择环境的所有可用动作，gym 并不会告知动作的含义，而只是给出哪些动作是可用的。

4．下面使用 Keras 库构建一个简单的神经网络模型：

```
model = Sequential()
model.add(Embedding(16, 4, input_length=1))
model.add(Reshape((4,)))
print(model.summary())
```

神经网络模型准备好后，就可以配置和编译 agent 了。使用 DQN（Deep Q-Network）的一个问题是算法使用的神经网络会趋于遗忘前面的经验，因为它会用新的经验进行重写。

5．因此，我们需要一个保存了前面经验和观测值的列表来改造模型，让其保留前面的经验。下面定义一个保存以往经验的记忆变量，并设置策略：

```
memory = SequentialMemory(limit=10000, window_length=1)
policy = BoltzmannQPolicy()
```

6．接下来要定义 agent 了：

```
Dqn = DQNAgent(model=model, nb_actions=Actions,
               memory=memory, nb_steps_warmup=500,
               target_model_update=1e-2, policy=policy,
               enable_double_dqn=False, batch_size=512
               )
```

7．继续编译并拟合模型：

```
Dqn.compile(Adam())
Dqn.fit(env, nb_steps=1e5, visualize=False, verbose=1,
log_interval=10000)
```

8．训练结束时，需要保存获得的权重信息：

```
Dqn.save_weights('dqn_{}_weights.h5f'.format(ENV_NAME), overwrite=True)
```

9．最后，对算法进行 20 个 episode 的评估：

```
Dqn.test(env, nb_episodes=20, visualize=False)
```

此时，agent 已经能够识别出可以到达目标的路径了。

12.7.3 工作原理

强化学习问题的通用解法是估计出一个评价函数，这得益于学习过程。评价函数要能通过奖赏总和、方便性或者特殊策略进行评估。事实上，Q 学习尝试最大化 Q 函数的值（动作-值函数），它表示的是在状态 s 执行动作 a 时的未来最大折扣奖赏。DQN 是 Q 学习的演化，状态-动作对被神经网络替代，目标是近似出最优值函数。

12.7.4 更多内容

OpenAI Gym 是一个可以帮助实现基于强化学习的算法的工具包。它包括了一个日益增多的基准问题的集合，提供了公共接口和一个站点，用户可以通过这个站点分享成果、比较算法性能。

OpenAI Gym 专注于强化学习中 episode 的设置，换句话说，agent 的经验被划分成一系列的 episode。agent 的初始状态是通过分布随机采样的，交互会一直进行到环境到达目标状态为止。每个 episode 都重复这个过程，目标是最大化每个 episode 的总奖赏期望，并用最少的可能的 episode 来达到较高的性能。

12.8 开发基于 AI 的动态模型系统

赛格威平衡车是一种个人交通工具，它是计算机科学、电子学和机械学联合应用的创新。作为身体的扩展，就如同舞伴一样，平衡车可以参加每一步的移动。操作原理基于反摆（reverse pendulum）系统，反摆系统是控制和研究文献教科书中常见的一个例子。反摆系统流行的部分原因在没有控制的情况下它是不稳定的，并具有非线性的动态，但最重要的是，它有几个实际应用，比如控制火箭的起飞或者赛格威平衡车。

12.8.1 准备工作

本节将分析一个把刚性杆连接到推车的物理系统，并使用不同的方法来建模系统。杆通过链接在车上的枢轴连接，可以自由翻转。这个机械系统也称为反摆系统，是控制理论中的经典问题。

12.8.2　详细步骤

开发基于 AI 的动态模型的方法如下。

1．这里使用本书提供的参考文件 dqn_cartpole.py，首先导入下面的库：

```
import numpy as np
import gym
from keras.models import Sequential
from keras.layers import Dense, Activation, Flatten
from keras.optimizers import Adam
from rl.agents.dqn import DQNAgent
from rl.policy import BoltzmannQPolicy
from rl.memory import SequentialMemory
```

2．定义并加载环境：

```
ENV_NAME = 'CartPole-v0'
env = gym.make(ENV_NAME)
```

3．调用 NumPy 库的 random.seed() 函数设置随机数生成器种子：

```
np.random.seed(123)
env.seed(123)
```

4．下面提取出 agent 可用的动作：

```
nb_actions = env.action_space.n
```

5．使用 Keras 库构建一个简单神经网络：

```
model = Sequential()
model.add(Flatten(input_shape=(1,) + env.observation_space.shape))
model.add(Dense(16))
model.add(Activation('relu'))
model.add(Dense(16))
model.add(Activation('relu'))
model.add(Dense(16))
model.add(Activation('relu'))
model.add(Dense(nb_actions))
model.add(Activation('linear'))
print(model.summary())
```

6．设置记忆变量和策略：

```
memory = SequentialMemory(limit=50000, window_length=1)
policy = BoltzmannQPolicy()
```

7．定义 agent：

```
dqn = DQNAgent(model=model, nb_actions=nb_actions, memory=memory,
nb_steps_warmup=10, target_model_update=1e-2, policy=policy)
```

8．继续编译并拟合模型：

```
dqn.compile(Adam(lr=1e-3), metrics=['mae'])
dqn.fit(env, nb_steps=1000, visualize=True, verbose=2)
```

9．训练结束后，需要保存获取的权重：

```
dqn.save_weights('dqn_{}_weights.h5f'.format(ENV_NAME), overwrite=True)
```

保存网络权重或整体结构使用的是 HDF5 文件，它是一种高效灵活的存储系统，支持多维数据集。

10．最后，用算法评估 10 个 episode：

```
dqn.test(env, nb_episodes=5, visualize=True)
```

12.8.3 工作原理

本节使用 keras-rl 包开发基于 AI 的动态模型系统，这个包用 Python 实现了一些深度强化学习算法，并和 Keras 库无缝集成。

此外，keras-rl 与 OpenAI Gym 可以即时协同工作。OpenAI Gym 包括一个日益增多的基准问题的集合，并提供了公共接口和一个站点，用户可以通过这个站点分享成果、比较算法性能。这个库可以用来解决下一章中的问题。现在，我们暂时只用这么多。

12.8.4 更多内容

这里的选择并非仅限于使用 keras-rl 包，不过 keras-rl 的使用可以很容易地适应我们的需要。可以使用内置的 Keras 回调函数和指标，或定义其他方法。为此，简单地扩展一些简单的抽象类，就很容易实现你自己的环境甚至算法。

12.9 通过双 Q 学习进行深度强化学习

在Q学习算法中，未来最大近似动作值使用和当前选择策略相同的Q函数进行评估，有些情况下，这会高估动作值，降低学习速度。双 Q 学习是 Q 学习的演化版本，它是 DeepMind 的研究员在 2016 年 3 月的第三十届 AAAI 人工智能大会上，在论文“Deep reinforcement learning with Double Q-learning”中提出来的，论文作者有 H 范·哈赛特、A 格斯和 D 西尔韦。作为高估问题的解决方式，作者提出修改贝尔曼方程的更新方式。

12.9.1　准备工作

本节将介绍如何使用双 Q 学习执行深度学习算法。

12.9.2　详细步骤

使用双 Q 学习执行深度学习算法的步骤如下。

1．这里使用本书提供的参考文件 DoubleDQNCartpole.py，首先导入下面的库：

```
import numpy as np
import gym
from keras.models import Sequential
from keras.layers import Dense, Activation, Flatten
from keras.optimizers import Adam
from rl.agents.dqn import DQNAgent
from rl.policy import BoltzmannQPolicy
from rl.memory import SequentialMemory
```

2．定义并加载环境：

```
ENV_NAME = 'CartPole-v0'
env = gym.make(ENV_NAME)
```

3．使用 NumPy 库的 random.seed()函数设置随机数种子：

```
np.random.seed(1)
env.seed(1)
```

4．下面提取 agent 可用的动作：

```
nb_actions = env.action_space.n
```

5．用 Keras 库构建一个简单的神经网络模型：

```
model = Sequential()
model.add(Flatten(input_shape=(1,) + env.observation_space.shape))
model.add(Dense(16))
model.add(Activation('relu'))
model.add(Dense(16))
model.add(Activation('relu'))
model.add(Dense(16))
model.add(Activation('relu'))
model.add(Dense(nb_actions))
model.add(Activation('linear'))
print(model.summary())
```

6．设置记忆变量和使用的策略：

```
memory = SequentialMemory(limit=50000, window_length=1)
```

```
policy = BoltzmannQPolicy()
```

7．定义 agent：

```
dqn = DQNAgent(model=model, nb_actions=nb_actions, memory=memory,
nb_steps_warmup=10, enable_double_dqn=True, target_model_update=1e-2,
policy=policy)
```

为了使用双 Q 网络，需要把 enable_double_dqn 参数设置为 True。

8．继续编译并拟合模型：

```
dqn.compile(Adam(lr=1e-3), metrics=['mae'])
dqn.fit(env, nb_steps=1000, visualize=True, verbose=2)
```

9．训练结束时，需要保存获取的权重信息：

```
dqn.save_weights('dqn_{}_weights.h5f'.format(ENV_NAME), overwrite=True)
```

保存网络权重或整体结构用的是 HDF5 文件。它是一种高效灵活的存储系统，支持多维数据集。

10．最后，用算法评估 10 个 episode：

```
dqn.test(env, nb_episodes=5, visualize=True)
```

12.9.3 工作原理

动作值的高估问题是因为贝尔曼方程使用了取最大值的运算符，而 max 运算符选择和评估动作相同的值。如果我们选择了最佳动作作为具有最大值的动作，那么会导致最后选择的是次优的动作（错误地假定最大值）。我们可以通过使用两个独立的 Q 函数来解决这个问题，其中每个 Q 函数都是独立学习的。Q1 函数用于选择动作，Q2 函数用于评估动作。要做到这一点，只需要简单修改目标函数即可。

12.9.4 更多内容

本质上我们使用了两个网络：

- DQN 网络，用于选择进入下一个状态的最佳动作（具有最大 Q 值的动作）；
- 目标网络，计算进入下一个状态所采用动作的 Q 值。

12.10 通过 dueling Q 学习进行深度强化学习

通过使网络结构更加紧密来加快收敛速度是强化学习的最后挑战之一。对 DQN 模型性能的明确改进是由 Z 王、T 沙尔、M 赫塞尔、H 范·哈赛特、M 兰斯洛特和 N 德弗雷塔斯在他们 2015 年发表的论文“Dueling network architectures for deep reinforcement learning”中提出的。

12.10.1 准备工作

本节将使用 dueling Q 学习来实现深度 Q 网络算法，从而控制反摆系统。

12.10.2 详细步骤

用 dueling Q 学习实现深度 Q 网络算法的方法如下。

1. 这里将使用本书提供的参考文件 DuelingDQNCartpole.py，首先导入下面的库：

```
import numpy as np
import gym
from keras.models import Sequential
from keras.layers import Dense, Activation, Flatten
from keras.optimizers import Adam
from rl.agents.dqn import DQNAgent
from rl.policy import BoltzmannQPolicy
from rl.memory import SequentialMemory
```

2. 定义和加载环境：

```
ENV_NAME = 'CartPole-v0'
env = gym.make(ENV_NAME)
```

3. 使用 NumPy 库中的 random.seed() 函数设置种子值：

```
np.random.seed(2)
env.seed(2)
```

4. 提取 agent 可用的动作：

```
nb_actions = env.action_space.n
```

5. 用 Keras 库构建一个简单的神经网络模型：

```
model = Sequential()
model.add(Flatten(input_shape=(1,) + env.observation_space.shape))
model.add(Dense(16))
model.add(Activation('relu'))
model.add(Dense(16))
model.add(Activation('relu'))
model.add(Dense(16))
```

```
model.add(Activation('relu'))
model.add(Dense(nb_actions))
model.add(Activation('linear'))
print(model.summary())
```

6．设置记忆变量和使用的策略：

```
memory = SequentialMemory(limit=50000, window_length=1)
policy = BoltzmannQPolicy()
```

7．定义 agent：

```
dqn = DQNAgent(model=model, nb_actions=nb_actions, memory=memory,
               nb_steps_warmup=10, enable_dueling_network=True, dueling_
               type='avg',  target_model_update=1e-2, policy=policy)
```

为了启用 dueling 网络，需要将 dueling_type 参数声明为下面的 3 个值之一“avg”“max”或“naive”。

8．继续编译和拟合模型：

```
dqn.compile(Adam(lr=1e-3), metrics=['mae'])
dqn.fit(env, nb_steps=1000, visualize=True, verbose=2)
```

9．训练结束时，需要保存获取的权重：

```
dqn.save_weights('dqn_{}_weights.h5f'.format(ENV_NAME), overwrite=True)
```

保存网络权重或整体结构用的是 HDF5 文件。它是一种高效灵活的存储系统，支持多维数据集。

10．最后，用算法评估 10 个 episode：

```
dqn.test(env, nb_episodes=5, visualize=True)
```

12.10.3　工作原理

在强化学习中，Q 函数和值函数起着重要作用：

- Q 函数表示的是 agent 在状态 *s* 时执行一个动作的效果；
- 值函数表示的是 agent 处于状态 *s* 时的效果。

为了进一步提高 DQN 的性能，我们引入了一个新的优势函数，可以把它定义成值函和价值函数（benefit function）的差值。价值函数表示 agent 与其他操作相比在执行某个动作时的能力。

因此，值函数表示了状态的优劣，优势函数表示了一个动作的优劣，组合使用这两个函数就可以知道 agent 在状态 *s* 时执行一个动作的优劣，也就是 Q 函数所实现的功能。因而，可以将 Q 函数定义成值函数和优势函数的和。

Dueling Q 学习本质上是一个 DQN，只是其中的全连接层被划分成了两个子网络：

- 一个子网络计算值函数；
- 另一个子网络计算优势函数。

最后，两个子网络通过聚合得到 Q 函数的输出。

12.10.4　更多内容

通过神经网络近似出值函数是不稳定的，为了使其收敛，应该修改基本算法以引入其他技术，从而避免振荡和发散。

其中最重要的技术就是经验重播，在每个 episode 的每一步，agent 的经验都被存储到一个数据集，这个数据集称为回放存储器（replay memory）。在算法的内部循环中，不再基于刚执行的唯一的转换来对网络进行训练，而是随机从回放存储器中选择出一个转换子集，训练根据在转换子集上计算出的损失来进行。

经验回放技术，即从回放存储器中随机选择出转换的子集，从而消除连续转换间的相关性问题，并减少不同更新的差异。

第 13 章 深度神经网络

本章将涵盖以下内容：

- 构建感知机模型；
- 构建单层神经网络；
- 构建深度神经网络；
- 创建向量量化器；
- 为序列数据分析构建循环神经网络；
- 可视化 OCR 数据库字符；
- 使用神经网络构建光学字符识别器；
- 用 ANN 实现优化算法。

13.1 技术要求

本章用到了下列文件（可通过 GitHub 下载）：

- perceptron.py；
- single_layer.py；
- data_single_layer.txt；
- deep_neural_network.py；
- vector_quantization.py；
- data_vq.txt；
- recurrent_network.py；

- `visualize_characters.py`；
- `ocr.py`；
- `IrisClassifier.py`。

13.2 简介

人类的大脑很擅长鉴别和识别物体，我们希望机器也可以做同样的事情。神经网络就是模仿人类大脑的学习过程的框架。神经网络被设计用于从数据中学习并识别潜在的模式。正如所有的学习算法一样，神经网络处理的是数字。因此，如果想要实现处理现实世界中任何包含图像、文字、传感器等的任务，就必须将其转换成数值形式，然后将其输入到一个神经网络中。我们可以用神经网络做分类、聚类、生成以及其他相关的任务。

神经网络由神经元构成的网络层组成。这些神经元模拟了人类大脑中的生物神经元。每层基本是一组独立的神经元，这些神经元与相邻层的神经元连接。输入层对应我们提供的输入数据，而输出层包括了我们期望的输出结果。输入层与输出层之间的层统称为隐藏层。如果设计的神经网络包含多个隐藏层，那么就可以给予更多的自由度对自身进行训练，从而达到更高的准确率。

假设我们希望神经网络按照我们的要求对数据进行分类，那么为了使神经网络完成相应的任务，需要提供带标签的训练数据。神经网络将通过优化成本函数来训练自己。成本函数返回的是真实值和神经网络输出值之间的误差。我们不停地迭代，直到错误率下降到一定的阈值为止。

那么到底什么是“深度”神经网络？深度神经网络是由多个隐藏层组成的神经网络，一般来说，这属于深度学习的范畴。这是一个专门研究这些神经网络的领域，神经网络由多个网络层组成。

13.3 构建感知机模型

让我们从感知机开始介绍神经网络。感知机由单个神经元负责所有的计算，它是一个非常简单的模型，但它构成了构造复杂神经网络的基础。感知机模型如图 13-1 所示。

神经元把多个输入用不同的权重组合在一起，然后加上一个偏差来计算输出。这是个简单的线性方程，把输入值和感知机的输出联系到了一起。

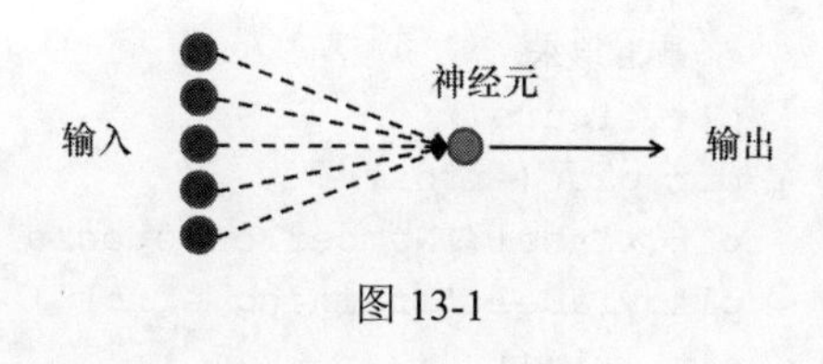

图 13-1

13.3.1 准备工作

本节将使用 neurolab 库来定义有两个输入的感知机。在继续前，请确保已经安装了这个库。下面继续设计和开发这个神经网络。

13.3.2 详细步骤

构建感知机模型的方法如下。

1．创建一个新的 Python 文件，并导入下面的包（完整的代码包含在本书提供的 perceptron.py 文件中）：

```
import numpy as np
import neurolab as nl
import matplotlib.pyplot as plt
```

2．定义一些输入数据及其对应的标签：

```
# 定义输入数据
data = np.array([[0.3, 0.2], [0.1, 0.4], [0.4, 0.6], [0.9, 0.5]])
labels = np.array([[0], [0], [0], [1]])
```

3．画出这些数据，看看数据点的位置：

```
# 画出输入数据
plt.figure()
plt.scatter(data[:,0], data[:,1])
plt.xlabel('X-axis')
plt.ylabel('Y-axis')
plt.title('Input data')
```

4．定义一个有两个输入的感知机，函数还需要声明输入数据的最小值和最大值：

```
# 定义有两个输入的感知机，在感知机的第一个参数中声明最小值和最大值
perceptron = nl.net.newp([[0, 1],[0, 1]], 1)
```

5．接下来训练感知机模型：

```
# 训练感知机
error = perceptron.train(data, labels, epochs=50, show=15, lr=0.01)
```

6．画出结果：

```
# 画出结果
plt.figure()
plt.plot(error)
plt.xlabel('Number of epochs')
plt.ylabel('Training error')
plt.grid()
plt.title('Training error progress')

plt.show()
```

运行代码，可以看到两幅输出图像，其中图 13-2 显示的是输入数据。

图 13-3 显示的是训练误差的变化。

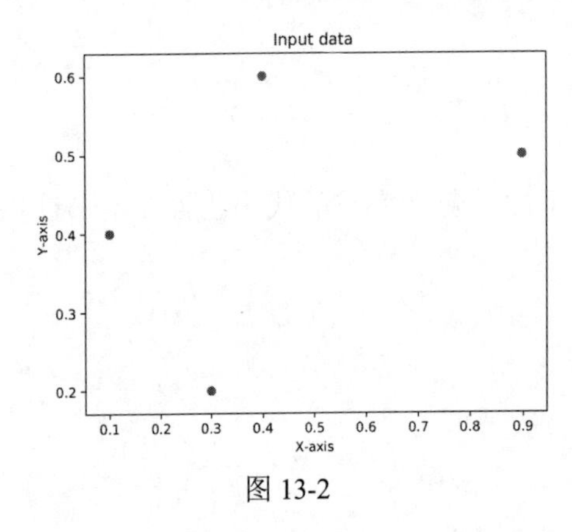

图 13-2

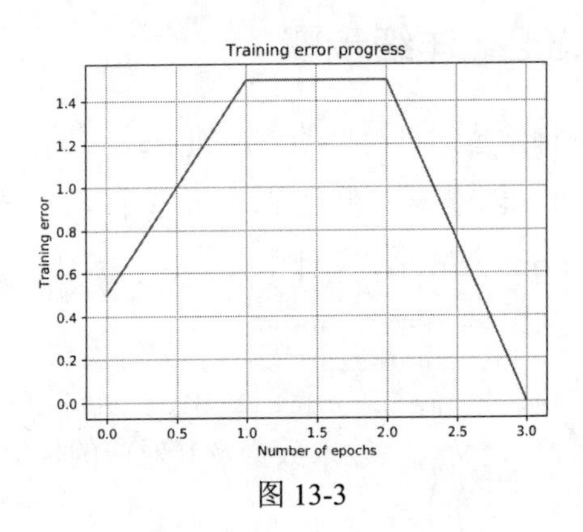

图 13-3

13.3.3 工作原理

本节我们使用单个神经元执行了所有的计算。为了训练感知机，我们设置了下列参数：epoch 参数声明的是在训练数据集上训练多少轮；show 参数指明希望的显示进度的频率；lr 参数是感知机的学习率，它表示算法搜索参数空间的步幅。如果步幅太大，算法可能学习得太快，可能会错过最优值，如果步幅太小，算法会学习到最优值，但是速度也会变慢。因而，需要进行衡量选择。这里，我们使用的学习率是 0.01。

13.3.4 更多内容

可以把感知机的概念理解成有多个输入但只生成一个输出的模型，这是最简单的神经网络形式。感知机概念由弗兰克·罗森布拉特在 1958 年提出，认为其具有一个输入层和一个输出层，以及一个为求最小误差的学习规则。这个学习函数称为误差反向传播，它根据关于某个给定输入的实际网络的输出来改变连接权重（相当于神经元突触），连接权重是实际输出和预测输出之间的差异。

13.4 构建单层神经网络

13.3 节介绍了如何创建一个感知机，现在我们来创建一个单层的神经网络。单层神经网络在一个网络层中包含了多个神经元。总的来说，网络有一个输入层、一个隐藏层和一个输出层，如图 13-4 所示。

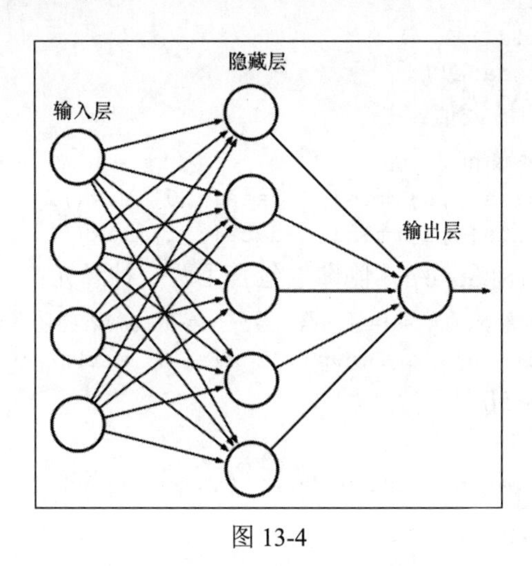

图 13-4

13.4.1 准备工作

本节将介绍如何使用 neurolab 库创建一个单层的神经网络。

13.4.2 详细步骤

构建单层神经网络的方法如下。

1. 创建一个新的 Python 文件并导入下面的程序包（完整的代码包含在本书提供的 `single_layer.py` 文件中）：

```
import numpy as np
import matplotlib.pyplot as plt
import neurolab as nl
```

2．这里使用文件 data_single_layer.txt 中的数据：

```
# 定义输入数据
input_file = 'data_single_layer.txt'
input_text = np.loadtxt(input_file)
data = input_text[:, 0:2]
labels = input_text[:, 2:]
```

3．下面画出输入数据：

```
# 画出输入数据
plt.figure()
plt.scatter(data[:,0], data[:,1])
plt.xlabel('X-axis')
plt.ylabel('Y-axis')
plt.title('Input data')
```

4．提取出最小值和最大值：

```
# 提取每个维度的最小值和最大值
x_min, x_max = data[:,0].min(), data[:,0].max()
y_min, y_max = data[:,1].min(), data[:,1].max()
```

5．定义一个单层的神经网络，隐藏层包含了两个神经元：

```
# 定义一个包含两个神经元的单层神经网络，第一个参数的列表指明了输入数据的最小值和最大值
single_layer_net = nl.net.newp([[x_min, x_max], [y_min, y_max]], 2)
```

6．将神经网络训练 50 轮：

```
# 训练神经网络
error = single_layer_net.train(data, labels, epochs=50, show=20, lr=0.01)
```

7．画出训练结果：

```
# 画出结果
plt.figure()
plt.plot(error)
plt.xlabel('Number of epochs')
plt.ylabel('Training error')
plt.title('Training error progress')
plt.grid()
plt.show()
```

8．在全新的数据上测试神经网络：

```
print(single_layer_net.sim([[0.3, 4.5]]))
print(single_layer_net.sim([[4.5, 0.5]]))
print(single_layer_net.sim([[4.3, 8]]))
```

运行代码，将会看到两幅图，第一幅图显示的是输入数据，如图 13-5 所示。

9．第二幅图显示的是训练误差情况，如图 13-6 所示。

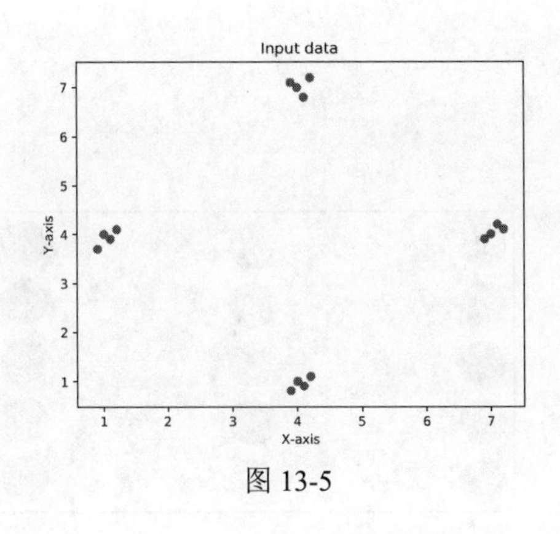

图 13-5

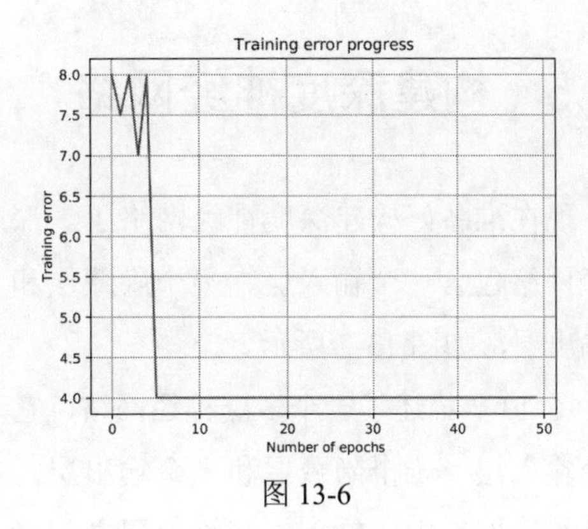

图 13-6

10．终端上还会打印出下面的输出结果，表明了对输入的测试数据点的预测结果：

```
[[ 0. 0.]]
[[ 1. 0.]]
[[ 1. 1.]]
```

可以对比标签验证下输出结果，可以看出结果完全正确的。

13.4.3　工作原理

单层神经网络的结构如下：输入数据形成了输入层，中间层对数据进行处理，这一层是隐藏层，输出结果形成了输出层。隐藏层可以把输入转换成期望的输出。了解隐藏层需要知道权重、偏差和激活函数的概念。

13.4.4　更多内容

权重对转换输入很重要，它能影响输出；权重都是数值型参数，它们表示的是神经元之间的相互影响。相关的概念和线性回归中的斜率类似，权重和输入相乘后加在一起，形成了输出结果。

偏差和线性方程中加上的截距类似，它也是一个附加参数，用于调节输出以及神经元的输入的加权和。

激活函数是将输入转换成输出的数学函数，并决定了一个神经元接收的总信号。没有激活函数的话，神经网络就和线性函数差不多了。

13.5　构建深度神经网络

现在准备好构建深度神经网络了。深度神经网络包含一个输入层、多个隐藏层和一个输出层，如图 13-7 所示。

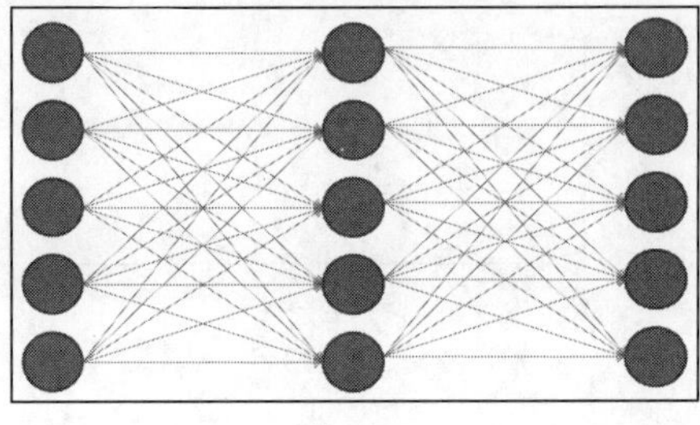
图 13-7

图 13-7 描述了一个多层神经网络，它有一个输入层、一个隐藏层和一个输出层。在深度神经网络中，输入层和输出层之间有多个隐藏层。

13.5.1　准备工作

本节我们将构建一个深度神经网络。深度学习形成了具有多个隐藏层的复杂神经网络。深度学习是一个范围广阔的学科，它是构建 AI 应用的重要概念。本节将使用生成的训练数据来定义一个具有两个隐藏层的多层神经网络。

13.5.2　详细步骤

构建深度神经网络的方法如下。

1．创建一个新的 Python 文件，并导入下面的程序包（完整的代码包含在本书提供的 deep_neural_network.py 文件中）：

```
import neurolab as nl
import numpy as np
import matplotlib.pyplot as plt
```

2．定义生成训练数据的参数：

```
# 生成训练数据
min_value = -12
max_value = 12
num_datapoints = 90
```

3．训练数据将包括一个我们定义的对数据值进行转换的函数。我们希望神经网络可以基于提供的输入和输出值来自己学习这个函数：

```
x = np.linspace(min_value, max_value, num_datapoints)
```

```
y = 2 * np.square(x) + 7
y /= np.linalg.norm(y)
```

4．调整数组形状：

```
data = x.reshape(num_datapoints, 1)
labels = y.reshape(num_datapoints, 1)
```

5．画出输入数据：

```
plt.figure()
plt.scatter(data, labels)
plt.xlabel('X-axis')
plt.ylabel('Y-axis')
plt.title('Input data')
```

6．定义一个有两个隐藏层的深度神经网络，其中每个隐藏层包含 10 个神经元，输出层包含一个神经元：

```
multilayer_net = nl.net.newff([[min_value, max_value]], [10, 10, 1])
```

7．将训练算法设置为梯度下降：

```
multilayer_net.trainf = nl.train.train_gd
```

8．训练网络：

```
error = multilayer_net.train(data, labels, epochs=800, show=100, goal=
0.01)
```

9．为训练数据预测输出，以查看模型性能：

```
predicted_output = multilayer_net.sim(data)
```

10．画出训练误差：

```
plt.figure()
plt.plot(error)
plt.xlabel('Number of epochs')
plt.ylabel('Error')
plt.title('Training error progress')
```

11．创建一组新的输入数据。在这组新数据上运行神经网络，看看神经网络的表现怎么样：

```
x2 = np.linspace(min_value, max_value, num_datapoints * 2)
y2 = multilayer_net.sim(x2.reshape(x2.size,1)).reshape(x2.size)
y3 = predicted_output.reshape(num_datapoints)
```

12．画出输出：

```
plt.figure()
plt.plot(x2, y2, '-', x, y, '.', x, y3, 'p')
plt.title('Ground truth vs predicted output')
plt.show()
```

运行代码，可以看到 3 幅图。图 13-8 显示的是输入数据。

13．图 13-9 显示的是训练误差的情况。

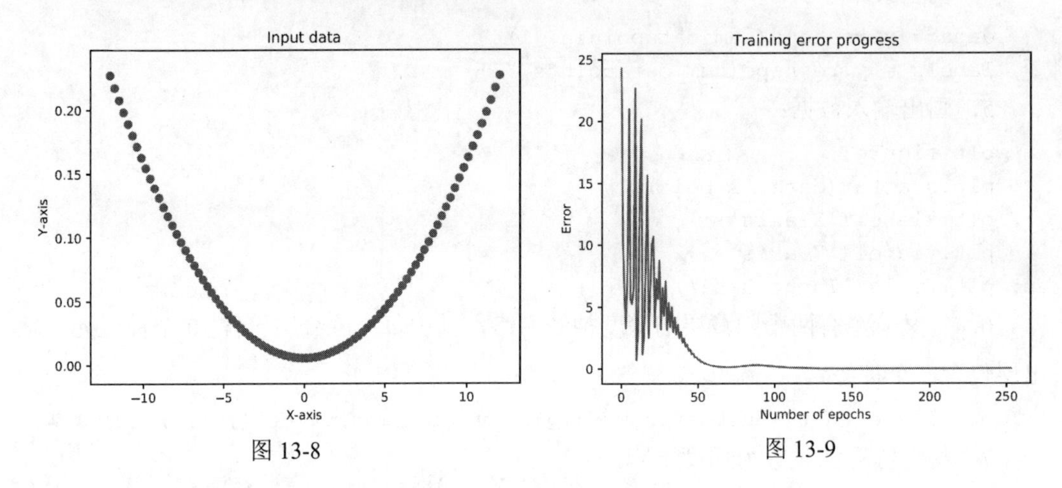

图 13-8　　　　图 13-9

14．图 13-10 显示的是神经网络的输出结果。

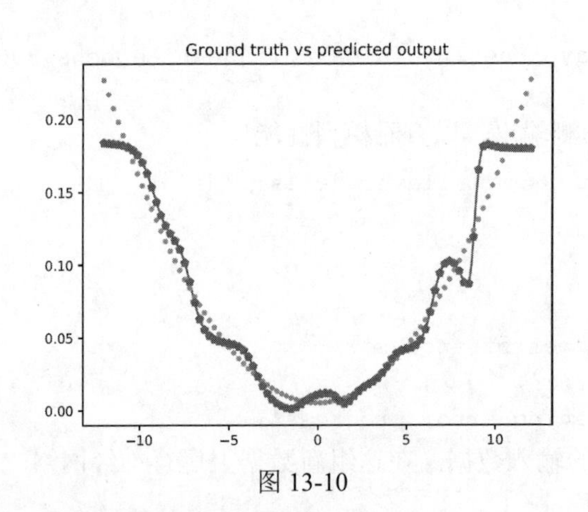

图 13-10

终端上将看到下面的输出：

```
Epoch: 100; Error: 4.634764957565494;
Epoch: 200; Error: 0.7675153737786798;
Epoch: 300; Error: 0.21543996465118723;
Epoch: 400; Error: 0.027738499953293118;
Epoch: 500; Error: 0.019145948877988192;
Epoch: 600; Error: 0.11296232736352653;
Epoch: 700; Error: 0.03446237629842832;
Epoch: 800; Error: 0.03022668735279662;
```

```
The maximum number of train epochs is reached
```

13.5.3 工作原理

本节我们使用生成的训练数据来训练一个具有两个隐藏层的多层深度神经网络。训练模型使用了梯度下降算法。梯度下降是用于在任何学习模型中更正误差的迭代方法。梯度下降方法使用误差和激活函数的导数的乘积来迭代更新权重和偏差（反向传播）。在这种方法中，最陡的下降步长被与前一步相似的大小所取代。梯度是激活函数的导数，它也是曲线的斜率。

13.5.4 更多内容

在每一步找出梯度下降的目的是找到最小的整体代价，它的误差是最小的。这也是模型对数据最好的拟合，并且预测也会更加准确。

13.6 创建向量量化器

也可以使用神经网络来进行向量量化。向量量化是四舍五入法的 N 维版本，它在计算机视觉、自然语言处理或更概括地说在机器学习等领域都有很多应用。

13.6.1 准备工作

在 4.4 节和 10.9 节中，我们已经介绍过向量量化的概念。本节将定义一个有两个网络层的神经网络——包含 10 个神经元的输入层和包含 4 个神经元的输出层，然后使用这个网络把空间划分成 4 个区域。

在开始前，需要先改一下库中的 bug，请打开文件 `neurolab|net.py`，并找到这行代码：

```
inx = np.floor (cn0 * pc.cumsum ()). astype (int)
```

将它替换成：

```
inx = np.floor (cn0 * pc.cumsum ())
```

13.6.2 详细步骤

创建向量量化器的方法如下。

1．创建一个新的 Python 文件并导入下面的程序包（完整的代码包含在本书提供的 vector_quantization.py 文件中）：

```
import numpy as np
import matplotlib.pyplot as plt
import neurolab as nl
```

2．从 data_vq.txt 文件中加载输入数据：

```
input_file = 'data_vq.txt'
input_text = np.loadtxt(input_file)
data = input_text[:, 0:2]
labels = input_text[:, 2:]
```

3．定义一个两层的学习向量量化（learning vector quantization）神经网络，最后一个数组参数指明了每个输出的权重比（总和应为 1）：

```
net = nl.net.newlvq(nl.tool.minmax(data), 10, [0.25, 0.25, 0.25, 0.25])
```

4．训练 LVQ 神经网络：

```
error = net.train(data, labels, epochs=100, goal=-1)
```

5．创建用于测试和可视化的数据值网格：

```
xx, yy = np.meshgrid(np.arange(0, 8, 0.2), np.arange(0, 8, 0.2))
xx.shape = xx.size, 1
yy.shape = yy.size, 1
input_grid = np.concatenate((xx, yy), axis=1)
```

6．在网格上评估网络：

```
output_grid = net.sim(input_grid)
```

7．定义数据的 4 个类别：

```
class1 = data[labels[:,0] == 1]
class2 = data[labels[:,1] == 1]
class3 = data[labels[:,2] == 1]
class4 = data[labels[:,3] == 1]
```

8．定义所有这些类别的网格：

```
grid1 = input_grid[output_grid[:,0] == 1]
grid2 = input_grid[output_grid[:,1] == 1]
grid3 = input_grid[output_grid[:,2] == 1]
grid4 = input_grid[output_grid[:,3] == 1]
```

9．画出输出：

```
plt.plot(class1[:,0], class1[:,1], 'ko', class2[:,0], class2[:,1],
'ko', class3[:,0], class3[:,1], 'ko', class4[:,0], class4[:,1], 'ko')
plt.plot(grid1[:,0], grid1[:,1], 'b.', grid2[:,0], grid2[:,1], 'gx',
grid3[:,0], grid3[:,1], 'cs', grid4[:,0], grid4[:,1], 'ro')
```

```
plt.axis([0, 8, 0, 8])
plt.xlabel('X-axis')
plt.ylabel('Y-axis')
plt.title('Vector quantization using neural networks')
plt.show()
```

运行代码，可以看到图 13-11 所示的输出，其中空间被划分成了区域，每个区域对应于空间中向量量化区域列表中的一个桶（bucket）。

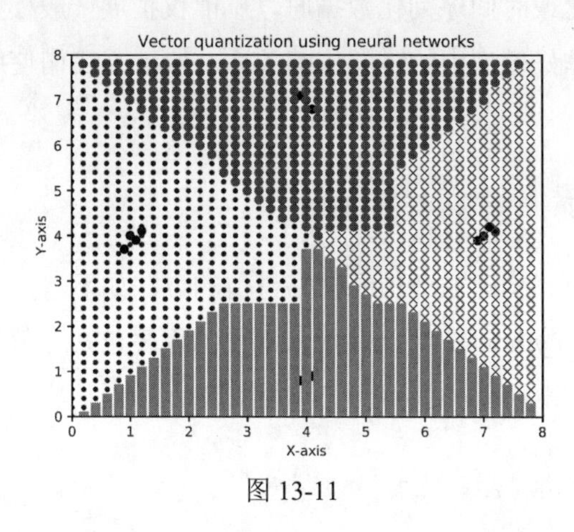

图 13-11

13.6.3 工作原理

这一节我们定义了一个两层的神经网络，其中的输入层有 10 个神经元，输出层有 4 个神经元。首先训练神经网络，然后用它将空间划分成 4 个区域，每个区域对应于空间中向量量化区域列表中的一个 bucket。

13.6.4 更多内容

向量量化基于将大量的数据点（向量）集合划分成不同的组，组中数据点彼此靠近并且数量相同，每个组都由质心区别，这和大多数的聚类算法相同。

13.7 为序列数据分析构建循环神经网络

循环神经网络非常擅于分析序列化数据和时间序列化数据。循环神经网络（Recurrent neural network，RNN）是一个信息双向流动的神经网络模型。换句话说，前馈网络中信号的传播是只在从输入到输出这一个方向上持续发生的。循环网络与此不同，在循环网络中，信号可以从一个神经层传播到它前面的神经层，或者在同一层的神经元之间传播，甚至可以在神经元上自我传递。

13.7.1　准备工作

当我们处理序列化或时间序列化数据时，不能仅扩展一般模型，数据中的时间依赖非常重要，我们要维护好模型中的时间依赖关系。接下来我们使用 neurolab 库构建一个循环神经网络。

13.7.2　详细步骤

为序列化数据分析、构建循环神经网络模型的方法如下。

1．创建一个新的 Python 文件，并导入下面的程序包（完整的代码包含在本书提供的 `recurrent_network.py` 文件中）：

```
import numpy as np
import matplotlib.pyplot as plt
import neurolab as nl
```

2．定义一个函数，基于输入参数创建波形：

```
def create_waveform(num_points):
    # 创建训练样本
    data1 = 1 * np.cos(np.arange(0, num_points))
    data2 = 2 * np.cos(np.arange(0, num_points))
    data3 = 3 * np.cos(np.arange(0, num_points))
    data4 = 4 * np.cos(np.arange(0, num_points))
```

3．为每个间隔创建不同的振幅来创建不同波形：

```
# 创建不同振幅的波形
amp1 = np.ones(num_points)
amp2 = 4 + np.zeros(num_points)
amp3 = 2 * np.ones(num_points)
amp4 = 0.5 + np.zeros(num_points)
```

4．把数据组合起来创建输出数据，输出数据是和输入数据对应的，振幅则对应了标签：

```
    data = np.array([data1, data2, data3, data4]).reshape(num_points *
4, 1)
    amplitude = np.array([[amp1, amp2, amp3, amp4]]).reshape(num_points
```

```
* 4, 1)

    return data, amplitude
```

5．定义一个函数，将数据传入训练好的神经网络后，用这个函数画出输出数据：

```
# 使用函数画出输出数据
def draw_output(net, num_points_test):
    data_test, amplitude_test = create_waveform(num_points_test)
    output_test = net.sim(data_test)
    plt.plot(amplitude_test.reshape(num_points_test * 4))
    plt.plot(output_test.reshape(num_points_test * 4))
```

6．定义main函数，并开始创建样本数据：

```
if __name__=='__main__':
    # 获取数据
    num_points = 30
    data, amplitude = create_waveform(num_points)
```

7．创建两层的神经网络：

```
    # 创建两层的神经网络
    net = nl.net.newelm([[-2, 2]], [10, 1], [nl.trans.TanSig(),
nl.trans.PureLin()])
```

8．为每一层设置初始化函数：

```
# 设置初始化函数并进行初始化
net.layers[0].initf = nl.init.InitRand([-0.1, 0.1], 'wb')
net.layers[1].initf= nl.init.InitRand([-0.1, 0.1], 'wb')
net.init()
```

9．训练循环神经网络：

```
# 训练循环神经网络
error = net.train(data, amplitude, epochs=1000, show=100, goal=0.01)
```

10．为训练数据计算网络输出结果：

```
# 计算网络输出结果
output = net.sim(data)
```

11．画出训练误差：

```
# 画出训练误差
plt.subplot(211)
plt.plot(error)
plt.xlabel('Number of epochs')
plt.ylabel('Error (MSE)')
```

12．画出结果：

```
plt.subplot(212)
plt.plot(amplitude.reshape(num_points * 4))
```

```
plt.plot(output.reshape(num_points * 4))
plt.legend(['Ground truth', 'Predicted output'])
```

13．创建一个随机长度的波形，检测神经网络是否可以正确预测：

```
# 在多个尺度上对未知数据进行测试
plt.figure()

plt.subplot(211)
draw_output(net, 74)
plt.xlim([0, 300])
```

14．创建长度稍短些的波形并检测网络是否能正确预测：

```
plt.subplot(212)
draw_output(net, 54)
plt.xlim([0, 300])

plt.show()
```

运行代码，可以看到两幅输出图。图 13-12 显示的是训练误差和训练数据上的性能。图 13-13 显示的是训练好的循环神经网络在任意长度的序列化数据上的表现。

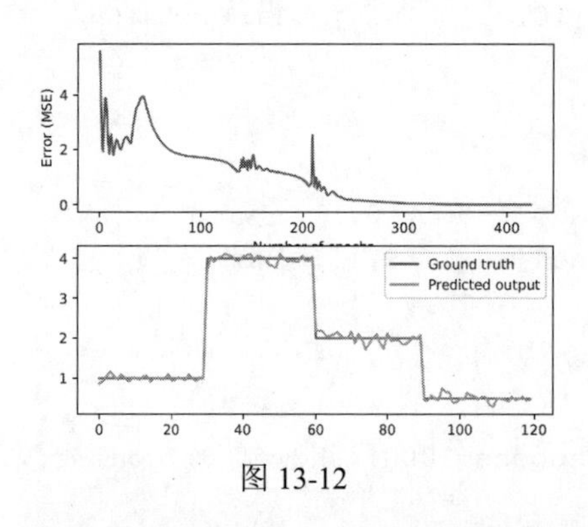

图 13-12

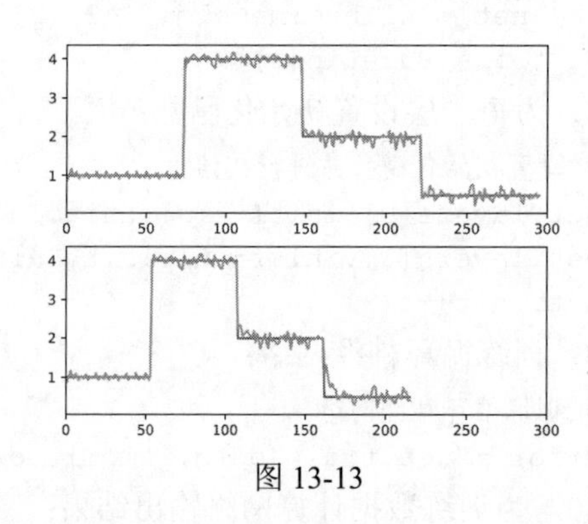

图 13-13

终端上将会看到下面的输出结果：

```
Epoch: 100; Error: 1.2635865600014597;
Epoch: 200; Error: 0.4001584483592344;
Epoch: 300; Error: 0.06438997423142029;
Epoch: 400; Error: 0.03772354900253485;
Epoch: 500; Error: 0.031996105192696744;
Epoch: 600; Error: 0.011933337009068408;
Epoch: 700; Error: 0.012385370178600663;
Epoch: 800; Error: 0.01116995004102195;
Epoch: 900; Error: 0.011191016373572612;
Epoch: 1000; Error: 0.010584255803264013;
The maximum number of train epochs is reached
```

13.7.3　工作原理

本节我们首先创建了具有波形特征的人工信号，即可以显示出波在某给定时刻的形状的曲线。然后我们构建了一个循环神经网络，来检测其对随机长度的波形的预测效果。

13.7.4　更多内容

循环网络和前馈网络不同，它用反馈回路关联到过去的决策，因此接受它们的即时输出作为输入。这个特征也可以表述成，循环网络是有记忆的。序列中存在信息，这些信息被用来执行前馈网络不能执行的任务。

13.8　可视化 OCR 数据库字符

接下来看看如何使用神经网络进行光学字符（Optical Character Recognition，OCR）的识别。光学字符识别指的是识别图像中的手写字符的过程。为了进行简单的人机交互，我们一直很关注手写体自动识别的问题。特别是最近几年，由于强大的经济效益和现代计算机数据处理能力的增长，这个问题得到了有趣的发展并出现了越来越高效的解决方案。特别是，某些国家在科研和财力上都做了大量的投入，以求开发出最先进的 OCR 工具和应用。

13.8.1　准备工作

本节我们将显示数据集包含的手写数字。使用的数据集可以从异步社区下载，下载后默认的文件名是 letter.data。首先，来看看如何和数据交互并可视化。

13.8.2　详细步骤

下面看看如何可视化 OCR 数据库中的字符。

1. 创建一个新的 Python 文件，并导入下面的库（完整的代码包含在本书提供的 `visualize_characters.py` 文件中）：

```
import cv2
import numpy as np
```

2．定义输入文件名称：

```
# 加载输入数据并定义文件名称
input_file = 'letter.data'
```

3．定义可视化参数：

```
# 定义可视化参数
scaling_factor = 10
start_index = 6
end_index = -1
h, w = 16, 8
```

4．循环迭代文件直到用户按下 Esc 键，将行拆分成以 Tab 键分隔的字符：

```
# 保持循环，直到按下 Esc 键
with open(input_file, 'r') as f:
    for line in f.readlines():
        data = np.array([255*float(x) for x in
line.split('\t')[start_index:end_index]])
```

5．将数组调整成需要的形状，然后调整大小并显示：

```
        img = np.reshape(data, (h,w))
        img_scaled = cv2.resize(img, None, fx=scaling_factor,
fy=scaling_factor)
        cv2.imshow('Image', img_scaled)
```

6．如果用户按下了 Esc 键，终止循环：

```
c = cv2.waitKey()
if c == 27:
    break
```

运行代码，可以看到一个展示字符的窗体。

13.8.3　工作原理

本节展示了包含在数据集中的手写数字，并执行了以下任务：

- 加载输入数据；
- 定义可视化参数；
- 保持循环，直到用户按下 Esc 键。

13.8.4　更多内容

解决 OCR 问题的方法基本上有两种：一种基于模式匹配或模型比较，另一种基于结构化分析。通常会组合使用这两种技术，从而给出识别和速度方面都让人称赞的结果。

13.9 使用神经网络构建光学字符识别器

在了解了如何和数据交互后，让我们构建一个基于神经网络的 OCR 系统。图像的分类和索引操作都基于图像内容的自动化分析，而图像内容分析构成了图像分析的主要应用领域。自动化图像识别系统的目标主要在于通过数学模型和计算机实现对图像内容的描述，所有这些一直以来的尝试，都在尽可能尊重人类的视觉系统。

13.9.1 准备工作

本节将构建一个基于神经网络的 OCR 系统。

13.9.2 详细步骤

使用神经网络构建光学字符识别器的方法如下。

1．创建一个新的 Python 文件，并导入下面的包（完整的代码包含在本书提供的 ocr.py 文件中）：

```
import numpy as np
import neurolab as nl
```

2．定义输入文件名称：

```
input_file = 'letter.data'
```

3．当所用的神经网络要处理大量数据时，就会花费很长的时间进行训练。为了演示如何构建系统，我们只取 20 个数据点：

```
num_datapoints = 20
```

4．观察数据，将会发现前 20 行包含了 7 个不同的字符，下面定义这 7 个字符：

```
orig_labels = 'omandig'
num_output = len(orig_labels)
```

5．使用 90%的数据进行训练，剩余 10%的数据用于测试：

```
num_train = int(0.9 * num_datapoints)
num_test = num_datapoints - num_train
```

6．指定数据文件中每行的起始和结束的索引值：

```
start_index = 6
end_index = -1
```

7．创建数据集：

```
data = []
labels = []
with open(input_file, 'r') as f:
    for line in f.readlines():
        # 以 Tab 键分隔行
        list_vals = line.split('\t')
```

8．加入一个错误检查，确认字符是否包含在标签的列表中（如果标签不在原始标签列表中，则略过这个标签）：

```
if list_vals[1] not in orig_labels:
    continue
```

9．提取标签，并将其添加到主列表的后面：

```
label = np.zeros((num_output, 1))
label[orig_labels.index(list_vals[1])] = 1
labels.append(label)
```

10．提取字符，并将其添加到主列表的后面：

```
cur_char = np.array([float(x) for x in list_vals[start_index:end_index]])
data.append(cur_char)
```

11．当有足够数据时，退出循环：

```
if len(data) >= num_datapoints:
    break
```

12．把数据转换成 NumPy 数组：

```
data = np.asfarray(data)
labels = np.array(labels).reshape(num_datapoints, num_output)
```

13．提取数据的维度信息：

```
num_dims = len(data[0])
```

14．将神经网络在训练数据上训练 10 000 轮：

```
net = nl.net.newff([[0, 1] for _ in range(len(data[0]))], [128, 16,
num_output])
net.trainf = nl.train.train_gd
error = net.train(data[:num_train,:], labels[:num_train,:], epochs=10000,
show=100, goal=0.01)
```

15．为测试数据预测输出：

```
predicted_output = net.sim(data[num_train:, :])
print("Testing on unknown data:")
for i in range(num_test):
    print("Original:", orig_labels[np.argmax(labels[i])])
    print("Predicted:", orig_labels[np.argmax(predicted_output[i])])
```

16. 运行代码，终端上将看到下面的输出：

```
Epoch: 5000; Error: 0.03217853060353633 6;
Epoch: 5100; Error: 0.023122560947574727;
Epoch: 5200; Error: 0.040615342668364626;
Epoch: 5300; Error: 0.01686314983574041;
The goal of learning is reached
```

神经网络的输出如下所示：

```
Testing on unknown data:
Original: o
Predicted: o
Original: m
Predicted: m
```

13.9.3 工作原理

本节我们用神经网络进行了手写数字的识别，执行的任务包括：

- 加载和操作输入数据；
- 创建数据集；
- 把数据和标签转换成 NumPy 数组；
- 提取维度信息；
- 创建并训练神经网络；
- 为测试数据预测输出结果。

13.9.4 更多内容

手写识别（HandWriting Recognition，HWR）这个术语指的是用计算机从不同来源（如纸质文档、照片或触摸屏等）接收和理解智能文本输入的能力。手写文本可以通过光学扫描或智能文本识别技术从纸张上检测。

13.10 用 ANN 实现优化算法

到目前为止，我们构建了几个神经网络并获得了满意的整体性能。我们使用损失函数来评估模型的性能，这是一种数学的方式，可以测量出预测的错误程度。为了改善基于神经网络的模型的性能，在训练期间，我们将对权重做出修改以最小化损失函数，从而让模型预测结果尽可能地准确。为此，需要使用优化器。优化器是调整模型参数的算法，它们根据损失函数返回的值来更新权重。实际上，优化器通过调整权重来将模型塑造成最精确的形式：损失函数会告知优化器调整方向是对的还是错的。

13.10.1　准备工作

本节将使用 Keras 库构建一个神经网络，并采用几种优化器来改善模型的性能。我们会用到鸢尾花数据集，这是个多元数据集，由英国的统计学家和生物学家罗纳德·费舍尔在他 1936 年发表的论文“The use of multiplemeasurements in taxonomic problems as an example of linear discriminant analysis”中引入。

13.10.2　详细步骤

用人工神经网络（Artificial Neural Network，ANN）实现优化算法的方法如下。

1．创建一个新的 Python 文件，并导入下面的程序包（完整的代码包含在本书提供的 `IrisClassifier.py` 文件中）：

```
from sklearn.datasets import load_iris
from sklearn.model_selection import train_test_split
from sklearn.preprocessing import OneHotEncoder
from keras.models import Sequential
from keras.layers import Dense
```

2．从 `sklearn` 数据集中导入数据：

```
IrisData = load_iris()
```

3．将数据划分为输入和目标：

```
X = IrisData.data
Y = IrisData.target.reshape(-1, 1)
```

对于目标数据，数据被转换成了单列。

4．用 one-hot 编码对类别标签编码：

```
Encoder = OneHotEncoder(sparse=False)
YHE = Encoder.fit_transform(Y)
```

5．把数据划分成训练数据和测试数据：

```
XTrain, XTest, YTrain, YTest = train_test_split(X, YHE, test_size=0.30)
```

6．构建模型：

```
model = Sequential()
```

7. 加入 3 个神经网络层——输入层、隐藏层和输出层：

```
model.add(Dense(10, input_shape=(4,), activation='relu'))
model.add(Dense(10, activation='relu'))
model.add(Dense(3, activation='softmax'))
```

8. 编译模型：

```
model.compile(optimizer='SGD',loss='categorical_crossentropy',
metrics=['accuracy'])
```

这里传入了 3 个参数。

- `optimizer='SGD'`：随机梯度下降优化器，包括对动量优化、随机梯度衰减和 Nesterov 动量优化的支持。
- `loss='categorical_crossentropy'`：这里参数的值是 `categorical_crossentropy`。使用这个参数设置时，目标应该是类别格式的（本例共有 3 类；每个样本的目标必须是一个三维向量，对应样本类别的数据位为 1，其他都应为 0）。
- `metrics=['accuracy']`：`metric` 是用于评估模型训练和测试性能的函数。

9. 下面来训练模型：

```
model.fit(XTrain, YTrain, verbose=2, batch_size=5, epochs=200)
```

10. 最后，使用全新的数据来测试模型：

```
results = model.evaluate(XTest, YTest)
print('Final test set loss:' ,results[0])
print('Final test set accuracy:', results[1])
```

返回的结果如下：

```
Final test set loss: 0.17724286781416998
Final test set accuracy: 0.9555555568801032
```

11. 接下来看看如果使用一个不同的优化器会怎样。需要在编译方法中修改一下优化器参数：

```
model.compile(optimizer='adam',loss='categorical_crossentropy',
metrics=['accuracy'])
```

adam 优化器是对随机目标函数执行一阶梯度优化的算法，该算法基于适应性低阶矩估计。

修改优化器后，返回的结果如下：

```
Final test set loss: 0.0803464303414027
Final test set accuracy: 0.9777777777777777
```

13.10.3 工作原理

在 13.5 节中讲过，随机梯度是用于更正任意模型误差的迭代方法。梯度下降方法使用误差和激活函数的导数的乘积来迭代更新权重和偏差（反向传播）。在这种方法中，最陡的下降步长被与前一步相似的大小所取代。梯度是激活函数的导数，它也是曲线的斜率。SGD 优化器就是基于梯度下降法的。

13.10.4 更多内容

优化问题往往很复杂，因为不能用解析法确定解。复杂度主要是由变量的个数和约束造成的，这决定了问题的规模。复杂度还和可能出现的非线性函数有关。解析解只有在少数变量和非常简单的函数的情况下才是可能的。在实践中，为了解决优化问题，必须采用迭代算法，即计算程序。在给出解的当前近似下，用适当的操作序列确定一个新的近似解。这样就可以从初始近似解开始，直到求出最优解。

第 14 章 无监督表示学习

本章将涵盖以下内容：

- 用降噪自动编码器检测欺诈交易；
- 用 CBOW 和 skipgram 表示生成词嵌入；
- 用 PCA 和 t-SNE 可视化 MNIST 数据；
- 使用词嵌入进行推特情感分析；
- 用 scikit-learn 实现 LDA；
- 用 LDA 对文本文档分类；
- 为 LDA 准备数据。

14.1 需要的文件

本章用到了下列文件（可通过 GitHub 下载）：

- `CreditCardFraud.py`；
- `creditcard.csv`；
- `WordEmbeddings.py`；
- `MnistTSNE.py`；
- `TweetEmbeddings.py`；
- `Tweets.csv`；
- `LDA.py`；
- `TopicModellingLDA.py`；

- `PrepDataLDA.py`。

14.2　简介

在第 4 章中，我们已经处理过无监督学习的问题。我们已讲过，无监督学习是机器学习中的一个范式，它不依赖于有标签的训练数据。为什么要重新回到这个话题？这回，我们将用无监督学习的方式讨论数据的学习表示问题，如图像、视频和自然语言的语料库这些数据。

14.3　用降噪自动编码器检测欺诈交易

在第 4 章中，我们已经接触过自动编码器的内容。在 4.10 节，我们构造了一个神经网络，它的目标是把输入编码成较小的维度，获取的结果可以重构出输入本身。自动编码器的目的并非只是为了对输入进行某种压缩，或者寻找近似的恒等函数，还有一些技术让我们可以引导模型（从降维的隐藏层开始）对某些数据属性给予更大的重视。

14.3.1　准备工作

本节我们将训练自动编码器以无监督模式检测信用卡交易数据中存在的异常。为此，需要使用信用卡欺诈检测数据集。这个数据集包含了异常的信用卡交易数据，数据被标记为欺诈或真实。数据集列出的是欧洲的信用卡持卡人于 2013 年 9 月份进行的信用卡交易。数据集共包含 284 807 条交易记录，其中的 492 条是标记为欺诈的交易数据。数据集是高度不平衡的，因为正类（欺诈）只占了所有交易的 0.172%。数据集可以在 Kaggle 官网搜索 Credit Card Frand Detection 上下载。

14.3.2　详细步骤

用降噪自动编码器检测欺诈交易的方法如下。

1. 创建一个新的 Python 文件并导入下面的程序包（完整的代码包含在本书提供的 `CreditCardFraud.py` 文件中）：

```
import pandas as pd
import numpy as np
import matplotlib.pyplot as plt
from sklearn.model_selection import train_test_split
from keras.models import Model
from keras.layers import Input, Dense
from keras import regularizers
```

2. 为了让实验可重现，即每次重新实验时能给出相同的结果，必须设置随机数种子：

```
SetSeed = 1
```

3. 本例将使用本书提供的信用卡欺诈检测数据集（creditcard.csv）：

```
CreditCardData = pd.read_csv("creditcard.csv")
```

4. 计算两类数据的频数（fraud= 1; normal=0）：

```
CountClasses = pd.value_counts(CreditCardData['Class'], sort = True)
print(CountClasses)
```

返回的结果如下：

```
0 284315
1 492
```

如同预料的那样，数据集高度不平衡——正类（frauds）只占了 492/284315。

5. 在所有变量中，交易数量（Amount）是最有趣的一个，我们算下统计值：

```
print(CreditCardData.Amount.describe())
```

返回的结果如下：

```
count 284807.000000
mean      88.349619
std      250.120109
min        0.000000
25%        5.600000
50%       22.000000
75%       77.165000
max    25691.160000
```

6. 由统计值可以看出，数值差异很大，导致标准差很高，因而最好对数据进行缩放。请记住，在训练机器学习算法前对数据进行缩放是一个最佳实践。由于缩放后消除了数据单位，所以可以轻松地比较不同度量的数据。这里需要用到 sklearn 库的 StandardScaler()函数，该函数去除均值并把数据缩放为单位变量：

```
from sklearn.preprocessing import StandardScaler

Data = CreditCardData.drop(['Time'], axis=1)
```

```
Data['Amount'] =
StandardScaler().fit_transform(Data['Amount'].values.reshape(-1, 1))

print(Data.Amount.describe())
```

返回的结果如下：

```
count     2.848070e+05
mean      2.913952e-17
std       1.000002e+00
min      -3.532294e-01
25%      -3.308401e-01
50%      -2.652715e-01
75%      -4.471707e-02
max       1.023622e+02
```

可以确认数据缩放后的均值为 0，转成了单位变量。

7．接下来把数据划分成两个数据集：训练数据集（70%）和测试数据集（30%）。训练数据集用于训练分类模型，测试数据集用于测试模型的性能：

```
XTrain, XTest = train_test_split(Data, test_size=0.3, random_state=
SetSeed)
XTrain = XTrain[XTrain.Class == 0]

XTrain = XTrain.drop(['Class'], axis=1)

YTest = XTest['Class']
XTest = XTest.drop(['Class'], axis=1)

XTrain = XTrain.values
XTest = XTest.values
```

8．下面构建 Keras 模型：

```
InputDim = XTrain.shape[1]

InputModel = Input(shape=(InputDim,))
EncodedLayer = Dense(16, activation='relu')(InputModel)
DecodedLayer = Dense(InputDim, activation='sigmoid')(EncodedLayer)
AutoencoderModel = Model(InputModel, DecodedLayer)
AutoencoderModel.summary()
```

模型的结构如图 14-1 所示。

9．接下来配置训练模型使用的参数，需要调用 compile()方法：

```
NumEpoch = 100
BatchSize = 32
```

```
AutoencoderModel.compile(optimizer='adam', loss='mean_squared_error',
metrics=['accuracy'])
```

```
Layer (type)                 Output Shape              Param #
=================================================================
input_11 (InputLayer)        (None, 29)                0
_________________________________________________________________
dense_27 (Dense)             (None, 16)                480
_________________________________________________________________
dense_28 (Dense)             (None, 29)                493
=================================================================
Total params: 973
Trainable params: 973
Non-trainable params: 0
```

图 14-1

10．这时可以训练模型了：

```
history = AutoencoderModel.fit(XTrain, XTrain, epochs=NumEpoch, batch_
size=BatchSize, shuffle=True, validation_data=(XTest, XTest), verbose=1,).
history
```

11．接下来画出损失函数的历史数据来评估模型的收敛情况：

```
plt.plot(history['loss'])
plt.plot(history['val_loss'])
plt.title('model loss')
plt.ylabel('loss')
plt.xlabel('epoch')
plt.legend(['train', 'test'], loc='upper right');
```

12．现在，使用模型重构出交易结果：

```
PredData = AutoencoderModel.predict(XTest)
mse = np.mean(np.power(XTest - PredData, 2), axis=1)
ErrorCreditCardData = pd.DataFrame({'Error': mse, 'TrueClass': YTest})
ErrorCreditCardData.describe()
```

为了评估预测质量，我们使用了均方误差（Mean Squared Error，MSE）损失函数来评估模型。均方误差度量的是误差平方的平均值，即预测值和真实值差的平方的平均值。MSE 是估计器质量的度量，它总是非负的，并且接近于 0。接下来我们计算一些跟误差和真实值相关的统计值，得到的结果如图 14-2 所示。

13．现在，可以把分类结果和真实值进行比较了。最好的比较方式是使用混淆矩阵。在混淆矩阵中，可以把预测结果和真实数据进行对比。一个好的混淆矩阵能识别出分类误差的类型和数量，矩阵对角单元格显示的是正确分类的样本数，其他的单元格显示的是错误分类的样本数。为了计算混淆矩阵，需要调用包含在 sklearn.metrics 包中的 confusion_matrix()函数：

```
from sklearn.metrics import confusion_matrix

threshold = 3.
YPred = [1 if e > threshold else 0 for e in ErrorCreditCardData.Error.
values]

ConfMatrix = confusion_matrix(ErrorCreditCardData.TrueClass, YPred)
print(ConfMatrix)
```

	Error	TrueClass
count	85443.000000	85443.000000
mean	0.626414	0.001580
std	3.109587	0.039718
min	0.021684	0.000000
25%	0.182318	0.000000
50%	0.307632	0.000000
75%	0.513372	0.000000
max	250.801476	1.000000

图 14-2

返回的结果如下：

```
[[83641  1667]
 [ 28     107]]
```

14. 最后来计算模型的准确率：

```
from sklearn.metrics import accuracy_score

print(accuracy_score(ErrorCreditCardData.TrueClass, YPred))
```

得到的准确率如下：

```
0.9801622134054282
```

结果看起来很不错。不过不幸的是输入数据集是高度不平衡的，如果只评估欺诈交易的准确率，数据就显著变少了。

14.3.3 工作原理

现在存在不同类型的自动编码器，具体如下。

- Vanilla 自动编码器：最简单形式的编码器，只有 3 层网络，即除输入层和输出层外只有一个隐藏层的神经网络。
- 多层自动编码器：如果一个隐藏层不够用，那么可以在深度上扩展自动编码器。比如，为了得到更好的泛化性，使用 3 个隐藏层，但我们也必须使用中间层来创建对称网络。

- 卷积自动编码器：使用三维向量代替一维向量，对输入图像采样并获取潜在表示，即维度约简，从而迫使自动编码器从图像的压缩版本中学习。
- 正则自动编码器：相比通过维护浅层的编码器和解码器结构来限制模型的容量，或强制约简，正则化自动编码器会使用损失函数来促使模型学习出更有效的编码，而不是简单地把输入复制到输出。

14.3.4　更多内容

实际上，存在下面两种不同类型的编码器。

- 稀疏自动编码器：常用于分类问题。训练自动编码器时，中间层的隐藏单元被频繁激活。为了避免这一点，需要通过限制训练数据的比例来降低这些单元的激活率。这种约束称为稀疏约束（sparsity constraint），因为每个单元只会被预定义类型的输入激活。
- 降噪自动编码器：除了为损失函数加入惩罚项，也可以修改对象，向输入图像中加入噪声，让自动编码器自己学习去除噪声。这意味着网络将只提取最相关的信息，并从数据的鲁棒表示中学习。

14.4　用 CBOW 和 skipgram 表示生成词嵌入

在第 7 章中，我们已经接触出这个主题。在 7.14 节，我们使用了 gensim 库构建 word2vec 模型。现在，我们继续深入探讨这个主题。词嵌入允许计算机存储来自未知语料的单词的语义和句法信息，并构造出向量空间，如果单词出现在相同的语言学环境中，就是说如果它们被认为语义上更加类似，那么它们在向量空间中就越靠近。

14.4.1　准备工作

本节将使用 gensim 库生成词嵌入，并分析用于生成词嵌入的两种技术：CBOW 和 skipgram 表示。

14.4.2　详细步骤

用 CBOW 和 skipgram 表示生成词嵌入的方法如下。

1．创建一个新的 Python 文件并导入下面的程序包（完整的代码包含在本书提供的 WordEmbeddings.py 文件中）：

```
import gensim
```

2．定义训练数据：

```
sentences = [['my', 'first', 'book', 'with', 'Packt', 'is', 'on',
'Matlab'],
             ['my', 'second', 'book', 'with', 'Packt', 'is', 'on','R'],
             ['my', 'third', 'book', 'with', 'Packt', 'is', 'on','Python'],
             ['one', 'more', 'book'],
             ['is', 'on', 'Python', 'too']]
```

3．接下来训练第一个模型：

```
Model1 = gensim.models.Word2Vec(sentences, min_count=1, sg=0)
```

这里用到了 3 个参数，具体如下。

- sentences：训练数据。
- min_count = 1：训练模型时考虑的最少单词个数。
- sg = 0：训练算法，0 表示 CBOW，1 表示 skipgram。

4．打印出模型的概要：

```
print(Model1)
```

返回的结果如下：

```
Word2Vec(vocab=15, size=100, alpha=0.025)
```

5．把字典数据转换成列表并打印出概要信息：

```
wordsM1 = list(Model1.wv.vocab)
print(wordsM1)
```

返回的结果如下：

```
['my', 'first', 'book', 'with', 'Packt', 'is', 'on', 'Matlab',
'second', 'R', 'third', 'Python', 'one', 'more', 'too']
```

6．最后，看看单词 book 的向量表示：

```
print(Model1.wv['book'])
```

返回的结果如图 14-3 所示。

```
[ 2.9973486e-03 -2.1124829e-03  3.7657898e-03 -1.9050670e-03
 -5.5578595e-04  4.4527398e-03  3.5046584e-03 -1.1438223e-03
  6.0215552e-04 -4.7409125e-03  6.5806962e-04 -3.1985594e-03
  4.9693016e-03 -4.6585896e-03  3.9025352e-03  1.8993361e-03
 -3.1448407e-03 -3.9996076e-03 -8.3503849e-04  3.0914405e-03
  1.9336957e-03 -3.3351057e-03 -2.9735183e-03  2.7546713e-03
 -3.3761256e-03 -9.1228267e-04  3.2378505e-03  1.5043288e-03
  2.4148268e-03  2.5566125e-03  4.3902192e-03  2.9606789e-03
  3.2952502e-03  5.1441148e-04  4.9631284e-03  9.9989376e-04
  7.8822329e-04 -1.9999940e-03 -3.2441963e-03  3.4300482e-03
 -3.6022202e-03  1.4991680e-05 -2.6601211e-03  6.7162287e-04
 -3.7157589e-03  8.3351281e-04  4.1153287e-03  1.7590256e-03
  2.8772959e-03 -4.8740720e-03  4.2099557e-03 -3.3802991e-03
  6.6956610e-04 -6.9876245e-05  2.5645932e-03 -1.9160225e-03
  3.7302410e-03  4.5263176e-03  3.9929748e-03  2.4912667e-03
  1.7155730e-03  2.6570156e-03  4.7879852e-03 -2.6194321e-03
 -2.6944634e-03 -6.9214404e-04 -1.3537740e-03 -1.8741252e-04
  2.7855171e-03 -4.8087412e-03  4.6137013e-03  4.8322077e-03
 -4.5008543e-03  2.3164917e-03 -1.3799219e-03  3.4371777e-03
 -2.3554889e-03 -3.6085211e-03 -1.2845232e-03  3.0950166e-03
 -8.2744996e-04  1.9454588e-03 -3.5008623e-03  1.1105792e-03
  2.0449003e-03  1.3874291e-03 -2.0715776e-03  3.7589835e-03
  2.3339926e-03 -2.6291853e-03  7.2893663e-04 -3.3051639e-03
 -3.7970208e-04 -3.9213565e-03 -2.4992733e-03 -6.0153619e-04
  4.3616220e-03  4.7860332e-03 -2.0897989e-03 -5.8777170e-04]
```

图 14-3

7. 使用 skipgram 算法时，执行的是相似的过程，不过要把参数 sg 设为 1：

```
Model2 = gensim.models.Word2Vec(sentences, min_count=1, sg=1)
```

14.4.3 工作原理

Word2vec 使用连续词袋模型（Continuous Bag-Of-Word，CBOW）和 skipgram 来表示生成词嵌入。在 CBOW 算法中，模型从环境词窗口预测中心词，上下文单词的顺序不会影响预测结果。在 skipgram 算法中，模型使用中心词预测上下文窗口中的周围词。

14.4.4 更多内容

CBOW 和 skipgram 对于生僻词都具有很好的预测效果，但 skipgram 的表现更好。

14.5 用 PCA 和 t-SNE 可视化 MNIST 数据

对于重要维度的数据集的情况，数据事先被转换成了表示函数的约简系列。把输入数据转换成一组功能的过程称为特征提取。特征是从原始的测量数据中提取的，并生成了保留原始数据集信息的衍生值，同时去除了冗余数据。

进行了特征提取后，后续的学习和生成阶段就会更加容易，在某些情况下，会促成更好的解析。特征提取是从原始特征中提取出新特征的过程，这可以减少特征度量的成本，并提高分类器效率。如果仔细选择特征，我们认为特征集合可以使用约简的表示来运行期望的任务，而不是使用完整的输入。

14.5.1　准备工作

本节将使用主成分分析（Principal Component Analysis，PCA）和 t 分布邻域嵌入（t-distributed Stochastic Neighbor Embedding，t-SNE）算法来执行特征提取过程。这样，我们就可以可视化出大型数据集（如 MNIST）中的不同元素是如何分组的。

14.5.2　详细步骤

用 PCA 和 t-SNE 可视化 MNIST 数据的方法如下。

1．创建一个新的 Python 文件并导入下面的程序包（完整的代码包含在本书提供的 `MnistTSNE.py` 文件中）：

```
import numpy as np
import matplotlib.pyplot as plt
from keras.datasets import mnist
```

2．使用下面的代码导入 `mnist` 数据集：

```
(XTrain, YTrain), (XTest, YTest) = mnist.load_data()
```

代码返回了下面几个元组。

- `XTrain,XTest`：`uint8` 类型的数组，形状为（`num_samples, 28, 28`）的灰度图像数据。
- `YTrain,YTest`：`uint8` 类型的数组，形状为（`num_samples`）的数字标签，范围为 0～9。

3．为了降低维度，把 28×28 的图像扁平化为长度为 784 的一维向量：

```
XTrain = XTrain.reshape((len(XTrain), np.prod(XTrain.shape[1:])))
XTest = XTest.reshape((len(XTest), np.prod(XTest.shape[1:])))
```

4．为获取更好的可视化效果，这里只提取大型数据集中的一部分数据（只提取 1000 个记录）：

```
from sklearn.utils import shuffle
XTrain, YTrain = shuffle(XTrain, YTrain)
XTrain, YTrain = XTrain[:1000], YTrain[:1000]
```

5．执行 `pca` 分析：

```
from sklearn.decomposition import PCA
pca = PCA(n_components=2)
```

```
XPCATransformed = pca.fit_transform(XTrain)
```

6．显示新的可用数据：

```
fig, plot = plt.subplots()
fig.set_size_inches(70, 50)
plt.prism()
plot.scatter(XPCATransformed[:, 0], XPCATransformed[:, 1], c=YTrain)
plot.legend()
plot.set_xticks(())
plot.set_yticks(())
plt.tight_layout()
```

返回的结果如图 14-4 所示。

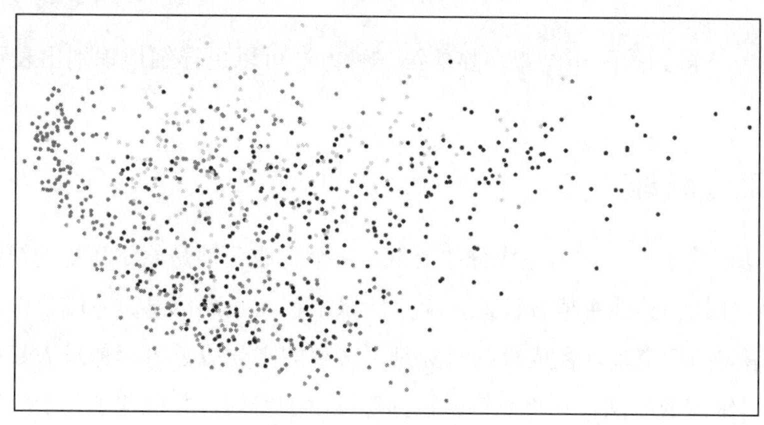

图 14-4

7．现在，用 t-SNE 方法再来重复一遍这个过程：

```
from sklearn.manifold import TSNE
TSNEModel = TSNE(n_components=2)
XTSNETransformed = TSNEModel.fit_transform(XTrain)
```

8．显示新的可用数据：

```
fig, plot = plt.subplots()
fig.set_size_inches(70, 50)
plt.prism()
plot.scatter(XTSNETransformed[:, 0], XTSNETransformed[:, 1], c=YTrain)
plot.set_xticks(())
plot.set_yticks(())
plt.tight_layout()
plt.show()
```

返回的结果如图 14-5 所示。

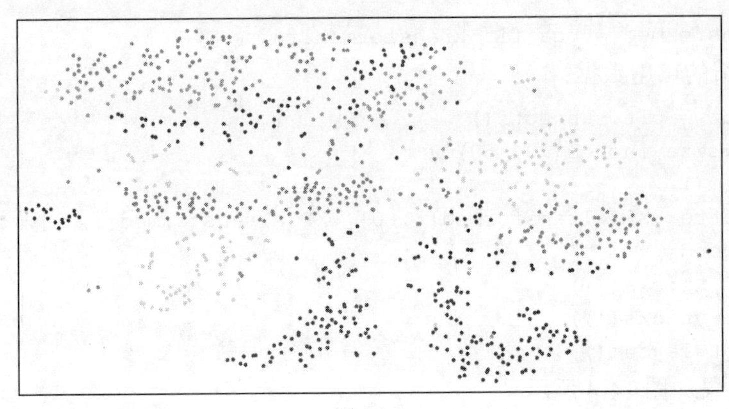

图 14-5

9．比较一下得到的两组结果，显然第二种方法可以更详细地识别出表示不同数字的组。

14.5.3　工作原理

PCA 方法创建了一组称为主成分的变量，每个主成分都是原始变量的线性组合。因为所有的主成分都和其他主成分彼此正交，所以不存在冗余信息。主成分作为一个整体构成了数据空间的正交基。主成分的目标是用最少的主要成分来解释最大数量的方差。PCA 是一种多维缩放方法，它将变量转换到低维度的空间，并保留了关于变量的最大程度的细节信息。因而主成分就是原始变量经过线性变换后的组合。

t-SNE 是由杰弗里·辛顿和劳伦斯·范德马滕开发的降维算法，作为自动学习工具在多个领域得到了广泛的使用。T-SNE 是一种非线性的维度约简技术，特别适合二维或单位空间中的高维数据集的嵌入，并可以通过散点图可视化。该算法对点进行建模，使得原始空间中邻近的对象在降维后也互相靠近，距离较远的对象降维后也互相远离，从而尽量保留局部的结构。

14.5.4　更多内容

t-SNE 算法有两个阶段，在第一个阶段构造出一个概率分布，原始高维空间中相似的两个点被赋予一个较高的概率，而不相似的两个点则被赋予一个较低的概率。然后，在第二个较小的空间中定义出一个相似的概率分布。之后算法通过梯度下降法最小化两个分布的 KL 散度，以此重新组织低维度空间中的点。

14.6 使用词嵌入进行推特情感分析

在第 7 章中，我们已经处理过情感分析的问题。在 7.10 节中，我们使用普通贝叶斯分类器对包含在 movie_reviews 语料中的数据做了语句情感分析。那一节曾说过，情感分析是 NLP 最流行的应用之一。情感分析是指判断给定的一段文本是正类还是负类的过程。在有些情况下，会把“中性”（neutral）作为第三类。

14.6.1 准备工作

在本节中，我们将使用词嵌入方法来分析美国一些航空公司顾客推文的情感。推特数据的分类基于一些参与者的意见。这些参与者要首先将推文分为正类、负类或中性，并给出分类的原因。相关的数据集请在 Kaggle 官网的 Twitter US Airline Sentiment 页面下载。

14.6.2 详细步骤

使用词嵌入进行情感分析的方法如下。

1. 创建一个新的 Python 文件，并导入下面的程序包（完整的代码包含在本书提供的 TweetEmbeddings.py 文件中）：

```
import pandas as pd
import numpy as np
import matplotlib.pyplot as plt
from sklearn.model_selection import train_test_split
from keras.preprocessing.text import Tokenizer
from keras.preprocessing.sequence import pad_sequences
from keras.utils.np_utils import to_categorical
from sklearn.preprocessing import LabelEncoder
from keras import models
from keras import layers
```

2. 导入 Tweets 数据集（本书提供的文件 Tweets.csv），使用的代码如下：

```
TweetData = pd.read_csv('Tweets.csv')
TweetData = TweetData.reindex(np.random.permutation(TweetData.index))
TweetData = TweetData[['text', 'airline_sentiment']]
```

这里只提取出两列。

- text：推文。
- airline_sentiment：正类、中性或负类。

3．下面把起始数据划分成两个组：训练集（70%）和测试集（30%）。训练数据集用于训练分类模型，测试数据集用于测试模型性能：

```
XTrain, XTest, YTrain, YTest = train_test_split(TweetData.text,
TweetData.airline_sentiment, test_size=0.3, random_state=11)
```

4．接下来把单词转换成数字：

```
TkData = Tokenizer(num_words=1000, filters='!"#$%&()*+,-./:;<=>?@[\]^_
`{"}~\t\n',lower=True, split=" ")
TkData.fit_on_texts(XTrain)
XTrainSeq = TkData.texts_to_sequences(XTrain)
XTestSeq = TkData.texts_to_sequences(XTest)
```

这里调用了 Tokenizer、fit_on_texts 和 texts_to_sequences 方法。

5．为把输入数据转换成 Keras 兼容的模式，将使用 pad_sequences 模型。这个方法把序列列表（标量列表）转换成二维的 NumPy 数组：

```
XTrainSeqTrunc = pad_sequences(XTrainSeq, maxlen=24)
XTestSeqTrunc = pad_sequences(XTestSeq, maxlen=24)
```

6．下面把目标类别转换成数字：

```
LabelEnc = LabelEncoder()
YTrainLabelEnc = LabelEnc.fit_transform(YTrain)
YTestLabelEnc = LabelEnc.transform(YTest)
YTrainLabelEncCat = to_categorical(YTrainLabelEnc)
YTestLabelEncCat = to_categorical(YTestLabelEnc)
```

7．构建 Keras 模型：

```
EmbModel = models.Sequential()
EmbModel.add(layers.Embedding(1000, 8, input_length=24))
EmbModel.add(layers.Flatten())
EmbModel.add(layers.Dense(3, activation='softmax'))
```

嵌入层输入的是一个形状为（batch_size，sequence_length）的二维张量，其中每个入口都是整数序列，这一层返回了一个形状为（batch_size，sequence_length，output_dim）的三维张量。

8．接下来编译并拟合创建好的模型：

```
EmbModel.compile(optimizer='rmsprop', loss='categorical_crossentropy',
metrics=['accuracy'])
```

```
EmbHistory = EmbModel.fit(XTrainSeqTrunc, YTrainLabelEncCat, epochs=100,
batch_size=512, validation_data=(XTestSeqTrunc, YTestLabelEncCat),
verbose=1)
```

9. 打印出模型的准确率以评估模型的性能：

```
print('Train Accuracy: ', EmbHistory.history['acc'][-1])
print('Validation Accuracy: ', EmbHistory.history['val_acc'][-1])
```

返回的结果如下：

```
Train Accuracy: 0.9295472287275566
Validation Accuracy: 0.7625227688874486
```

10. 最后，画出模型的历史信息：

```
plt.plot(EmbHistory.history['acc'])
plt.plot(EmbHistory.history['val_acc'])
plt.title('model accuracy')
plt.ylabel('accuracy')
plt.xlabel('epoch')
plt.legend(['train', 'Validation'], loc='upper left')
plt.show()
```

返回的图如图 14-6 所示。

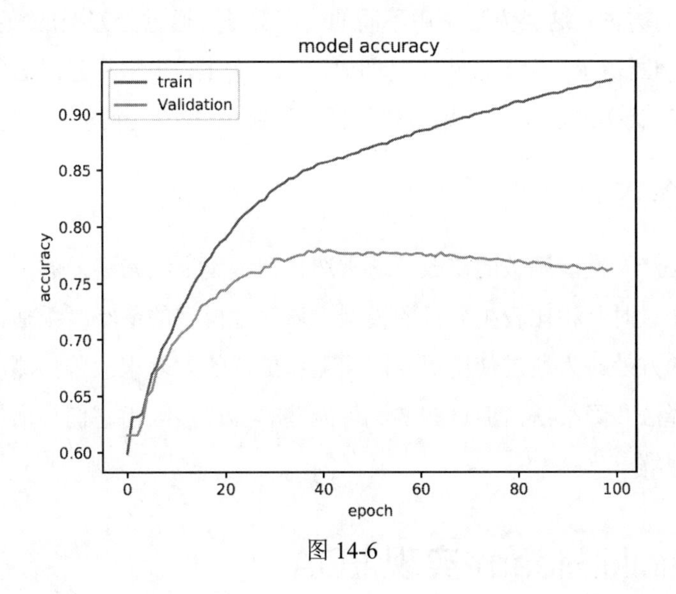

图 14-6

分析一下验证损失的曲线，发现模型过拟合了。为处理过拟合问题，如 1.13 节所介绍的，需要使用正则化方法。

14.6.3　工作原理

术语情感分析（sentiment analysis）指的是使用自然语言处理技术、文本分析和计算语言学来识别和提取出书面或口语文本中的主观信息。情感分析可以使用不同的方法处理，最常使用的方法可以分成 4 大类（参见科洛姆 A、卡特 C、茹瓦约 D、哈桑 O 和布鲁尼 L 在 2014 年发表的论文："A Study and Comparison of Sentiment Analysis Methods for Reputation Evaluation"）。

- 基于情感词典的方法：这类方法检测情感关键词，并为词汇赋予一个可能表示的情绪的关联值。
- 基于规则的方法：这类方法使用情感类别对文本进行分类，它们基于文中出现的情感含义明确的词如 happy、sad 和 bored 等。
- 统计方法：这类方法尝试识别出情感的所有者，即，主体是谁，客体或情感感受的对象是什么。为了在语境中衡量意见，找出判断特征，我们需要检查文本中单词间的语法关系。这通过对文本的全面扫描获取。
- 机器学习方法：这类方法使用不同的学习算法，通过分好类的数据集（有监督方法）来判断情感。学习过程不是即时的，事实上，模型构建时必须把情感和不同类型的评论关联起来，如果必要的话，还必须建立一个分析目的的主题。

14.6.4　更多内容

正则化方法涉及性能函数的修改，通常选择训练集上回归误差的平方和。当模型拥有较多数量的变量时，相比较少变量的模型，该线性模型的最小二乘估计通常具有较低的偏差和较高的方差。为通过使用更高的偏差和更低的方差来改善预测准确率，我们可以使用变量选择法和降维法，但这些方法可能并非首选，因为它们会增加计算负担，并且也会更难于理解。

14.7　用 scikit-learn 实现 LDA

隐狄利克雷分配（Latent Dirichlet allocation，LDA）模型是一个用于自然语言研究的生成模型。LDA 让我们得以从一组源文档中提取出主题，并对文档各部分的相似度提供逻辑解释。每个文档都被认为是一组词，当它们组合在一起时，就形成了隐含主题的一个或更多的子集。每个主题都有特定的术语分布。

14.7.1 准备工作

本节将使用 sklearn.decomposition.LatentDirichletAllocation 函数生成标记计数的特征矩阵，这和 CountVectorizer 函数（在 7.7 节中用到过）对文本生成的内容类似。

14.7.2 详细步骤

用 scikit-learn 实现 LDA 的方法如下。

1. 创建一个新的 Python 文件，并导入下面的程序包（完整的代码包含在已给出的 LDA.py 文件中）：

```
from sklearn.decomposition import LatentDirichletAllocation
from sklearn.datasets import make_multilabel_classification
```

2. 下面使用 sklearn.datasets.make_multilabel_classification 函数生成输入数据，这个函数生成了一个随机多标签分类问题的数据，如下所示：

```
X, Y = make_multilabel_classification(n_samples=100, n_features=20,
n_classes=5, n_labels=2, random_state=1)
```

返回的数据如下。

- X：生成的样本数据，形状为[n_samples, n_features]的数组。
- Y：标签集合，形状为[n_samples, n_classes]的稀疏 CSR 矩阵数组。

本例用不到 Y 数据集，我们这里使用的是无监督方法，并不需要提前知道数据标签。

3. 下面构建 LatentDirichletAllocation()模型（使用在线变分贝叶斯算法）：

```
LDAModel = LatentDirichletAllocation(n_components=5, random_state=1)
```

传入了两个参数，具体如下。

- n_components=5：主题数为 5，因为我们使用的输入数据有 5 个基本组。
- random_state=1：随机数生成器种子。

4. 接下来用变分贝叶斯方法为数据集 X 训练模型：

```
LDAModel.fit(X)
```

5. 最后，打印出数据集 X 的最后 10 个样本的主题：

```
print(LDAModel.transform(X[-10:]))
```

返回的结果如图 14-7 所示。

```
[[0.00446534 0.56017529 0.00444546 0.00448087 0.42643304]
 [0.00473608 0.23609134 0.00480174 0.11751968 0.63685116]
 [0.00465339 0.00467568 0.0046488  0.40054602 0.5854761 ]
 [0.0036422  0.00367292 0.00365825 0.00368085 0.98534578]
 [0.00391229 0.45669382 0.00393234 0.53151557 0.00394598]
 [0.49615403 0.49076604 0.00435414 0.00435434 0.00437146]
 [0.00371638 0.0824078  0.00375522 0.90637378 0.00374683]
 [0.00359108 0.41826357 0.00361352 0.00361033 0.57092149]
 [0.00475393 0.00476904 0.00473842 0.25953364 0.72620497]
 [0.00345123 0.98611337 0.0034578  0.00349065 0.00348694]]
```

图 14-7

对于作为输入的每个样本，都返回了一个 5 个值的序列，表示样本属于各组主题的概率。显然，值接近于 1 表示了最可能的概率。

14.7.3　工作原理

LDA 算法的生成过程基于对文本包含的数据的分析。单词组合被认为是随机变量。LDA 算法可以以下面的方式执行：

- 和每个主题相关的单词分布；
- 每个文档都在一个主题分布中被找到；
- 对于文档中的每个单词，验证其对主题文档和主题单词分布的归属。

14.7.4　更多内容

根据推断的类型，LDA 算法在时间和空间复杂度上都取得了相当高的效率水平和成本优势。LDA 模型在戴维·布雷、吴恩达和迈克尔·乔丹于 2003 年发表的一篇论文中被首次提出。

14.8　用 LDA 对文本文档分类

LDA 是一种自然语言分析模型，它通过分析带有特定主题或实体的文档的术语分布的相似性来了解文本的语义。

14.8.1　准备工作

本节将使用 `sklearn.decomposition.LatentDirichletAllocation` 函数

进行主题建模分析。

14.8.2 详细步骤

用 LDA 对文本文档分类的方法如下。

1．创建一个新的 Python 文件，定义一个类来创建隐马尔可夫模型（完整的代码包含在本书提供的 TopicModellingLDA.py 文件中）：

```
from sklearn.feature_extraction.text import CountVectorizer
from sklearn.decomposition import LatentDirichletAllocation
from sklearn.datasets import fetch_20newsgroups
```

2．使用 sklearn 库的 fetch_20newsgroups 数据集导入数据：

```
NGData = fetch_20newsgroups(shuffle=True, random_state=7, remove=
('headers', 'footers', 'quotes'))
```

这是一个收集了 20 000 份新闻组文档的集合，共划分成 20 个不同的新闻组。当处理文本分类问题时这个数据集特别有用。

3．下面打印出这些新闻组的名字：

```
print(list(NGData.target_names))
```

返回的结果如下：

```
['alt.atheism', 'comp.graphics', 'comp.os.ms-windows.misc',
'comp.sys.ibm.pc.hardware', 'comp.sys.mac.hardware',
'comp.windows.x', 'misc.forsale', 'rec.autos', 'rec.motorcycles',
'rec.sport.baseball', 'rec.sport.hockey', 'sci.crypt',
'sci.electronics', 'sci.med', 'sci.space',
'soc.religion.christian', 'talk.politics.guns',
'talk.politics.mideast', 'talk.politics.misc',
'talk.religion.misc']
```

4．数据中共有 11 314 个样本，这里只提取 2000 个：

```
NGData = NGData.data[:2000]
```

5．下面提取文档词项矩阵，这基本上是一个统计文档中所有单词频数的矩阵。定义对象，并提取 DTM 矩阵：

```
NGDataVect = CountVectorizer(max_df=0.93, min_df=2, max_features=1000,
stop_words='english')

NGDataVectModel = NGDataVect.fit_transform(NGData)
```

6．接下来构建 LDA 模型（使用在线变分贝叶斯算法）：

```
LDAModel = LatentDirichletAllocation(n_components=10, max_iter=5,
```

```
learning_method='online', learning_offset=50., random_state=0)
```

7. 使用变分贝叶斯方法为数据 NGDataVectModel 训练模型：

```
LDAModel.fit(NGDataVectModel)
```

8. 最后，打印提取出的主题：

```
NGDataVectModelFeatureNames = NGDataVect.get_feature_names()

for topic_idx, topic in enumerate(LDAModel.components_):
    message = "Topic #%d: " % topic_idx
    message += " ".join([NGDataVectModelFeatureNames[i]
    for i in topic.argsort()[:-20 - 1:-1]])
    print(message)
```

返回的结果如图 14-8 所示。

```
Topic 0: ax max b8f pl g9v 1d9 a86 34u 145 3t 0t 2tm wm 1t giz bhj 7ey sl bxn gk
Topic 1: key encryption chip keys des clipper security bit algorithm public law
         use used ripem number data escrow product enforcement cipher
Topic 2: people don just think god like does know say believe time good make way
         did said really right ve things
Topic 3: price 00 car sale new 50 excellent edu 20 condition shipping offer best
         asking old tape interested hard used send
Topic 4: cancer medical air hiv health research aids gun 800 care number center
         10 volume patients insurance page dr disease april
Topic 5: file use like edu program output windows thanks know available mail ftp
         does files need info don email help good
Topic 6: 55 10 18 11 17 40 14 12 24 15 16 period 34 pp 25 13 19 28 widget 20
Topic 7: new space people information university like time 1993 years available
         service know work public use center internet program technology nasa
Topic 8: drive card master slave mode video drives screen problem pin use driver
         16 bus jumper using disk apple scsi memory
Topic 9: game play team year games got season dod power bike second good like
         just right win great hit puck flyers
```

图 14-8

14.8.3　工作原理

主题建模指的是识别文本数据隐藏模式的过程，目标是揭示出一些文档集合中隐藏的主题结构。这有助于我们更好地组织文档，从而进行文档分析。主题建模是自然语言处理研究的一个热门领域。

不必解释句子的含义，LDA 自动分析就可以通过与知识库（Knowledge Base，KB）的共现关联以追溯到短语的主题。

14.8.4　更多内容

这里，棣莫弗（de Finettis）定理确保了任何可随机交换的变量集合都可以表示成一个混合分布，因而如果想对单词和文档进行交换表示，就有必要考虑对捕获两者可交换性的混合。LDA 模型根植于这一基础的思想方法。

14.9　为 LDA 准备数据

在 14.8 节中，你已经了解了如何使用 LDA 算法进行主题建模，在构建算法之前，必须对数据集进行恰当的处理，以转换成和 LDA 模型输入数据兼容的格式。本节将深入分析这一过程。

14.9.1　准备工作

本节，我们将分析对包含在特定数据集中的数据进行转换所需的过程。梳理后的数据将用作基于 LDA 方法的算法的输入。

14.9.2　详细步骤

为 LDA 预处理数据的过程如下。

1．这个例子的代码有点长，因此这里我们只介绍一些重要的函数。完整的代码包含在本书给出的 PrepDataLDA.py 文件中。下面先定义一个用于提取特征的类：

```
from nltk.tokenize import RegexpTokenizer
from stop_words import get_stop_words
from nltk.stem.porter import PorterStemmer
from gensim import corpora, models
```

2．定义一系列想从中提取主题的句子：

```
Doc1 = "Some doctors say that pizza is good for your health."
Doc2 = "The pizza is good to eat, my sister likes to eat a good
pizza, but not to my brother."
Doc3 = "Doctors suggest that walking can cause a decrease in blood
pressure."
Doc4 = "My brother likes to walk, but my sister don't like to walk."
Doc5 = "When my sister is forced to walk for a long time she feels
an increase in blood pressure."
Doc6 = "When my brother eats pizza, he has health problems."
```

在刚定义的句子中，存在用不同方式重复的主题。要在它们之间建立联系并不容易。

3．把这些句子插入列表中：

```
DocList = [Doc1, Doc2, Doc3, Doc4, Doc5, Doc6]
```

4．设置转换过程需要用到的元素：

```
Tokenizer = RegexpTokenizer(r'\w+')
EnStop = get_stop_words('en')
PStemmer = PorterStemmer()
Texts = []
```

5．用一个循环在列表上迭代，对所有句子进行转换：

```
for i in DocList:
```

6．接下来开始准备数据。标记化（tokenization）是把文本划分成一组语义片段的过程，这些语义片段称为标记（token）。例如，我们可以把短文本分成单词或分成句子。下面从句子的标记化处理开始：

```
raw = i.lower()
Tokens = Tokenizer.tokenize(raw)
```

7．接下来去除那些无意义的词。在典型的英语句子中，有些单词在构造主题模型时起不到什么作用，这些词称为停用词（stop word），需要将其从标记列表中移除。根据操作的上下文不同，停用词也会有所变化。下面来去掉这些停用词：

```
StoppedTokens = [i for i in Tokens if not i in EnStop]
```

8．数据准备的最后一步是词干提取，词干提取的目标是把不同形式的单词削减成共同的基础形式。我们使用探索式过程截去单词的末尾部分，从而提取出单词的基本形式。代码如下：

```
StemmedTokens = [PStemmer.stem(i) for i in StoppedTokens]
```

9．把得到的元素加入到文本列表：

```
Texts.append(StemmedTokens)
```

10．下面把标记列表转换成字典：

```
Dictionary = corpora.Dictionary(Texts)
```

11．接下来使用标记化了的文档构建文档词项矩阵：

```
CorpusMat = [Dictionary.doc2bow(text) for text in Texts]
```

12．最后，构建 LDA 模型，并打印提取的主题：

```
LDAModel = models.ldamodel.LdaModel(CorpusMat, num_topics=3, id2word = Dictionary, passes=20)
print(LDAModel.print_topics(num_topics=3, num_words=3))
```

返回的结果如下：

```
[(0, '0.079*"walk" + 0.079*"blood" + 0.079*"pressur"'),
 (1, '0.120*"like" + 0.119*"eat" + 0.119*"brother"'),
 (2, '0.101*"doctor" + 0.099*"health" + 0.070*"pizza"')]
```

14.9.3 工作原理

数据准备对创建主题模型非常关键，准备数据要历经下面几个过程。

- 标记化：把文档转换为原子元素。
- 停用词：去除无意义词。
- 词干提取：提取出意义相同的基本词形。

14.9.4 更多内容

数据准备依赖于我们要处理的文本的类型。在某些情况下，在把数据提交给 LDA 算法之前，必须先对数据预处理，比如，去掉标点符号或者特殊字符等。

第 15 章 自动机器学习与迁移学习

本章将涵盖以下内容：

- Auto-WEKA；
- 用 AutoML 工具 TPOT 生成机器学习管道；
- Auto-Keras；
- auto-sklearn；
- 用 MLBox 进行功能选择和泄漏检测；
- 用卷积神经网络进行迁移学习；
- 将 ResNet-50 作预训练图像分类器以进行迁移学习；
- 将 VGG16 模型作特征提取器进行迁移学习；
- 用预训练的 GloVe 嵌入模型进行迁移学习。

15.1 技术要求

本章中用到了下列文件（可通过 GitHub 下载）：

- `TPOTIrisClassifier.py`；
- `AKClassifier.py`；
- `MLBoxRegressor.py`；
- `ASKLClassifier.py`；
- `ImageTransferLearning.py`；
- `PretrainedImageClassifier.py`；

- `ExtractFeatures.py`;
- `PTGloveEMB.py`。

15.2 简介

自动机器学习（Automated Machine Learning，AutoML）指的是应用机器学习解决真实问题的一系列过程自动化的应用。通常，在把数据提交给机器学习算法前，科学分析人员要先通过初步的过程对数据进行处理。前面的章节已经介绍了通过算法对数据执行适当的分析时必要的步骤，以及借助一些工具库基于深度神经网络来构建模型是多么简单。在某些情况下，这些技能超出了分析师所拥有的技能，分析师必须寻求行业专家的支持才能解决这个问题。

AutoML 的产生，源于对创建可以自动化整个机器学习过程的应用的需求，以使用户可以利用这些服务。通常，机器学习专家必须执行下面的任务：

- 准备数据；
- 选择特征；
- 选择合适的模型种类；
- 选择和优化模型超参数；
- 机器学习模型的后处理；
- 分析得到的结果。

AutoML 自动化处理所有上述操作。自动化处理的优点是可以生成更加容易和快速构建的解决方案，这些解决方案通常优于手动设计的模型。存在几种 AutoML 的框架，在后续章节，我们将逐步进行介绍。

15.3 Auto-WEKA

Auto-WEKA 是全部用 Java 写成的一个软件环境。WEKA 是怀卡托智能分析环境（Waikato Environment for Knowledge Analysis）的英文首字母缩写，是新西兰怀卡托大学研发的一款机器学习软件。WEKA 软件是开源的，发布在 GNU 公共许可证下。使用 Auto-WEKA 可以构建出很多基于机器学习的模型。

不过，每种算法都有自己的超参数，并可能大大影响算法的性能。研究人员的任务是找出最大化模型性能的参数组合。Auto-WEKA 自动解决学习算法的选择和超参数设置的问题。

15.3.1　准备工作

本节将介绍如何仅通过 3 个主要步骤就能轻松使用 Auto-WEKA。使用它前要先完成安装。

15.3.2　详细步骤

使用 Auto-WEKA 的主要步骤如下。

1. 创建实验定义并实例化：这一步，要指定使用的数据集和执行的超参数搜索类型。然后，实验将被完整地实例化，以便 Auto-WEKA 可以识别出要使用的分类器。在这一阶段，Auto-WEKA 把所有路径转换为绝对路径。

2. 实验执行：Auto-WEKA 通过对多个随机数种子运行相同的实验来使用多个核，唯一的要求是所有的实验都要有类似的文件系统。

3. 分析阶段：当 Auto-WEKA 使用基于模型的优化方法时，会生成优化算法识别出的给定时间上最优的超参数轨道。最简单的分析方式是，检查所有种子查找出的最优超参数，并使用训练好的模型对一个新的数据集进行预测。

15.3.3　工作原理

为了选择学习算法和设置超参数，Auto-WEKA 使用了完全自动化的方法，利用了最近贝叶斯优化方面的创新。

15.3.4　更多内容

Auto-WEKA 是第一个采用贝叶斯优化来自动实例化一个高度参数化的机器学习框架的库。其后，其他的库也开始应用了自动机器学习技术。

15.4　用 AutoML 工具 TPOT 生成机器学习管道

TPOT 是 Python 的自动化机器学习工具，它使用遗传编程来优化机器学习管道。在人工智能领域，遗传算法是演变算法的一部分。演变算法使用的技术借鉴了自然界的演变过程，用以发现问题的解决方案。问题的解决方案是通过迭代过程进行的，这个过程不断选择和重新组合越来越多改善过的方案，直到达到一定的优化标准。在遗传算法中，解决方案集合被进化压力推向给定的目标。

15.4.1 准备工作

本节将介绍如何使用 TPOT 构建对来自鸢尾花数据集的鸢尾花种（山鸢尾、弗吉尼亚鸢尾、变色鸢尾）进行分类的最优性能模型。在使用 TPOT 前，需要先进行安装。

15.4.2 详细步骤

使用自动化机器学习工具 TPOT 生成机器学习管道的方法如下。

1．创建一个新的 Python 文件并导入下面的程序包（完整的代码包含在本书给出的 `edge_detector.py` 文件中）：

```
from tpot import TPOTClassifier
from sklearn.datasets import load_iris
from sklearn.model_selection import train_test_split
import numpy as np
```

2．导入鸢尾花数据集 iris：

```
IrisData = load_iris()
```

3．下面划分数据集：

```
XTrain, XTest, YTrain, YTest =
train_test_split(IrisData.data.astype(np.float64), IrisData.target.astype
(np.float64), train_size=0.70, test_size=0.30)
```

4．接下来构建分类器：

```
TpotCL = TPOTClassifier(generations=5, population_size=50, verbosity=2)
```

5．然后训练模型：

```
TpotCL.fit(XTrain, YTrain)
```

6．在新数据上应用模型并评估性能：

```
print(TpotCL.score(XTest, YTest))
```

7．最后，导出模型管道：

```
TpotCL.export('TPOTIrisPipeline.py')
```

运行代码，可以看到返回的管道测试准确率达到了 97%。

15.4.3　工作原理

TPOT 通过将表达式树的灵活表示与随机搜索算法（如遗传算法）相结合，来自动化机器学习管道的构建。在本节中，我们学习了如何使用 TPOT 搜索对来自鸢尾花数据集 iris 的鸢尾花进行分类的最优管道。

15.4.4　更多内容

TPOT 以 scikit-learn 为基础构建，因而所有生成的代码看起来都很熟悉，代码扩展了前面章节对 scikit-learn 库的应用。TPOT 是一个非常活跃的开发平台，有持续的更新。

15.5　Auto-Keras

Auto-Keras 是自动机器学习的开源软件库，致力于提供易于访问的深度学习模型。Auto-Keras 具有许多让我们可以自动设置深度模型架构和参数的特征。它容易使用，安装简单，还有大量可供参考的实例，因而是一个非常流行的框架。Auto-Keras 是由德州 A&M 大学的数据实验室和社区贡献者开发的。

15.5.1　准备工作

本节将介绍如何使用 Auto-Keras 库对手写数字归类。安装 Auto-Keras 包可以使用 pip 命令：

```
$ pip install autokeras
```

写作本书时，Auto-Keras 仅与 Python 3.6 兼容。详细的安装过程可以参考 Auto-Keras 官方网站。

15.5.2　详细步骤

使用 Auto-Keras 的方法如下。

1. 创建一个新的 Python 文件并导入下面的程序包（完整的代码包含在本书提供的 AKClassifier.py 文件中）：

```
from keras.datasets import mnist
import autokeras as ak
```

2. 导入 MNIST 数据库：

```
(XTrain, YTrain), (XTest, YTest) = mnist.load_data()
```

3. 在定义分类器前，调整输入数据中数组的形状：

```
XTrain = XTrain.reshape(XTrain.shape + (1,))
XTest = XTest.reshape(XTest.shape + (1,))
```

4. 下面来构建分类器：

```
AKClf = ak.ImageClassifier()
```

5. 然后训练模型：

```
AKClf.fit(XTrain, YTrain)
```

6. 最后，在未知数据（XText）上使用模型：

```
Results = AKClf.predict(XTest)
```

15.5.3 工作原理

本节使用几行代码演示了如何使用 Auto-Keras 构建一个分类器，给这个分类器提供一些手写数字图像，分类器就可以正确完成归类。

15.5.4 更多内容

Auto-Keras 让我们可以自动创建基于机器学习的算法，而不用担心训练参数的设置，就像在前面章节了解的，训练参数的设置是模型成功的关键。

15.6 auto-sklearn

auto-sklearn 基于 scikit-learn 机器学习库。它表示的是一个可以马上使用的有监督机器学习平台。auto-sklearn 可以为一个新的数据集自动化地搜索正确的机器学习算法并优化超参数。

15.6.1 准备工作

本节将介绍如何使用 auto-sklearn 构建分类器。导入数据使用的是函数 sklearn.datasets.load_digits，该函数为分类问题加载并返回数字图像数据集，其中每个数据点都是 8×8 的数字图像。

15.6.2　详细步骤

使用 auto-sklearn 的方法如下。

1. 创建一个新的 Python 文件，并导入下面的程序包（完整的代码包含在本书给出的 ASKLClassifier.py 文件中）：

```
import autosklearn.classification
import sklearn.model_selection
import sklearn.datasets
import sklearn.metrics
```

2. 导入 digits 数据集：

```
Input, Target = sklearn.datasets.load_digits()
```

3. 划分数据集：

```
XTrain, XTest, YTrain, YTest =
sklearn.model_selection.train_test_split(Input, Target, random_state=3)
```

4. 下面构建分类器：

```
ASKModel = autosklearn.classification.AutoSklearnClassifier()
```

5. 然后训练模型：

```
ASKModel.fit(XTrain, YTrain)
```

6. 最后在未知数据（XTest）上使用模型：

```
YPred = ASKModel.predict(XTest)
print("Accuracy score", sklearn.metrics.accuracy_score(YTest, YPred))
```

15.6.3　工作原理

auto-sklearn 对用 scikit-learn 实现的传统机器学习算法使用贝叶斯优化进行了参数调优，最优的机器学习算法和参数是通过自动搜索发现的。

15.6.4　更多内容

auto-sklearn 是自动化选择和优化学习模型过程的一个绝佳选择，它可以创建极其精确的机器学习模型，从而避免了选择、训练和测试不同模型的很多冗杂枯燥的工作。

15.7 用 MLBox 进行功能选择和泄漏检测

MLBox 是一个机器学习自动化库，它支持分布式数据的处理、清洗、格式化和众多的分类和回归算法。MLBox 支持极度鲁棒的功能选择和泄漏检测，也可以提供堆叠模型，即把一组模型信息组合起来，生成一个新的模型，组合后的模型比各个独立模型表现得更好。

15.7.1 准备工作

使用这个库前要先进行安装，关于系统要求和安装过程的信息，请参考 MLBox 官网。

本节将介绍使用 MLBox 建立管道必要的步骤，并使用波士顿数据集解决一个回归问题，这个数据集在第 1 章中已经使用过了。

15.7.2 详细步骤

用 MLBox 进行功能选择和泄漏检测的方法如下。

1. 创建一个新的 Python 文件，并导入下面的程序包（完整的代码包含在已给出的 `MLBoxRegressor.py` 文件中）：

```
from mlbox.preprocessing import *
from mlbox.optimisation import *
from mlbox.prediction import *
```

2. 导入数据：

```
paths = ["train.csv","test.csv"]
target_name = "SalePrice"
```

上面的代码设置了数据集路径的列表和要预测的目标的名称。

3. 读取并预处理这些文件：

```
data = Reader(sep=",").train_test_split(paths, target_name)
data = Drift_thresholder().fit_transform(data)
```

4. 评估模型的代码如下：

```
Optimiser().evaluate(None, data)
```

这里使用的是默认配置。

5. 最后，在测试数据集上进行预测：

```
Predictor().fit_predict(None, data)
```

如果要配置管道（步骤、参数、值），可以使用后续的可选步骤。

6．测试和优化整个管道，可以使用下面的代码实现：

```
space = {'ne__numerical_strategy' : {"space" : [0, 'mean']},
        'ce__strategy' : {"space" : ["label_encoding", "random_projection",
        "entity_embedding"]},
        'fs__strategy' : {"space" : ["variance", "rf_feature_importance"]},
        'fs__threshold': {"search" : "choice", "space" : [0.1, 0.2, 0.3]},

        'est__strategy' : {"space" : ["XGBoost"]},
        'est__max_depth' : {"search" : "choice", "space" : [5,6]},
        'est__subsample' : {"search" : "uniform", "space" : [0.6,0.9]}

        }

best = opt.optimise(space, data, max_evals = 5)
```

7．最后，使用下面的代码在测试集上进行预测：

```
Predictor().fit_predict(best, data)
```

15.7.3　工作原理

MLBox 使用下面的步骤来构建整个机器学习管道。

1．**预处理**：所有和预处理阶段相关的操作都使用子包 mlbox.preprocessing 执行，这个阶段读取并清洗输入文件，然后删除漂移变量。

2．**优化**：所有和优化阶段相关的操作都使用子包 mlbox.mlbox.optimisation 执行。这个阶段会优化整个管道。采用的超参数优化方法使用的是 Hyperopt 库，这个库创建了要优化的参数的高维空间，并选择了降低验证分数的参数的最佳组合。

3．**预测**：所有和预测阶段相关的操作都使用子包 mlbox.prediction 执行。这个阶段会使用测试数据集和上一阶段识别的最优超参数进行预测。

15.7.4　更多内容

MLBox 提供了先进的算法和技术，如超参数调优、模型堆叠、泄漏检测、实体嵌入、并行处理以及更多。目前 MLBox 的应用仅限于 Linux，MLBox 最初用 Python 2 开发，后来扩展到了 Python 3。

15.8 用卷积神经网络进行迁移学习

迁移学习是一种基于机器学习的方法，它利用在解决问题过程中学到的知识，来解决其他不同但相关的问题。当提供的训练数据有限时可以使用迁移学习。数据的有限性可能是由于数据很少或很难收集、标记费用昂贵或数据不可访问等原因造成的。随着数据大量出现和增长，迁移学习也得到了更频繁地应用。

卷积神经网络（Convolutional Neural Networks，CNN）本质上是人工神经网络。事实上，和人工神经网络一样，CNN 由彼此间通过权重分支相互连接的神经元组成，网络训练的参数就是权重和偏差。在 CNN 里，神经元的连接模式是受动物界视觉皮质层的结构启发构建的。存在于大脑这一部分（视觉皮质）中的单个神经元对所观察到的狭窄区域的刺激做出反应，这个狭窄区域就称为感受野（receptive field）。不同神经元的感受野会有部分重叠，从而可覆盖整个视觉范围。单个神经元在它的感受野中对刺激的反应可以在数据上近似为卷积操作。

15.8.1 准备工作

本节将使用 Keras 库中的迁移学习来构建图像识别模型，为此要用到 MobileNet 模型和 Keras 的高级神经网络 API 来训练模型，训练用的图像数据是从 Caltech256 数据集中提取的，这个数据集在第 10 章已经使用过了。Caltech256 在图像处理领域非常流行，它包含了 256 种不同类别的图像，其中每个类别都包含几千个样本。

15.8.2 详细步骤

下面就利用 Keras 库中的迁移学习来构建图像识别模型，我们会对每一步的代码进行解释。

1．创建一个新的 Python 文件，定义一个类来创建隐马尔可夫模型（完整的代码包含在本书提供的 `ImageTransferLearning.py` 文件中）：

```
from keras.layers import Dense,GlobalAveragePooling2D
from keras.applications import MobileNet
from keras.applications.mobilenet import preprocess_input
from keras.preprocessing.image import ImageDataGenerator
```

```
from keras.models import Model
```

2. 导入 MobileNet 模型，并丢弃最后 1000 个神经层：

```
BasicModel=MobileNet(input_shape=(224, 224, 3), weights='imagenet',
include_top=False)
```

3. 定义 Keras 模型架构：

```
ModelLayers=BasicModel.output
ModelLayers=GlobalAveragePooling2D()(ModelLayers)
ModelLayers=Dense(1024,activation='relu')(ModelLayers)
ModelLayers=Dense(1024,activation='relu')(ModelLayers)
ModelLayers=Dense(512,activation='relu')(ModelLayers)
OutpModel=Dense(3,activation='softmax')(ModelLayers)
```

4. 下面基于前面定义的架构构建模型：

```
ConvModel=Model(inputs=BasicModel.input,outputs=OutpModel)
```

5. 接下来进入训练阶段。由于采用了基于迁移学习的方法，所以没必要对整个模型进行训练，MobileNet 已经训练过了。把最后的稠密层定义为训练层：

```
for layer in ConvModel.layers[:20]:
    layer.trainable=False
for layer in ConvModel.layers[20:]:
    layer.trainable=True
```

6. 把训练数据加载到 ImageDataGenerator 中：

```
TrainDataGen=ImageDataGenerator(preprocessing_function=preprocess_input)
```

ImageDataGenerator 是 Keras 内置的类，它用于创建具有实时数据扩充的图像数据张量组。这些数据将被分组处理。

7. 下面定义一些依赖项和训练数据的路径：

```
TrainGenerator=TrainDataGen.flow_from_directory('training_images/',
target_size=(224,224), color_mode='rgb', batch_size=32, class_mode=
'categorical', shuffle=True)
```

8. 编译 Keras 模型：

```
ConvModel.compile(optimizer='Adam',loss='categorical_crossentropy',
metrics=['accuracy'])
```

传入的 3 个参数具体如下。

- Optimizer='adam'：随机目标函数的一阶梯度优化算法，基于低阶矩的自适应估计。
- loss='categorical_crossentropy'：使用的参数设置是 categorical_crossentropy，目标应该是类别格式（这里有 10 个类别，每个样本的目标必

须是一个 10 维的向量，除了对应样本类别的索引位外，其余索引位都为 0）。

- metrics=['accuracy']：用于评估训练和测试期间模型性能的函数。

9. 最后，定义训练和拟合模型时的步长：

```
StepSizeTrain=TrainGenerator.n//TrainGenerator.batch_size
ConvModel.fit_generator(generator=TrainGenerator, steps_per_epoch=
StepSizeTrain, epochs=10)
```

返回的结果如下：

```
Found 60 images belonging to 3 classes.
Epoch 1/10
1/1 [==============================] - 31s 31s/step - loss: 1.1935
- acc: 0.3125
Epoch 2/10
1/1 [==============================] - 21s 21s/step - loss: 2.7700
- acc: 0.5714
Epoch 3/10
1/1 [==============================] - 24s 24s/step - loss: 0.0639
- acc: 1.0000
Epoch 4/10
1/1 [==============================] - 21s 21s/step - loss: 0.2819
- acc: 0.7500
Epoch 5/10
1/1 [==============================] - 26s 26s/step - loss: 0.0012
- acc: 1.0000
Epoch 6/10
1/1 [==============================] - 21s 21s/step - loss: 0.0024
- acc: 1.0000
Epoch 7/10
1/1 [==============================] - 22s 22s/step - loss:
8.7767e-04 - acc: 1.0000
Epoch 8/10
1/1 [==============================] - 24s 24s/step - loss:
1.3191e-04 - acc: 1.0000
Epoch 9/10
1/1 [==============================] - 25s 25s/step - loss:
9.6636e-04 - acc: 1.0000
Epoch 10/10
1/1 [==============================] - 21s 21s/step - loss:
3.2019e-04 - acc: 1.0000
```

15.8.3　工作原理

本节介绍了如何使用迁移学习解决图像识别问题。通过迁移学习，可以将预训练的模型用于大型的可访问数据集，以发现输出中具有可重用特征的神经层，这一点通过把预训练模型的输出作为输入来训练一个需要更少参数的小型网络来完成。网络只需要了解预训练模型和要解决的特定问题之间的模式关系。本例使用的预训练模型是 MobileNet。

MobileNet 是谷歌提出的架构，特别适用于基于视觉的应用。和在网络中具有相同深度的普通卷积网络相比，MobileNet 使用深度可分离卷积（convolution separable in depth），可以大幅减少参数个数，因而基于 MobileNet 模型的神经网络更加轻量化。普通卷积被深度卷积取代，后面跟着的是点状卷积，即深度可分离卷积。

迁移学习过程分成以下两个阶段执行。

- 首先，几乎所有层次的神经网络在一个非常大型的和一般的数据集上进行训练，从而获取整体知识。
- 之后，我们使用特定数据集训练其余神经层，决定是否通过微调传播误差。

15.8.4　更多内容

本节使用了微调技术，事实上，我们并非简单地替换掉最后一层，也对前面的一些神经层进行了训练。在我们使用的网络中，初始的神经层用于获取一般性的功能（利用了预训练的 MobileNet 网络模型的潜力），而后续的神经层用于学习解决特定问题的经验。通过这个过程，我们冻结了前 20 层并训练了后面的网络层来满足需求。这种方法帮我们用更少的训练时间来达到更好的性能。

微调可以用下面的步骤执行。

1. 使用对类似问题经过预训练的模型，通过调整类别数将模型的输出层替换成新的输出层。

2. 权重的初始值来自预训练网络，除了那些权重随机初始化的连接层之外。

3. 针对新数据集（不必很大）的特点进行新的迭代训练（SGD）来优化权重。

在微调过程中，模型参数将被精确调整，使其拟合新的观测值。

15.9 用 ResNet-50 作预训练图像分类器进行迁移学习

残差网络（Residual Network，ResNet）架构是指，通过新的创新类型的块和残差学习的概念，让研究人员可以到达经典前馈模型由于梯度消失不可能到达的网络深度。

预训练模型是在大型数据集上进行训练的，因此可以让我们获得优异的性能。对于要解决的类似的问题就可以采用预训练的模型，以规避数据缺失问题。由于这类模型的计算成本，所以它们都是即时可用的格式。比如，Keras 库给出的如下模型：Xception、VGG16、VGG19、RestNet、ResNetV2、NesNeXt、InceptionV3、InceptionNetV2、MobileNet、MobileNetV2、DenseNet 和 NASNet。

15.9.1 准备工作

本节将介绍如何使用预训练模型预测单个图像的类别。本例使用 ResNet-50 模型，模型位于 keras.applications 库中。

15.9.2 详细步骤

使用预训练模型对单个图像进行分类的方法如下。

1. 这个例子的代码有点长，这里我们只介绍一些重要的函数。完整的代码包含在本书给出的 PretrainedImageClassifier.py 文件中。下面先定义一个提取特征的类：

```
from keras.applications.resnet50 import ResNet50
from keras.preprocessing import image
from keras.applications.resnet50 import preprocess_input,
decode_predictions
import numpy as np
```

2. 定义预训练模型：

```
PTModel = ResNet50(weights='imagenet')
```

3. 定义要进行分类的图像：

```
ImgPath = 'airplane.jpg'
Img = image.load_img(ImgPath, target_size=(224, 224))
```

4. 这里输入实例图像，并将其转化成 float32 类型的 NumPy 数组：

```
InputIMG = image.img_to_array(Img)
```

5. 扩展 NumPy 数组，将其变成预训练模型需要的形状：

```
InputIMG = np.expand_dims(InputIMG, axis=0)
```

6. 然后预处理数据：

```
InputIMG = preprocess_input(InputIMG)
```

7. 最后，使用预训练模型对输入图像进行归类：

```
PredData = PTModel.predict(InputIMG)
```

8. 使用 decode_predictions 函数评估模型的性能：

```
print('Predicted:', decode_predictions(PredData, top=3)[0])
```

keras.applications.resnet50.decode_predictions 函数把结果解码成元组（类别，描述，概率）的列表。打印出的结果如下：

```
Predicted: [('n02690373', 'airliner', 0.80847234), ('n04592741',
'wing', 0.17411195), ('n04552348', 'warplane', 0.008112171)]
```

最高的概率（0.80847234）表明，图像是一架班机，事实上，图 15-1 就是我们提供的作为输入的图像。

图 15-1

15.9.3　工作原理

ResNet 不再试图估计出一个函数 *G*，即在给定输入 *x* 后返回的 *G*(*x*)，而是学习两个值之间的离差——这个值称为残差（residual）。在网络的残差层中，我们进行了经典的卷积操作并把输入加到结果中。如果输入和输出大小不同，那么输入在被加到输出前就要先使用 1×1 滤波器进行卷积，这样就可以让输入具有和输出相同的特征图数量。特征图的大小通过填充进行保存。这种技术的好处是 L2 正则化使权重趋向于 0，但不会忘记前面学习的结果，而只是保存起来。

15.9.4　更多内容

存在不同深度的 ResNet 实现，最深的网络多达 152 层。还有一个 1202 层的网络，但由于过拟合导致了更差的结果。ResNet 模型赢了 ILSVRC2015，误差只有 3.6%。为了理解这个结果值，试想一下通常人类基于自身技能和知识，分类误差为 5%～10%。由于这些结果，ResNet 模型是目前计算机视觉领域最先进的模型。

15.10　用 VGG16 模型作特征提取器进行迁移学习

14.5 节讲过，对于重要维度的数据集，数据被转换成了表示函数的简约系列。把输入数据转换成一组功能的过程称为特征提取。特征是从原始的测量数据中提取的，并生成了保留原始数据集信息的衍生值，同时去除了冗余数据。对于图像数据，特征提取的目标是获取可以被计算机识别的信息。

15.10.1　准备工作

本节将介绍如何从一系列图像中提取出特征。然后，使用这些特征通过 k-means 算法对图像进行分类。本节使用预训练模型 VGG16 和 `klearn.cluster.KMeans` 函数。

15.10.2　详细步骤

用 VGG16 模型进行特征提取的方法如下。

1．创建一个新的 Python 文件，并导入下面的程序包（完整的代码包含在本书提供的 `ExtractFeatures.py` 文件中）：

```
from keras.applications.vgg16 import VGG16
from keras.preprocessing import image
from keras.applications.vgg16 import preprocess_input
import numpy as np
from sklearn.cluster import KMeans
```

2．定义预训练模型：

```
model = VGG16(weights='imagenet', include_top=False)
```

3．初始化要提取特征的列表：

```
VGG16FeatureList = []
```

4．对数据集中的每幅图像进行特征提取：

```
import os
for path, subdirs, files in os.walk('training_images'):
    for name in files:
        img_path = os.path.join(path, name)
        print(img_path)
```

这样就获得了文件夹中每幅图像的路径，图像包含在 training_images 文件夹中，我们在 15.8 节已经使用过这些图像，它们是一系列从 Caltech256 数据集中提取的图像。

5．下面导入图像：

```
img = image.load_img(img_path, target_size=(224, 224))
```

6．接下来输入图像实例，并将其转换为 NumPy 数组，数据元素类型是 float32：

```
img_data = image.img_to_array(img)
```

7．扩展 NumPy 数组，将其变成预训练模型需要的形状：

```
img_data = np.expand_dims(img_data, axis=0)
```

8．预处理数据：

```
img_data = preprocess_input(img_data)
```

9．使用预训练模型从输入图像中提取特征：

```
VGG16Feature = model.predict(img_data)
```

10．然后，用得到的特征创建数组：

```
VGG16FeatureNp = np.array(VGG16Feature)
```

11．把得到的数组加到构建的特征列表（每幅图像对应一个元素）中：

```
VGG16FeatureList.append(VGG16FeatureNp.flatten())
```

12．把最后的列表转换成数组：

```
VGG16FeatureListNp = np.array(VGG16FeatureList)
```

13．接下来，使用从图像中获取的特征按类型进行分组，需要记住的是这些图像来自 3 个类别：飞机、汽车和摩托车，因而图像的标签也会有 3 类。这里使用 KMeans 算法：

```
KmeansModel = KMeans(n_clusters=3, random_state=0)
```

14．定义好模型后，继续训练模型：

```
KmeansModel.fit(VGG16FeatureListNp)
```

15．最后，打印出图像的标签：

```
print(KmeansModel.labels_)
```

返回的结果如下：

```
[2 2 2 2 2 2 2 2 2 2 2 2 2 2 2 2 2 2 2 2
```

```
0 0 0 0 0 0 0 0 0 0 0 0 0 0 0 0 0 0 0 0
1 1 1 1 1 1 1 1 1 1 1 1 1 1 1 1 1 1 1 1]
```

可以看出，60 幅图像都被正确地标记成所属的 3 种可能类别之一。

15.10.3 工作原理

本节学习了如何从一系列图像中提取特征。由于图像数量有限，所以我们使用了预训练模型（VGG16）来提取随后的识别所需要的信息。这个过程对理解如何通过非监督模型进行自动化的图像识别非常有用。提取出特征后，使用 KMeans 算法利用这些特征对图像归类。

15.10.4 更多内容

VGG16 是一个卷积神经网络模型，由来自牛津大学的 K. 西蒙尼和 A.基泽曼在论文“Very Deep Convolutional Networks for Large-Scale Image Recognition”中提出。这个模型在图像识别上取得了优异的表现(准确率是 92.7%)。测试是在包含 1000 个类别共计 1400 多万张图像的 ImageNet 数据集上进行的。

15.11 用预训练 GloVe 嵌入模型进行迁移学习

GloVe 是用于获取单词向量表示的无监督学习算法。训练在全局合计统计的共现词上进行，其中的单词从文件的正文文本中提取。由此产生的表示在单词的向量空间中展示出了有趣的线性子结构。本节将介绍如何使用预训练 GloVe 嵌入模型将描述人是否时尚的形容词分为正类或负类。

15.11.1 准备工作

本节需要下载 glove.6B.100d.txt 文件。有几个不同版本的预训练词向量模型，具体如下[①]。

① 译者注：这里 cased 和 uncased 的意思是在进行分词之前是否区分大小写。uncased 表示全部会调整成小写，且剔除所有的重音标记；cased 则表示文本的真实情况和重音标记都会保留下来。

- glove.6B：6B 标记、400K 词汇、uncased、50d、100d、200d 和 300d 向量、822 MB。
- glove.42B.300d：42B 标记、1.9M 词汇、uncased、300d 向量、1.75 GB。
- glove.840B.300d：840B 标记、2.2M 词汇、cased、300d 向量、2.03 GB。
- Twitter：27B 标记、1.2M 词汇、uncased、25d、50d、100d 和 200d 向量、1.42 GB。

15.11.2　详细步骤

将描述一个人是否时尚的形容词分成正类或负类的方法如下。

1．创建一个新的 Python 文件，并导入下面的程序包（完整的代码包含在本书提供的 PTGloveEMB.py 文件中）：

```
from numpy import array
from numpy import zeros
from numpy import asarray
from keras.preprocessing.text import Tokenizer
from keras.preprocessing.sequence import pad_sequences
from keras.models import Sequential
from keras.layers import Dense
from keras.layers import Flatten
from keras.layers import Embedding
```

2．定义描述人用的 10 个正类和 10 个负类形容词：

```
Adjectives = ['Wonderful',
        'Heroic',
        'Glamorous',
        'Valuable',
        'Excellent',
        'Optimistic',
        'Peaceful',
        'Romantic',
        'Loving',
        'Faithful',
        'Aggressive',
        'Arrogant',
        'Bossy',
        'Boring',
        'Careless',
        'Selfish',
        'Deceitful',
        'Dishonest',
        'Greedy',
```

```
        'Impatient']
```

3．定义上面形容词对应的标签（1=正类，0=负类）：

```
AdjLabels = array([1,1,1,1,1,1,1,1,1,1,0,0,0,0,0,0,0,0,0,0])
```

4．对这些形容词进行标记化处理并准备词典：

```
TKN = Tokenizer()
TKN.fit_on_texts(Adjectives)
VocabSize = len(TKN.word_index) + 1
```

5．将形容词编码成整数序列，并把序列列表转换成二维的 NumPy 数组：

```
EncodedAdjectives = TKN.texts_to_sequences(Adjectives)
PaddedAdjectives = pad_sequences(EncodedAdjectives, maxlen=4,
padding='post')
```

6．加载预训练模型：

```
EmbeddingsIndex = dict()
f = open('glove.6B.100d.txt',encoding="utf8")
for line in f:
  Values = line.split()
  Word = Values[0]
  Coefs = asarray(Values[1:], dtype='float32')
  EmbeddingsIndex[Word] = Coefs
f.close()
```

7．为标记化的形容词创建权重矩阵：

```
EmbeddingMatrix = zeros((VocabSize, 100))
for word, i in TKN.word_index.items():
  EmbeddingVector = EmbeddingsIndex.get(word)
  if EmbeddingVector is not None:
    EmbeddingMatrix[i] = EmbeddingVector
```

8．定义 Keras 序贯模型：

```
AdjModel = Sequential()
PTModel = Embedding(VocabSize, 100, weights=[EmbeddingMatrix],
input_length=4, trainable=False)
AdjModel.add(PTModel)
AdjModel.add(Flatten())
AdjModel.add(Dense(1, activation='sigmoid'))
print(AdjModel.summary())
```

打印出的汇总信息如下：

```
_________________________________________________________________
Layer (type) Output Shape Param #
=================================================================
embedding_13 (Embedding) (None, 4, 100) 2100
```

```
________________________________________________________________
flatten_10 (Flatten) (None, 400) 0
________________________________________________________________
dense_17 (Dense) (None, 1) 401
================================================================
Total params: 2,501
Trainable params: 401
Non-trainable params: 2,100
```

可以看出，只有部分参数得到了训练。

9．编译并拟合模型：

```
AdjModel.compile(optimizer='adam', loss='binary_crossentropy',
metrics=['acc'])
AdjModel.fit(PaddedAdjectives, AdjLabels, epochs=50, verbose=1)
```

10．最后，评估模型的性能：

```
loss, accuracy = AdjModel.evaluate(PaddedAdjectives, AdjLabels,
verbose=1)
print('Model Accuracy: %f' % (accuracy*100))
```

返回的结果如下：

```
Model Accuracy: 100.000000
```

15.11.3　工作原理

为了定量地捕捉区分正类和负类形容词所必需的细微差别，模型必须把不止一个数字与单词组合相关联。对于一组单词的一个简单方法是使用两个词向量之间的向量差。GloVe 设计的目标是让这些向量差尽可能地捕捉到几个相邻词所表明的语义。

15.11.4　更多内容

迁移学习对网络权重进行了调整和迁移，从而将学习的知识用于更多不同的目标。为了从迁移学习中获得满意的性能，应用时需满足以下条件：初始数据集和最终数据集不能有太大差异，并且具有相同的预处理操作。

目前我们已经接触了几个把迁移学习概念应用到真实情况的例子。在实际应用中，迁移学习有几种不同的类型：归纳迁移学习、无监督迁移学习、直推式迁移学习和实例迁移。我们会深入介绍这些概念。

为了理解这些方法之间的差别，先来看两个术语——域（domain）和任务（task）。术语“域”指的是网络使用的数据类型，而术语“任务”指的是网络要做的事情。我们还会使用术语“源”（source）和“目标”（target）来区分已经在大型数据集上训练好的网络和我们将要构建的网络。

1. 归纳迁移学习

监督机器学习的最简单形式之一是归纳学习（inductive learning），它纯粹基于观测。给定初始的输入-输出样例组，智能体（agent）详细阐述假设来重构迁移函数。智能体设计用来观察与外界的交互。特别地，智能体可以对自身决策的反馈进行分析。人工智能体感知机的使用方式如下：

- 做出决策（反应式智能体）；
- 改善智能体的决策能力（机器学习）。

在归纳迁移学习方法中，两个网络（源网络和目标网络）处理的信息是相同类型（图像、声音等）的，但执行的任务是不同的。在这种情况下，迁移学习的目标是使用原网络训练中揭示的归纳偏好来改善目标网络的性能。术语归纳偏好是指在训练阶段揭示的关于数据分布的一系列假设。

2. 无监督迁移学习

在无监督迁移学习中，和归纳迁移学习一样，两个网络（源网络和目标网络）处理的信息是相同类型（图像、声音等）的，但执行的任务是不同的。这两种方法最大的不同在于无监督迁移学习使用的是无标签数据。

3. 直推式迁移学习

在直推式迁移学习中，两个网络（源网络和目标网络）处理的信息是不同的，但执行的任务是类似的。这种方法基于转导推理（transductive inference）的概念，带来的推理方式是从特例（训练）到特例（测试）。和归纳学习不同，归纳学习在解决特定问题前，要先构建一个更通用的解决方案，而直推式学习，要得到的答案就是真正需要的，而非一般化的。

4. 实例迁移学习

源网络的域和目标网络的域完美类似的情况非常少，更可能出现的情况是在比目标数据大得多的源网络域中，要识别出与目标域更近似的数据。在实例迁移学习中，我们要找出和目标域强相关的训练样本。识别出这些样本后，就可以将它们再次用于目标活动的学习阶段。这样，分类的准确性就得到了提高。

第 16 章 生产中的应用

本章将涵盖以下内容：

- 处理非结构化数据；
- 部署机器学习模型；
- 跟踪生产中的变化；
- 跟踪准确率并优化模型。

16.1 技术要求

本章用到了下列文件（可通过 GitHub 下载）：

- `UNData.py`；
- `TextFile.txt`。

16.2 简介

在前面的章节中，我们介绍了机器学习使用的各种主要算法，并了解了 Python 程序员可以利用的诸多工具，以帮助构造出可以对特定信息进行预测或分类的算法。下一步就是创建出可以用于生产环境并进行后续营销的软件。

这是一个不小的挑战，因为要创建出可投放于市场的软件涉及很多要解决的问题，包括软件和硬件方面。实际上，我们必须要首先确定运行软件需要的设备类型，然后选择适用于该种技术类型的开发平台。

16.3 处理非结构化数据

到目前为止，我们突出了输入数据对于基于自动学习创建模型的重要性。特别是，在把数据输入算法前，对数据进行足够预处理的重要性。在着手解决生产问题之前了解如何处理非结构化数据是我们面对的另一个挑战。非结构化数据是指那些无特定模式的存储数据，比如，最流行的某个文本编辑软件生成的文本文件或者多媒体文件。不过非结构化数据也可以是电子邮件、PDF 文档等格式。非结构化数据和数据库数据不同，因为这些数据不规则，所以没办法用特定的过程进行记录和存储。

16.3.1 准备工作

本例使用马克·吐温的小说《哈克贝利·费恩历险记》中的一段内容作为源数据，数据可以在 GitHub 上查看。

可以看出，源数据是非结构化的文本。我们将处理这段文本并去除不需要的元素，然后将结果保存成结构化形式。

16.3.2 详细步骤

处理非结构化数据的步骤如下。

1．创建一个新的 Python 文件并导入下面的包（完整的代码包含在本书提供的 UNData.py 文件中）：

```
import re
```

2．定义输入文件名称：

```
input_file = 'TextFile.txt'
```

3．下面初始化包含数据的字典：

```
data = {}
```

4．加载并打印数据：

```
data['Twain'] = open(input_file,'r').read()
print(data['Twain'])
```

5．把数据转换成小写格式：

```
for k in data:
    data[k] = data[k].lower()
```

6．去除标点符号：

```
for k in data:
    data[k] = re.sub(r'[-./?!,":;()\']',' ',data[k])
```

7．去除数字：

```
for k in data:
    data[k] = re.sub('[-|0-9]',' ',data[k])
```

8．去除多余的空格：

```
for k in data:
    data[k] = re.sub(' +',' ',data[k])
```

9．最后，打印结果，并将结果保存到 csv 文件中：

```
print('#############################')
print(data['Twain'])

with open('Twain.csv', 'w') as f:
    for key in data.keys():
        f.write("%s,%s\n"%(key,data[key]))
f.close()
```

图 16-1 显示了输入文件（左侧）和处理后的结果（右侧）。

```
Shakspearean Revival ! ! !
Wonderful Attraction!
For One Night Only!
The world renowned tragedians,
David Garrick the Younger, of Drury Lane Theatre London,
and
Edmund Kean the elder, of the Royal Haymarket Theatre,
Whitechapel, Pudding Lane, Piccadilly, London, and the
Royal Continental Theatres, in their sublime
Shakspearean Spectacle entitled
The Balcony Scene
in
Romeo and Juliet ! ! !
Romeo..................Mr. Garrick
Juliet.................Mr. Kean
Assisted by the whole strength of the company!
New costumes, new scenes, new appointments!
Also:
The thrilling, masterly, and blood-curdling
Broad-sword conflict In Richard III. ! ! !
Richard III............Mr. Garrick
Richmond...............Mr. Kean
Also:
(by special request)
Hamlet's Immortal Soliloquy ! !
By The Illustrious Kean!
Done by him 300 consecutive nights in Paris!
For One Night Only, On account of imperative European engagements!
Admission 25 cents; children and servants, 10 cents.
```

```
shakspearean revival
wonderful attraction
for one night only
the world renowned tragedians
david garrick the younger of drury lane theatre london
and
edmund kean the elder of the royal haymarket theatre
whitechapel pudding lane piccadilly london and the
royal continental theatres in their sublime
shakspearean spectacle entitled
the balcony scene
in
romeo and juliet
romeo mr garrick
juliet mr kean
assisted by the whole strength of the company
new costumes new scenes new appointments
also
the thrilling masterly and blood curdling
broad sword conflict in richard iii
richard iii mr garrick
richmond mr kean
also
 by special request
hamlet's immortal soliloquy
by the illustrious kean
done by him consecutive nights in paris
for one night only on account of imperative european engagements
admission cents children and servants cents
```

图 16-1

16.3.3　工作原理

本节介绍了如何处理非结构化数据。为此我们使用了来自马克·吐温小说的一段文本。加载文本后，我们去除了标点符号、数字和多余的空格，并把所有的文本都转换成了小写字母格式。最后，把处理结果保存到了一个 csv 文件中。

16.3.4 更多内容

本节解决的是文本分析中的问题，将非结构化数据转换成了有意义的数据，从而用于后续分析阶段。文本分析可以使用几种不同的技术，这些技术在第 7 章中已经做过介绍。

16.4 部署机器学习模型

将基于机器学习的项目发布到生产环境并非易事，实际上，只有几个公司成功做到了，至少对大型项目如此。这么做的难点在于人工智能并不是已经生产完成的软件，它需要一个启动平台来实现自己的软件模型，遇到的问题和程序员遇到的通常并不类似。经典的软件工程方法的抽象性，决定了代码的简单性，可以让程序员方便地修改和改进。不幸的是，机器学习应用不具备这样的抽象，机器学习的复杂度是很难控制的。最好的做法是专注于具备所需功能的平台，这可以同时规避机器学习的数学细节。本节我们来看看亚马逊的 SageMaker。

16.4.1 准备工作

亚马逊的 SageMaker 是付费服务，但由于 AWS 的免费使用计划，可以在注册后免费使用亚马逊 SageMaker 两个月。如果想了解更多收费方案，可以参考亚马逊官网说明。

16.4.2 详细步骤

下面看看如何使用亚马逊 SageMaker。

1. 首先，需要登录到控制台，如图 16-2 所示。
2. 用其中一种示例笔记本来运行一个笔记本实例，如图 16-3 所示。
3. 通过连接到自定义数据源来修改该实例。
4. 跟着例子创建、形成和验证模型，如图 16-4 所示。

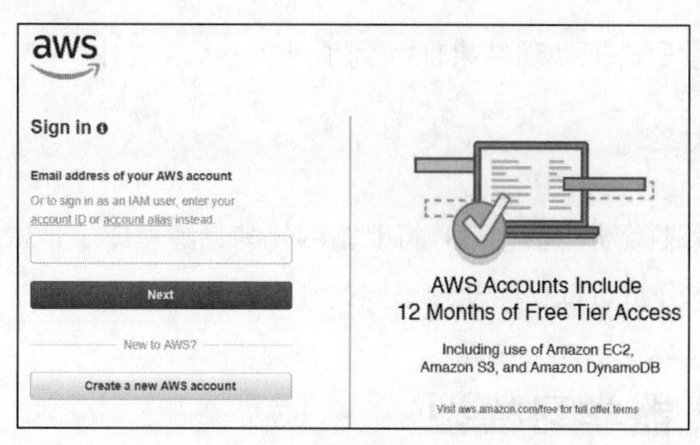

图 16-2

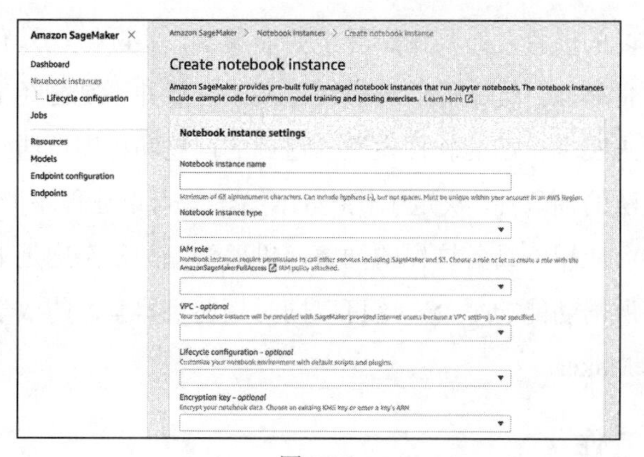

图 16-3

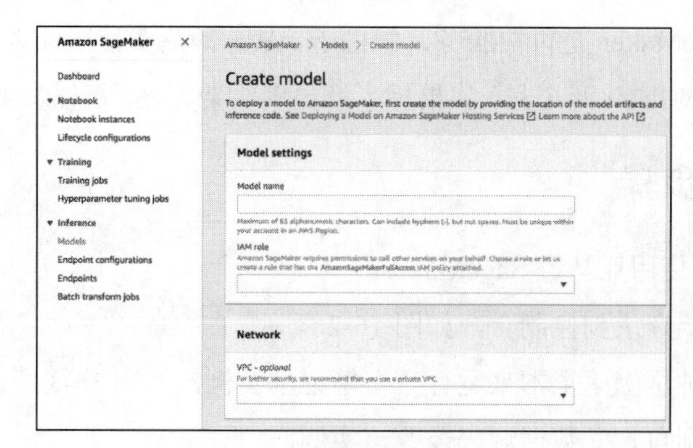

图 16-4

5．最后，跟随屏幕指示的步骤将结果部署到生产环境。

16.4.3 工作原理

亚马逊的 SageMaker 是创建、训练和部署基于机器学习的模型的全托管服务。SageMaker 有 3 个组成模块：构建（build）、训练（train）和部署（deploy）。构建模块用于处理数据、试验算法和查看输出。训练模块用于训练模型并进行大规模优化。最后的部署模块让我们可以在低延时的情况下轻松地测试模型的推断。

16.4.4 更多内容

亚马逊 SageMaker 让我们可以创建智能预测应用的机器学习模型。从安全的角度看，亚马逊 SageMaker 加密了所有基于机器学习的脚本。API 请求和亚马逊 SageMaker 控制台都通过安全连接（SSL）转发。我们可以使用 AWS 身份认证和访问管理来自动分配训练和部署资源的权限，也可以使用亚马逊 SageMaker 的密钥 Bucker S3，对笔记本的训练过程加密或对终端的存储加密。

16.5 跟踪生产中的变化

模型的部署并没有结束——这才只是开始，真正的问题才刚刚出现。我们不能控制真实环境的数据，数据可能会发生变化，而我们必须在模型失效前进行检测和更新。监控对确保机器学习应用的可靠性、可用性和性能都是非常重要的。本节将探讨一些用于跟踪模型中发生的变化的工具。

16.5.1 详细步骤

下面是可用于监控亚马逊 SageMaker 应用的工具。

- 亚马逊云监控 CloudWatch：可在 AWS 上使用，可实时监控资源以及运行的应用程序，可以收集和跟踪参数，可创建自定义的控制面板以及设置警报，在指定参数达到设定阈值时发出通知或采取措施。亚马逊云监控的示例如图 16-5 所示。
- 亚马逊 CloudWatch Logs：可在 AWS 上使用，可以监控、存储和访问来自 EC2、AWS CloudTrail 实例和其他来源的日志文件。CloudWatch Logs 可以监控日志文件中的信息，并在达到特定阈值时发出通知。

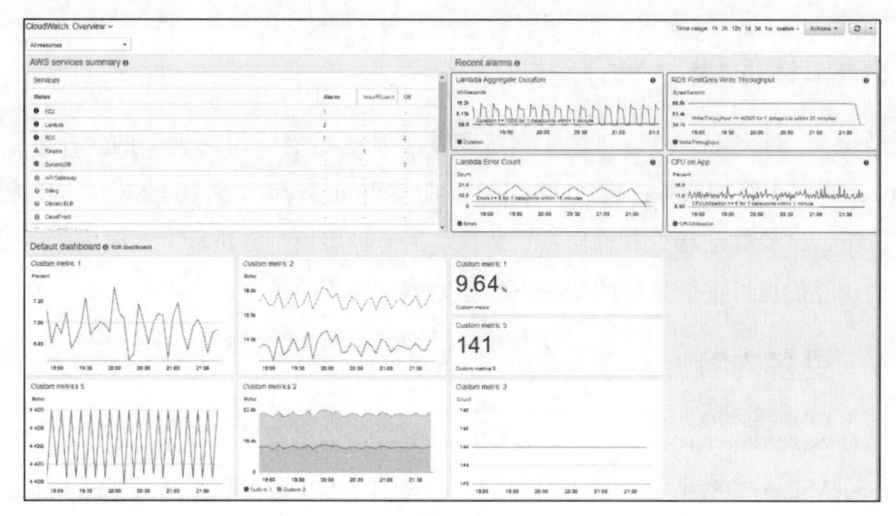

图 16-5

- AWS CloudTrail：可在 AWS 上使用，捕获由我们的 AWS 账户发出的 API 调用和相关事件，并将日志文件传输到指定的 Amazon S3 存储桶；还可以检索哪些用户和账户调用了服务，并发出调用的源 IP 地址以及调用的发生时间。

16.5.2 工作原理

为了监控亚马逊 SageMaker 应用，我们可以使用亚马逊云监控工具 CloudWatch，该工具收集原始数据并将其转换成实时可读的参数。这些统计信息将保留 15 个月的时间，你可以访问历史信息，以更好地监测服务或 Web 应用的性能。不过，亚马逊 CloudWatch 控制台将参数搜索限定在最后两周内有过更新的参数。这种限制让我们得以查看命名空间内最新的进展。你也可以指定特定的控制阈值，在达到设定阈值时 CloudWatch 会发出通知或采取措施。

16.5.3 更多内容

机器学习模型基于一组不同属性输入的训练数据，因此，重要的是检查模型所训练的输入数据是否仍然适用于实际环境中的实际数据。数据变化可能很突然，也可能随时间逐渐变化，因此识别变化模型并进一步更正模型就变得很关键。一旦模型部署到生产环境，就必须采用 16.6 节提到的步骤来保持模型对终端用户的健壮性和可用性。

16.6 跟踪准确率并优化模型

从第 15 章看到，大多数机器学习算法使用一系列参数来控制潜在算法的功能，这些参数通常称为超参数，超参数的值关系到训练模型的质量。自动模型优化是找出可以优化模型的一组算法的超参数的过程。本节将介绍如何使用亚马逊 SageMaker 工具自动优化模型。

16.6.1 详细步骤

执行自动模型优化的步骤如下。

1. 打开亚马逊 SageMaker 控制台。
2. 选择左下方的 Endpoints 选项，如图 16-6 所示。

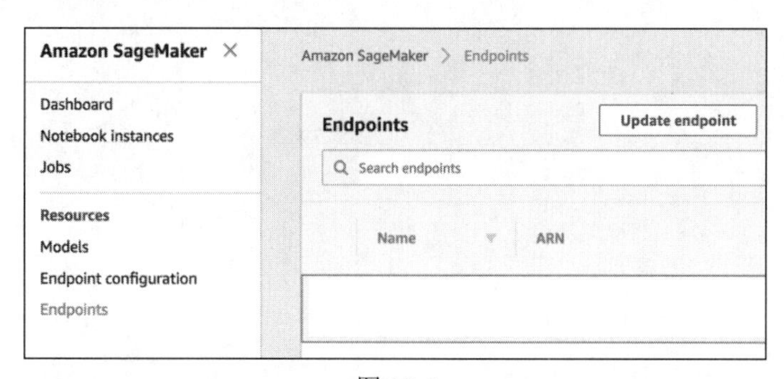

图 16-6

3. 选择要配置的终端。
4. 在 Endpoints 的运行时设置中，选择要配置的变体，将其配置成自动扩展。
5. 对于目标值，输入变体每分钟每个实例的平均调用次数。
6. 输入每个冷却段的秒数。
7. 为了防止扩展策略删除变体实例，选中 Disable scale 选项。
8. 单击 Save 按钮。

16.6.2 工作原理

超参数优化过程是回归的特例，这个问题可以描述为：有一组可用的输入特征，然后为采用的参数优化模型。参数的选择是自由的，只要是使用的算法定义过的即可。在亚马逊超参数优化过程中，SageMaker 尝试找出可生成最好结果的超参数组合，并执行训练过程来测试这些尝试。当第一组超参数的值测试过后，过程就会使用回归选择下一步要测试的值。

16.6.3　更多内容

当你为下一个优化过程选择最优超参数时，超参数优化会考虑到到现在为止你所了解的关于这个问题的所有方面。在有些情况下，超参数优化过程可以选择一个阶段性增量改进的点，表示到目前为止产生的最好结果。在这种情况中，过程使用的是早已知道的结果。还有一些情况，要选择一组和已经测试过的超参数差异很大的超参数，这时参数优化过程会浏览空间并搜索还没完全分析过的新区域。这种探索和利用之间的妥协在很多机器学习问题中是普遍存在的。